Ventilatoren

Entwurf und Betrieb der Schleuder- und Schraubengebläse

Von

Dr.-Ing. Bruno Eck

Mit 192 Abbildungen

Springer-Verlag Berlin Heidelberg GmbH
1937

Ursprünglich erschienen bei Julius Springer in Berlin 1937
Softcover reprint of the hardcover 1st edition 1937

ISBN 978-3-642-98714-4 ISBN 978-3-642-99529-3 (eBook)
DOI 10.1007/978-3-642-99529-3

Vorwort.

Eine eingehende Behandlung der Ventilatoren ist nur möglich bei einer starken Betonung der strömungstechnischen Seite. Man kann sogar sagen, daß es sich fast ausschließlich um ein strömungstechnisches Problem handelt. Die rein konstruktiven Fragen, die bei Ventilatoren meist einfacher Natur sind, treten demgegenüber fast ganz zurück.

Dieser Gesichtspunkt liegt dem Aufbau dieses Buches zugrunde. Es wurde angestrebt, nur das, was den Konstrukteur und den Abnehmer eines Ventilators wirklich interessiert und was er in einem Buche über Ventilatoren eigentlich sucht, zu behandeln. Entgegen dem üblichen Brauch wurde deshalb bewußt alles weggelassen, was man als Hilfswissenschaft oder als vorbereitende Grundlage bezeichnen würde, zumal diese Dinge heute in bekannten Taschenbüchern in mustergültiger Form jedem Ingenieur zur Verfügung stehen. Wenn selbst bei der Strömungslehre auf einleitende Ausführungen verzichtet wurde, so deshalb, weil zur Zeit auch hier Werke für jeden Anspruch vorhanden sind. Neben umfassenden Werken, wie z. B. Durands Handbuch und Wien-Harms dürften die bekannten Göttinger Veröffentlichungen weiten wissenschaftlichen Ansprüchen entsprechen. Ein kleiner Leitfaden des Verfassers „Einführung in die technische Strömungslehre", Berlin: Julius Springer 1935, stellt das hauptsächlich den Ingenieur interessierende Material der modernen Strömungslehre in leicht faßlicher Form zusammen.

Die Überlegungen dieses Buches gelten in der Hauptsache für solche Gebläse, bei denen keine nennenswerten Dichte- bezw. Temperaturänderungen eintreten, ohne daß es möglich oder auch nur sachlich berechtigt wäre, hier eine scharfe Grenze zu ziehen. Wenn somit Gebläse für höheren Druck in das Gebiet der Turbokompressoren verwiesen werden, so wird damit eine unnötige Wiederholung vermieden. In dem Buche des Verfassers „Turbogebläse und Turbokompressoren", Berlin: Julius Springer 1929, ist hierüber Näheres zu finden, ebenso wie dort die gesamten Festigkeitsberechnungen, die selbstverständlich auch für Ventilatoren gelten, in aller Ausführlichkeit zu finden sind. Bildet somit das vorliegende Buch in gewisser Beziehung eine Ergänzung des früheren Werkes über Turbokompressoren und damit eine Abrundung über das ganze Gebiet der Kreiselgebläse überhaupt, so wird gleichzeitig durch diese Arbeitsaufteilung genügend Platz für das eigentlich Wesentliche der Ventilatoren gewonnen, ohne den Umfang des Buches zu sehr auszudehnen.

Als Hauptinhalt des Buches verbleibt so die strömungstechnische Nutzanwendung, insbesondere die Behandlung des Laufrades und der Leitvorrichtungen.

Man sollte meinen, daß die Ventilatoren in gleicher Weise wie Kreiselpumpen behandelt werden können und daß demgemäß aus dem reichen Erfahrungschatz der Kreiselpumpen vieles übernommen werden könnte. Dies trifft indes nur zum Teil zu. Denn schon wegen der Kavitationsgefahr sind die Kreiselpumpen auf ein viel engeres Gebiet angewiesen wie die Ventilatoren. So können hier Schaufelformen und Laufradkonstruktionen verwendet werden, die bei Wasser ganz unmöglich sind. In der Tat ist so das Gebiet der Ventilatoren viel mannigfaltiger, so daß eine besondere, ursprüngliche Behandlung unerläßlich ist.

Bei der Untersuchung des Laufrades wurden teilweise neue Wege beschritten. Im Anschluß und, wie nicht verschwiegen werden soll, durch Anregung einer äußerst bemerkenswerten Studie von Kearton (Liverpool), wurde einmal das Problem der endlichen Schaufelzahl neu erfaßt; ferner wurden bestimmte Bestwerte für das Durchmesserverhältnis, den Schaufeleintrittswinkel, die Radbreite usw. herausgearbeitet, wodurch die bisher vorhandene Willkür in der Bestimmung dieser Größen stark begrenzt wurde.

Der steigenden Bedeutung der Schraubengebläse wurde gebührend Rechnung getragen. Bei Vermeidung allzu theoretischer Erörterungen wurde das zusammengestellt, was zur Zeit der Praxis empfohlen werden kann. Die Wege wurden hier sehr geebnet durch eine hervorragende Studie von Keller. Diese im Institut von Ackeret in Zürich ausgeführten Arbeiten sind gerade für die Praxis von größter Bedeutung und müssen deshalb in einem Buche über Ventilatoren Berücksichtigung finden.

Sehr wertvoll war es für die Bildausstattung des Buches, daß aus den Arbeiten von Kearton und Keller die Versuchsergebnisse übernommen werden durften. Es ist deshalb dem Verfasser eine angenehme Pflicht, Herrn Kearton und Herrn Keller an dieser Stelle seinen Dank auszusprechen.

Den zahlreichen Firmen, die durch Überlassung von Bild- und Versuchsmaterial das Werk gefördert haben, sei ebenfalls gedankt.

Die vorzügliche Ausstattung dieses Buches ist vom Verlag in anerkennenswerter Weise durchgeführt worden. Darüber hinaus verdankt das Buch überhaupt sein Entstehen einer Anregung des Verlages. Der Verlag unterstützte den Verfasser unter anderem wesentlich bei verschiedenen Ermittelungsarbeiten, was ich an dieser Stelle dankend betonen möchte.

Köln, im September 1937.

Bruno Eck.

Inhaltsverzeichnis.

A. Radialgebläse.

I. Einfache Stromfadentheorie.

1. Allgemeine Beziehungen.

Für die ersten Betrachtungen wählen wir folgendes Ideallaufrad. Die Schaufeln seien nach rückwärts gekrümmt. Auf dem Eintrittsdurchmesser d_1 bilde die Tangente an die Schaufel den Winkel β_1 gegen den Umfang, während am Austritt ein entsprechender Winkel β_2 gemessen werde. Die Schaufelzahl sei unendlich groß, wobei trotzdem jedwelcher Reibungsverlust zunächst ausgeschaltet sei. Die relative Bewegungsrichtung der Luft ist dann identisch mit der jeweiligen Schaufelrichtung. Weiter soll die Dicke der Schaufeln unendlich klein sein.

Dieses Idealgebilde ist zwar sehr weit von der Wirklichkeit entfernt, die Ergebnisse der hierauf aufgebauten sog. Stromfadentheorie sind jedoch als Vergleichsbasis unentbehrlich und auch in anderer Beziehung sehr nützlich. Die Ergebnisse dieser bereits von Euler angegebenen Turbinentheorie sollen deshalb den späteren eingehenderen Erörterungen vorangestellt werden.

Wir nehmen an, daß das Rad sich mit einer Umfangsgeschwindigkeit u_2 dreht und die Luft zentral so eintritt, daß der Eintritt in die Schaufelkanäle tangential zu ihrer Richtung erfolgt. Eine solche Einführung der Luft wollen wir stoßfrei nennen. Die angenommene unendliche Schaufelzahl gibt uns auch die Gewähr, daß der Austritt aus dem Laufrad genau in Richtung der Schaufelaustrittstangente erfolgt, enthebt uns also zunächst der Schwierigkeiten, die bei endlicher Schaufelzahl tatsächlich auftreten.

Um den allgemeinen Fall gleich zu erfassen, erteilen wir der Luft vor Eintritt in das Laufrad noch einen Eintrittsdrall im Sinne der Umlaufbewegung, d. h. die Luft tritt nicht genau radial, sondern unter einem Winkel α_1 gegen den Umfang für den stillstehenden Beobachter ein. Man meint genau dasselbe, wenn man von einer Umfangskomponente c_{1u} spricht.

In Abb. 1 sind die Geschwindigkeitsdiagramme mit den im Turbinenbau üblichen Bezeichnungen für Eintritt und Austritt eingezeichnet. Der Anfänger mache sich gleich vertraut mit der Zusammensetzung und der Bedeutung der einzelnen Größen. Als einfache Merkregel sei auf folgenden Satz verwiesen: Summe der Relativgeschwindigkeiten (geometrisch) = Absolutgeschwindigkeit.

Die erste Frage, die bei der Durchströmung eines solchen Laufrades auftritt, dürfte folgende sein. Wie groß ist das Drehmoment, das notwendig ist, um diese Bewegung zu erzwingen? Der Impulssatz der Mechanik gibt hierüber Auskunft. Auf unseren Fall angewandt lautet der Satz: Das äußere Moment ist gleich der Differenz des austretenden und eintretenden Impulsmomentes. Unter letzterem versteht man den Ausdruck $q \cdot c_u \cdot r$, wo q die durch den Kreisring vom Radius r in der

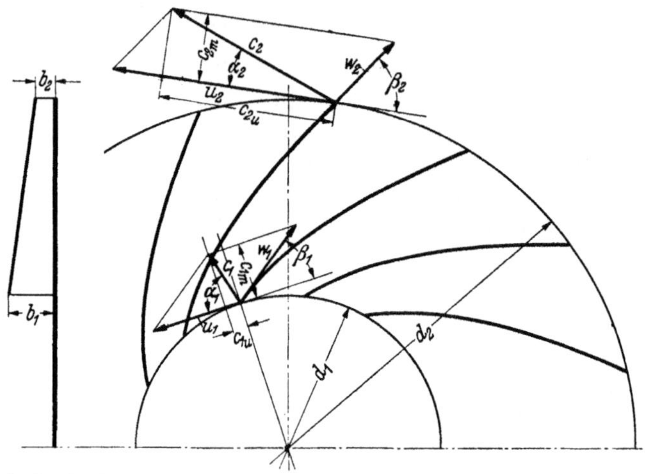

Abb. 1. Laufrad mit rückwärts gekrümmten Schaufeln. Darstellung der üblichen Bezeichnungen.

Sekunde durchtretende Luftmasse q und c_u die dort vorhandene absolute Umfangsgeschwindigkeit der Luft ist. Man erhält somit:

$$M = q\,[r_2\,c_{2u} - r_1 \cdot c_{1u}]\,, \tag{1}$$

q wurde hier gleich ausgeklammert, da die durch irgendeinen Kreis in der Sekunde durchströmende Masse immer gleich ist, eine an und für sich selbstverständliche Bedingung, wofür man den Namen „Kontinuitätsgleichung" in der Literatur vorfindet.

Weiter wird man fragen, welche Druck- bzw. Energieerhöhung wird durch den Vorgang erzeugt, bzw. welche Energie muß von außen aufgewandt werden? Da wir reibungslose Strömung voraussetzen, müssen beide Energien gleich sein. Stellen wir uns einen Augenblick die Masse q als feste Körperteilchen vor, so kann eine Energieerhöhung darin bestehen, daß diese Teilchen auf die Höhe H gehoben werden. Die dazu notwendige Arbeit pro Sekunde ist $H \cdot q \cdot g$. Dreht das Rad sich mit der Winkelgeschwindigkeit ω, so ist andererseits die Leistung $L = M \cdot \omega$. Durch Gleichsetzen entsteht:

$$L = M \cdot \omega = H \cdot q \cdot g = q \cdot \omega\,[r_2\,c_{2u} - r_1\,c_{1u}] = q\,[u_2 \cdot c_{2u} - u_1 \cdot c_{1u}]\,.$$

Hieraus folgt

$$H = \frac{1}{g}\,[u_2\,c_{2u} - u_1\,c_{1u}]\,. \tag{2}$$

Bei Flüssigkeiten und Gasen ist die Bedeutung der „Hubhöhe“ identisch mit der sog. Druckhöhe, die mit dem Überdruck in folgender Beziehung steht:

$$\varDelta p = \gamma \cdot H \tag{3}$$

(γ spezifisches Gewicht der Flüssigkeit bzw. des Gases).

Verwenden wir — was für den Gebläsebau zu empfehlen ist — statt H den Überdruck $\varDelta p$, so erhalten wir folgende Gleichung:

$$\varDelta p = \frac{\gamma}{g}\left[u_2 c_{2u} - u_1 \cdot c_{1u}\right] = \varrho\left[u_2 c_{2u} - u_1 \cdot c_{1u}\right]. \tag{4}$$

Bei genauen Versuchen muß das spezifische Gewicht aus Temperatur- und Barometerstand gemäß der Hauptgasgleichung $\gamma = \frac{p}{R \cdot T}$ ermittelt werden. Für Luft gilt als guter Mittelwert $\frac{\gamma}{g} = \frac{1}{8}$. (Mit diesem Wert vereinfacht sich insbesondere die Ausflußgleichung von Düsen u. dgl. zu $c = 4 \cdot \sqrt{\varDelta p^{\mathrm{mm\,WS}}}$.)

Gl. (2); (3); (4) ist die Hauptgleichung der Turbinentheorie, die bereits von Euler gefunden wurde. Sie sagt aus, daß die erreichbare Druckhöhe

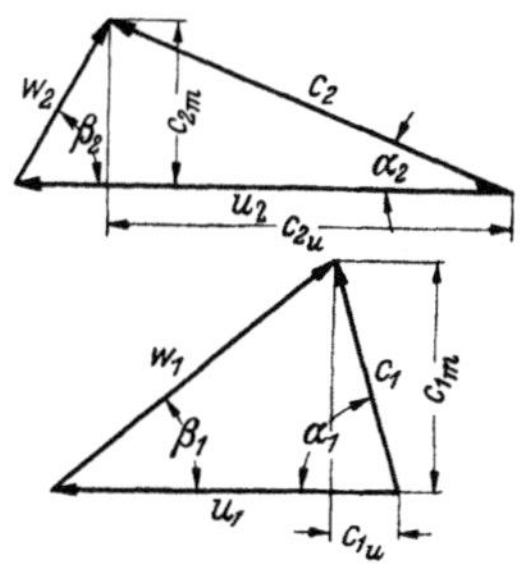

Abb. 2. Geschwindigkeitsdreiecke für nach rückwärts gekrümmte Schaufeln.

1. unabhängig vom spezifischen Gewicht ist; d. h. die Druckhöhe (nicht der Druck) ist bei Wasser und Luft bei sonst gleichen Bedingungen dieselbe. (Erinnert sei an eine ähnliche Beziehung der allgemeinen Mechanik: alle Körper fallen im luftleeren Raum gleich schnell.)

2. Bei gleicher Umfangsgeschwindigkeit hängt H bzw. $\varDelta p$ nur von den c_u-Komponenten ab.

3. Da $\varDelta p = \gamma \cdot H$ ist, gilt noch folgendes: Wird das gleiche Rad bei gleicher Umfangsgeschwindigkeit einmal für Luft mit γ_L und dann mit irgendeinem Gas vom spezifischen Gewicht γ_G verwendet, so erhält man: $\varDelta p_L = \gamma_L \cdot H$; $\varDelta p_G = \gamma_G \cdot H$, hieraus folgt

$$\frac{\varDelta p_L}{\varDelta p_G} = \frac{\gamma_L}{\gamma_G},$$

d. h. die erreichten Drücke verhalten sich bei sonst gleichen Verhältnissen wie die spezifischen Gewichte.

Durch eine leichte Umformung läßt sich Gl. (2) noch in eine andere Form bringen, die nicht minder aufschlußreich ist. Auf die beiden Geschwindigkeitsdreiecke, die in Abb. 2 mit ihren charakteristischen Bezeichnungen besonders herausgezeichnet sind, wenden wir den cos-Satz an.

$$w_1^2 = c_1^2 + u_1^2 - 2\,c_1 \cdot u_1 \cdot \cos\alpha_1 = c_1^2 + u_1^2 - 2\,u_1 \cdot c_{1u},$$

$$w_2^2 = c_2^2 + u_2^2 - 2\,c_2 \cdot u_2 \cdot \cos\alpha_2 = c_2^2 + u_2^2 - 2\,u_2 \cdot c_{2u},$$

hieraus entsteht:

$$u_1 \cdot c_1 \cdot \cos\alpha_1 = u_1 \cdot c_{1u} = \frac{1}{2}\left[c_1^2 + u_1^2 - w_1^2\right],$$

$$u_2 \cdot c_2 \cdot \cos\alpha_2 = u_2 \cdot c_{2u} = \frac{1}{2}\left[c_2^2 + u_2^2 - w_2^2\right].$$

Setzt man diese Werte in die Hauptgleichung (4) ein, so erhält man:

$$\Delta p = \frac{\gamma}{2g}\left[c_2^2 - c_1^2\right] + \frac{\gamma}{2g}\left[u_2^2 - u_1^2\right] + \frac{\gamma}{2g}\left[w_1^2 - w_2^2\right]. \tag{5}$$

Bevor wir diese Gleichung deuten können, bedarf es noch einer kleinen Überlegung. Wir denken uns nach Abb. 3 einen sehr schmalen Schaufelkanal, dessen Eintritts- und Austrittsöffnung geschlossen ist, mit Luft rotierend. Der Kanal sei so schmal, daß jede Relativbewegung ausgeschlossen sei. Die Luft wird also gewissermaßen wie ein fester Körper rotieren und Zentrifugalkräfte ausüben, durch die der Druck nach außen hin steigt. Um diesen Überdruck zu berechnen, grenzen wir ein Element $\mathrm{d}s \cdot \mathrm{d}r$ ab. Dieses Teilchen übt die Zentrifugalkraft aus:

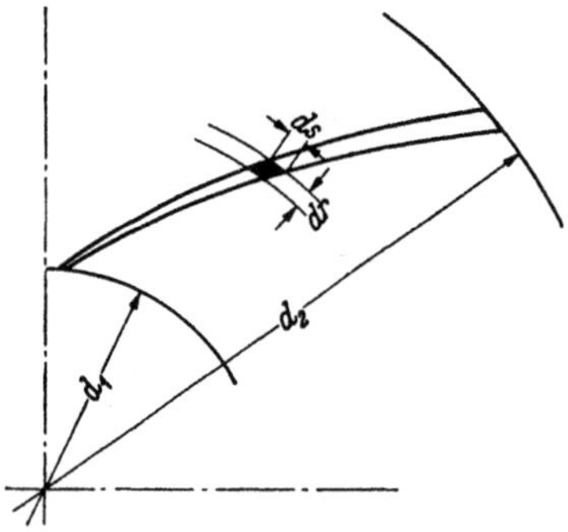

Abb. 3.

$$\mathrm{d}Z = \mathrm{d}r \cdot \mathrm{d}s \cdot b \cdot \frac{\gamma}{g} \cdot r\,\omega^2$$

[b Breite senkrecht zur Zeichenebene].

Diese Kraft bedingt einen Druckzuwachs $\mathrm{d}p$ nach außen, der auf die Fläche $\mathrm{d}s \cdot b$ wirkt, so daß $\mathrm{d}Z = \mathrm{d}p \cdot \mathrm{d}s \cdot b$ wird. Durch Gleichsetzen entsteht:

$$\mathrm{d}p = \frac{\gamma}{g}\, r\,\omega^2\,\mathrm{d}r.$$

Integrieren wir vom inneren bis zum äußeren Laufraddurchmesser, so erhalten wir den gesamten Druckunterschied

$$\left.\begin{aligned} \Delta p &= \int_{r_1}^{r_2} \mathrm{d}p = \frac{\gamma}{g}\,\omega^2 \int_{r_1}^{r_2} r\,\mathrm{d}r = \frac{\gamma}{g}\,\omega^2\left[\frac{r_2^2}{2} - \frac{r_1^2}{2}\right] \\ \Delta p &= \frac{\gamma}{2g}\left[u_2^2 - u_1^2\right] \end{aligned}\right\} \tag{6}$$

Mit dieser Feststellung läßt sich nun Gl. (5) deuten. Die Druckerhöhung zerfällt in drei Bestandteile:

a) Der erste Teil $\frac{\gamma}{2g}\left[c_2^2 - c_1^2\right]$ bedeutet eine Erhöhung der kinetischen Energie. Der dieser Energie entsprechende Druck ist hinter dem Laufrad noch nicht vorhanden. Nach der Bernoullischen Gleichung kann bei verlustfreier Umsetzung durch Verzögerung in Leitkanälen, Spiralgehäusen usw. hieraus der statische Druck $\frac{\gamma}{2g}\left[c_2^2 - c_1^2\right]$ gewonnen werden, unter der Voraussetzung, daß diese Umsetzung ohne Verluste vor sich geht.

b) Das Glied $\frac{\gamma}{2g}\,[u_2^2 - u_1^2]$ bedeutet, wie eben ermittelt, die statische Druckerhöhung durch die Zentrifugalkräfte.

Es ist — um dies gleich zu betonen — das wertvollste Glied der ganzen Gleichung, weil direkte Verluste mit diesem Glied nicht verbunden sind. Bei allen Axialmaschinen fehlt dieses Glied, woraus ohne weiteres folgt, daß bei sonst gleichen Verhältnissen die rein statische Druckerhöhung von Radialmaschinen unbedingt höher sein wird als bei Axialmaschinen.

c) Im Laufradkanal findet durchweg eine Verzögerung statt, so daß $w_1 > w_2$ ist. Dieses bedingt nach der Bernoullischen Gleichung bei verlustfreiem Umsatz eine statische Druckerhöhung $\frac{\gamma}{2g}\,[w_1^2 - w_2^2]$, womit auch die Bedeutung des dritten Gliedes geklärt ist.

2. Radialer Eintritt.

Im allgemeinen hat die Luft beim Eintritt in das Laufrad keine Umfangskomponente. Durch einen Eintrittsleitapparat müßte eine solche erst erzeugt werden[1]. Die Fälle, in denen Leitapparate ausgeführt werden, sind selten, so daß man durchweg mit radialem Eintritt der Luft rechnen kann. Gl. (4) vereinfacht sich dann wegen $c_{1u} = 0$ zu

$$\Delta p = \frac{\gamma}{g}\, u_2\, c_{2u} = \varrho\, u_2 \cdot c_{2u}\,. \tag{7}$$

Eine weitere formale Vereinfachung ist möglich, wenn man für das Verhältnis $\frac{c_{2u}}{u_2}$ eine besondere Zahl τ einführt. Hierdurch läßt sich c_{2u} ersetzen und der Druck nur durch die Umfangsgeschwindigkeit u_2 ausdrücken.

$$\Delta p = \frac{\gamma}{g}\, u_2^2 \cdot \frac{c_{2u}}{u_2} = \frac{\gamma}{g}\, u_2^2 \cdot \tau\,.$$

Der dimensionslose Faktor τ wird nur von den Winkeln der Geschwindigkeitsdreiecke abhängen. Aus Abb. 2 erhalten wir durch Anwendung des sin-Satzes $c_2 = u_2 \frac{\sin\beta_2}{\sin(\alpha_2 + \beta_2)}$; dies setzen wir in

$$c_{2u} = c_2 \cdot \cos\alpha_2 = \frac{\sin\beta_2 \cdot \cos\alpha_2}{\sin(\alpha_2 + \beta_2)} \cdot u_2$$

ein und erhalten:

$$\tau = \frac{c_{2u}}{u_2} = \frac{\sin\beta_2 \cdot \cos\alpha_2}{\sin\alpha_2 \cos\beta_2 + \cos\alpha_2 \cdot \sin\beta_2} = \frac{\operatorname{tg}\beta_2}{\operatorname{tg}\alpha_2 + \operatorname{tg}\beta_2}\,. \tag{8}$$

τ ist somit in Abhängigkeit vom Schaufelwinkel β_2 und dem Austrittswinkel α_2 der Absolutgeschwindigkeit dargestellt.

[1] Doppelkrümmer in der Saugleitung können auch die Ursache einer Eintrittsdrehung sein.

In Abb. 4 ist τ in Abhängigkeit von α_2 für verschiedene Winkel β_2 aufgetragen. Bei gegebener Umfangsgeschwindigkeit kann durch Benutzung von Abb. 4 sofort die Druckhöhe des reibungslosen Laufrades bei unendlicher Schaufelzahl ermittelt werden.

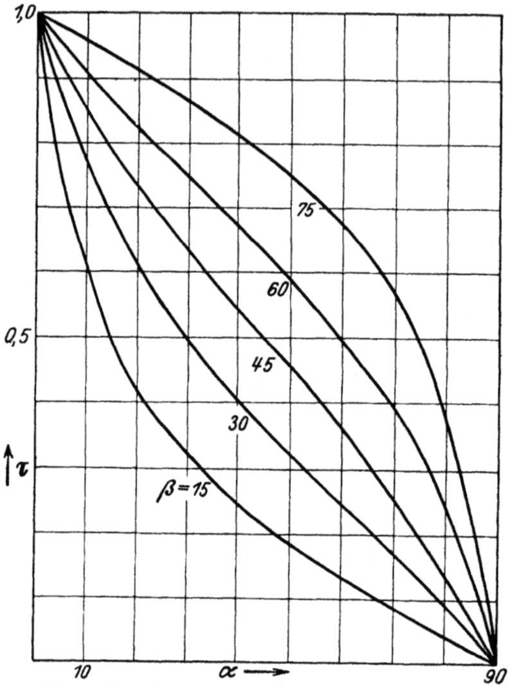

Abb. 4. Verhältnis der Umfangskomponente zur Umfangsgeschwindigkeit für verschiedene Schaufelwinkel in Abhängigkeit von α_2.

Beispiel: Wie groß ist die theoretische Druckerhöhung bei einem Schaufelwinkel $\beta_2 = 60°$; $\alpha_2 = 20°$, wenn die Umfangsgeschwindigkeit $u = 80$ m/s ist? Aus Abb. 4 entnehmen wir für τ den Wert 0,82. Damit ergibt sich nach Gl. (2):

$$\Delta p = \tau \cdot \frac{\gamma}{g} \cdot u^2 = 0{,}82 \cdot \frac{1}{8} \cdot 80^2$$
$$= 656 \text{ mm WS}.$$

3. Reaktionsgrad.

Für die Beurteilung eines Gebläses ist es sehr wichtig zu wissen, wie groß der statische Druck unmittelbar hinter dem Laufrad ist und welcher Druck noch gewonnen werden muß durch Umsetzen von Geschwindigkeit in Druck.

Gl. (5) gibt hierauf die Antwort. Die beiden letzten Glieder $\frac{\varrho}{2}[u_2^2 - u_1^2] + \frac{\varrho}{2}[w_1^2 - w_2^2]$ stellen den statischen Druck hinter dem Laufrad dar, den sog. Spaltdruck, während $\frac{\varrho}{2}[c_2^2 - c_1^2]$ erst im Diffusor bzw. in den Leitkanälen in statischen Druck umgesetzt werden muß. Da — um dies schon hier vorweg zu nehmen — dieser letztere Vorgang immer mit ziemlichen Verlusten verbunden ist, wird man anstreben, daß das letzte Glied prozentual möglichst klein wird bzw. der Quotient $\frac{\Delta p_{\text{stat}}}{\Delta p_{\text{ges}}}$ möglichst groß wird. Diesen Quotient, der diese Umsetzung gut zum Ausdruck bringt, nennt man Reaktionsgrad. Wir führen hierfür die Zahl $\varkappa$ ein. Nach Gl. (5) ist

$$\Delta p_{\text{stat}} = \frac{\varrho}{2}[u_2^2 - u_1^2] + \frac{\varrho}{2}[w_1^2 - w_2^2] = \frac{\varrho}{2}[u_2^2 - w_2^2 + w_1^2 - u_1^2]$$

mit $c_{1u} = 0$ wird nach Abb. 2 $w_1^2 - u_1^2 = c_1^2$

$$\Delta p_{\text{stat}} = \frac{\varrho}{2}[u_2^2 - w_2^2 + c_1^2].$$

Unter Berücksichtigung von Gl. (7) erhalten wir dann

$$\varkappa = \frac{\Delta\, p_{\text{stat}}}{\Delta\, p_{\text{ges}}} = \frac{u_2^2 - w_2^2 + c_1^2}{2 \cdot u_2 \cdot c_{2u}}.$$

Um zu einer einfachen Aussage zu kommen, nehmen wir $c_1 = c_{1m} = c_{2m}$ an eine Annahme, die im Mittel praktischen Verhältnissen gerecht wird. Genau richtig ist dies nur bei Axialrädern, bei Radialrädern wird mit dieser Annahme ein guter Mittelwert erreicht. Damit erhalten wir:

$$\varkappa = \frac{u_2^2 - w_2^2 + c_{2m}^2}{2\, u_2 \cdot c_{2u}} = \frac{u_2^2 - (u_2 - c_{2u})^2}{2\, u_2 \cdot c_{2u}},$$

hier wurde $w_2^2 - c_{2m}^2 = (u_2 - c_{2u})^2$ berücksichtigt.

$$\varkappa = \frac{-c_{2u}^2 + 2\, u_2 \cdot c_{2u}}{2 \cdot u_2 \cdot c_{2u}}$$

$$= 1 - \frac{c_{2u}}{u_2} \cdot \frac{1}{2} = 1 - \frac{\tau}{2}. \qquad (9)$$

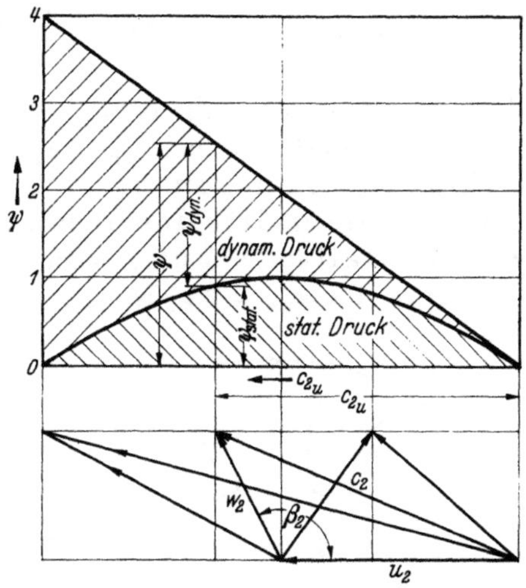

Abb. 5. Änderung der verschiedenen Druckanteile mit wachsenden Schaufelwinkeln.

Einen einfachen Überblick über den Reaktionsgrad $\varkappa$, sowie über den Gesamtdruck $\Delta\, p$ bei verschiedenen Schaufelwinkeln erhalten wir durch folgende Betrachtung.

Wir vergleichen Räder mit den gleichen Umfangsgeschwindigkeiten, die bei gleichem Durchmesser und gleicher Breite die gleiche Menge fördern. Hiermit wird c_{2m} konstant. Es ergeben sich dann für verschiedene Schaufelwinkel β_2 Geschwindigkeitsdreiecke nach Abb. 5. Den Gesamtdruck $\Delta\, p = \frac{\gamma}{g}\, c_{2u} \cdot u_2$ beziehen wir, um bereits hier eine wesentliche Kennzahl einzuführen, auf den Staudruck $\frac{\gamma}{2g}\, u_2^2$ der Umfangsgeschwindigkeit, d. h. den Druck, der physikalisch als Vergleichsbasis am anschaulichsten ist. Wir führen schon hier diese neue Zahl, die Druckziffer

$$\psi_{\text{ges}} = \frac{\Delta\, p_{\text{ges}}}{\frac{\gamma}{2g}\, u_2^2} = 2\, \frac{c_{2u}}{u_2} = 2\, \tau \qquad (10)$$

ein und tragen sowohl ψ_{ges} wie ψ_{stat} über den Geschwindigkeitsdreiecken so auf, daß der jeweilige Wert ψ_{ges} und ψ_{stat} über dem Endpunkt von c_{2u} zu finden ist. Den stat. Druck $\Delta\, p_{\text{stat}} = \varkappa \cdot \Delta\, p_{\text{ges}}$ haben wir hier ebenfalls durch eine Druckzahl $\psi_{\text{stat}} = \frac{\Delta\, p_{\text{stat}}}{\frac{\gamma}{2g}\, u_2^2}$ ausgedrückt. Man erkennt aus Abb. 5, daß mit wachsendem Schaufelwinkel β_2 der Gesamtdruck, d. h. ψ zunimmt, während der Reaktionsgrad, d. h. $\frac{\psi_{\text{stat}}}{\psi_{\text{ges}}}$ abnimmt. Man bekommt also mit größeren Winkeln β_2 wohl einen größeren Gesamtdruck, doch nimmt der prozentuale Anteil des hinter dem Laufrad vorhandenen statischen Druckes immer mehr ab, so daß also immer mehr kinetische Energie in Druck umzusetzen ist. Die absolute Größe des statischen Druckes erhält man durch das Produkt:

$$\psi_{\text{stat}} = \psi \cdot \varkappa = 2\tau\left[1 - \frac{\tau}{2}\right] = 2\tau - \tau^2 = 2\frac{c_{2u}}{u_2} - \left(\frac{c_{2u}}{u_2}\right)^2. \qquad (11)$$

Dies ist eine Parabel, die bei $c_{2u} = 0$ und $c_{2u} = 2$ die Abszisse schneidet. Der Höchstwert, der bei $c_{2u} = u_2$ liegt, hat den Wert 1. Bei einem Schaufelwinkel von 90°, d. h. radial endenden Schaufeln, ist also die Hälfte des Gesamtdruckes rein statisch und die andere Hälfte in Form von Geschwindigkeitsenergie vorhanden. Bei $c_{2u} = 2u_2$ ist $\psi_{\text{stat}} = 0$ und $\psi = 4$, d. h. hier ist zwar der

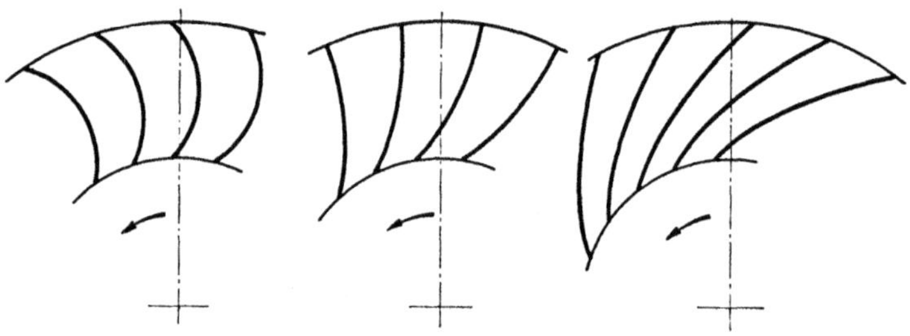

Abb. 6. Schematische Darstellung von nach vorwärts gekrümmten, radial endenden und nach rückwärts gekrümmten Schaufeln.

höchste Gesamtdruck vorhanden, doch ist der statische Anteil gleich Null (Abb. 5). Vor und hinter dem Laufrad ist also der gleiche Druck, ein Fall, den man mit Freistrahlwirkung bezeichnet. Das Laufrad hat lediglich kinetische Energie erzeugt, ein Fall, der bekanntlich bei Turbinen wichtiger als bei Pumpen ist. Kreiselräder mit solchem Verhalten werden Aktionsräder genannt, während alle Kreiselräder, bei denen eine statische Druckumsetzung im Laufrad stattfindet, Reaktionsräder genannt werden. Alle Gebläse arbeiten nach dem Reaktionsprinzip.

Je nach dem Schaufelwinkel β_2, der nach Vorstehendem den Leistungsversuch wesentlich beeinflußt, ändert sich die Schaufelform grundlegend. Man spricht von rückwärtsgekrümmten Schaufeln, Radialschaufeln und vorwärtsgekrümmten Schaufeln. die in Abb. 6 für gleiche Eintrittsschaufelwinkel und gleiche Schaufelzahl schematisch dargestellt sind. Die Eintrittsformgebung ist bei allen gleich, weil dort bei gleicher Fördermenge und Drehzahl genau die gleichen Winkel notwendig sind. Im Ventilatorenbau kommen alle drei Formen vor.

4. Kennlinien bei unendlicher Schaufelzahl.

Für das Betriebsverhalten eines Gebläses ist die Abhängigkeit des Druckes von der Fördermenge von Interesse. Die Fördermenge ist bei gleicher Umfangsgeschwindigkeit proportional der Meridiankomponente c_{2m}. Es gilt die Gleichung:

$$V = c_{2m} \cdot \pi d_2 \cdot b_2 . \qquad (12)$$

Eine Änderung von c_{2m} kann nach Abb. 7 nur so vor sich gehen, daß die Spitze des Geschwindigkeitsdreieckes sich auf dem Schenkel von β_2 verschiebt, da ja die Richtung der Relativgeschwindigkeit nach wie vor durch den Austrittswinkel β_2 bestimmt wird. Wenn c_{2m} größer wird, ändert sich c_{2u}, und zwar erkennt man, daß bei rückwärtsgekrümmten Schaufeln c_{2u} kleiner wird, während bei vorwärtsgekrümmten Schaufeln ein Wachsen von c_{2u} mit steigendem c_{2m} eintritt (Abb. 7). Eine kleine Rechnung ergibt den zahlenmäßigen Zusammenhang. Aus Abb. 2 ergibt sich

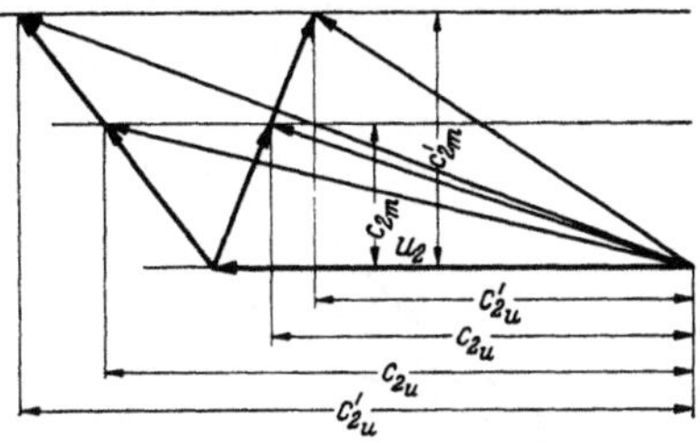

Abb. 7. Geschwindigkeitsdreiecke für verschiedene Fördermengen.

$$\frac{c_{2m}}{u_2 - c_{2u}} = \operatorname{tg} \beta_2 ,$$

hieraus folgt:

$$c_{2u} = u_2 - \frac{c_{2m}}{\operatorname{tg} \beta_2} ,$$

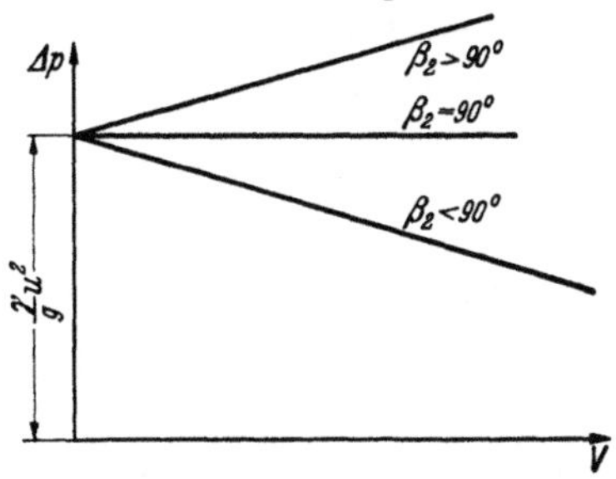

Abb. 8. Kennlinien bei reibungsfreier Strömung.

dieses setzen wir in $\Delta p = \varrho u_2 \cdot c_{2u}$ ein und erhalten

$$\Delta p = \varrho u_2^2 - \varrho \frac{u_2}{\operatorname{tg} \beta_2} \cdot c_{2m} .$$

Aus Gl. (12) entnehmen wir:

$$c_{2m} = \frac{V}{\pi d_2 \cdot b_2} .$$

Setzen wir dieses ein, so ergibt sich:

$$\Delta p = \varrho u_2^2 - V \cdot \varrho \frac{u_2}{\pi d_2 \cdot b_2 \operatorname{tg} \beta_2} , \qquad (13)$$

d. h. die Beziehung $\Delta p = f(V)$ ist eine gerade Linie, deren Neigung bei sonst gleichen Verhältnissen durch den Winkel β_2 bestimmt wird. (Abb. 8 zeigt das Ergebnis.) Bei vorwärtsgekrümmten Schaufeln nimmt der Druck mit der Fördermenge zu, bei Radialschaufeln bleibt er konstant, während bei rückwärtsgekrümmten Schaufeln mit der Fördermenge der Druck sinkt.

Es ist auch leicht, den Energiebedarf (ohne Verluste) auszurechnen. Die aufgenommene Leistung ist:

$$L = H \cdot V \cdot \gamma = \Delta p \cdot V = \varrho u_2^2 \cdot V - V^2 \cdot \varrho \frac{u_2}{\pi d_2 b_2 \cdot \operatorname{tg} \beta_2}. \qquad (14)$$

Die Abhängigkeit $L = f(V)$ ist eine Parabel, und zwar erhält man für $\beta_2 = 90°$ eine durch den Nullpunkt gehende Gerade, während bei rückwärtsgekrümmten Schaufeln die Parabel unterhalb dieser Geraden und bei vorwärtsgekrümmten Schaufeln oberhalb der Geraden liegt (Abb. 9).

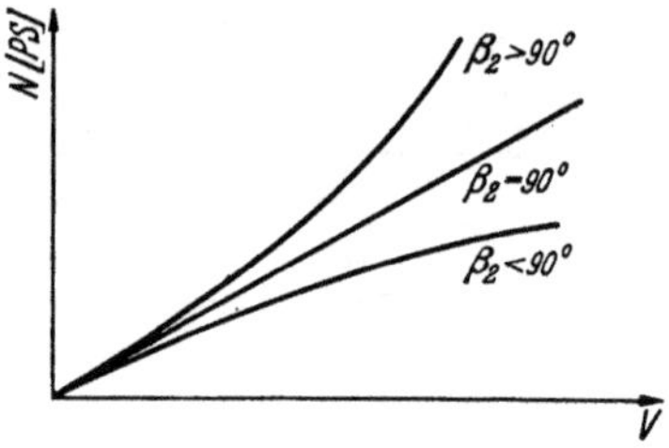

Abb. 9. Kraftbedarfskurven bei reibungsfreier Strömung.

Aus Gl. (14) entnehmen wir noch, daß die tatsächliche Luftleistung in $\frac{m \cdot kg}{s}$ durch den Ausdruck

$$L = V\,[\mathrm{m^3/s}] \cdot \Delta p\,[\mathrm{mm\ WS}] \qquad (15)$$

dargestellt wird. Für Gebläse ist diese Form der Leistungsberechnung besonders bequem, da V und Δp meist bekannt sind. Die Antriebleistung ergibt sich mit η_{ges} als Gesamtwirkungsgrad:

$$N_{\text{Welle}} = \frac{L}{75 \cdot \eta_{ges}} = \frac{\Delta p \cdot V}{75 \cdot \eta_{ges}}\,[\mathrm{PS}]. \qquad (16)$$

II. Genauere rechnerische Behandlung der Schaufelströmung.

5. Geschwindigkeitsverteilung im Schaufelkanal.

Schrittweise wollen wir nun die bisherigen Einschränkungen, die mit der Wirklichkeit nicht übereinstimmen, untersuchen und berücksichtigen. Hierbei werden wir uns eingehender mit dem „Einfluß der endlichen Schaufelzahl“ zu beschäftigen haben. Denn die Abweichungen gegen der Annahme einer unendlichen Schaufelzahl sind nach jeder Richtung so groß, daß eine Berücksichtigung notwendig ist.

Bei endlich breiten Schaufelkanälen müssen Geschwindigkeitsänderungen senkrecht zur Strömung vorhanden sein. Dies folgt aus folgender Erwägung. Durch die Schaufeln werden Druckkräfte in Umfangsrichtung auf die Luft übertragen. Druckunterschiede können nach der Bernoullischen Gleichung bei einem strömenden Medium nur übertragen werden, wenn Geschwindigkeitsunterschiede vorhanden sind. Bei den nichtrotierenden Strömungen folgt dieses bereits aus der Bernoullischen Gleichung $\Delta p = \frac{c_2^2 - c_1^2}{2g} \cdot \gamma$; es ist somit $c_2 > c_1$, wenn $\Delta p > 0$ ist und umgekehrt. Es fragt sich nun, wie bei einer rotierenden Strömung der Unterschied zwischen Druck- und Geschwindigkeitsänderung zur Geltung kommt.

Wie betrachten im folgenden gleichzeitig einen Schaufelkanal von rückwärts- und vorwärtsgekrümmten Schaufeln und untersuchen die

Gleichgewichtsbedingungen eines kleinen Teilchens, das in Strömungsrichtung die Länge Δs und senkrecht dazu die Breite Δn hat (Abb. 10 u. 11). Die Ausdehnung senkrecht zur Zeichenebene sei b (Schaufelbreite).

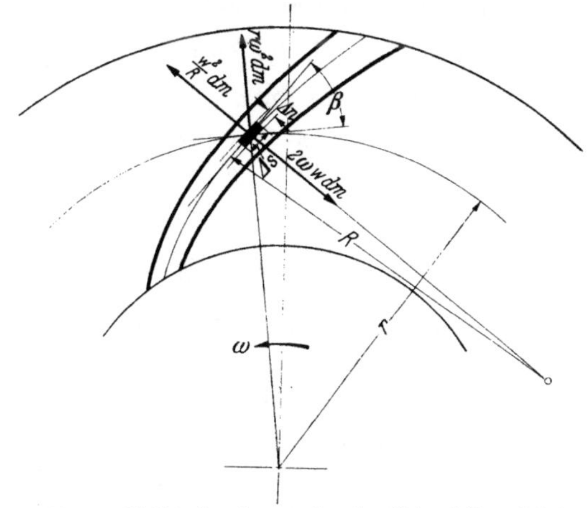

Abb. 10. Kräfte in einem schmalen Schaufelkanal bei nach rückwärtsgekrümmten Schaufeln.

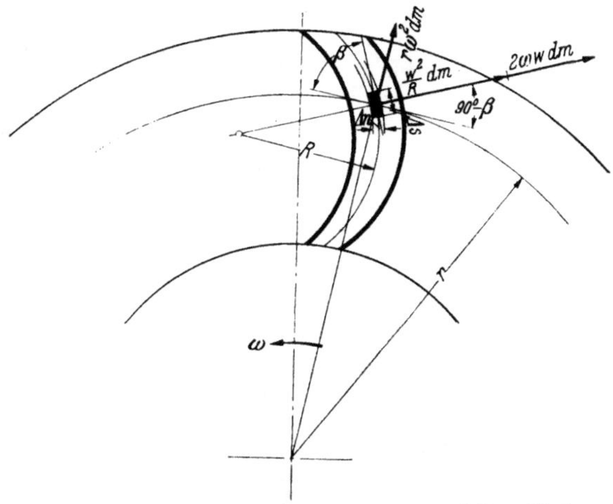

Abb. 11. Kräfte in einem schmalen Schaufelkanal bei nach vorwärts gekrümmten Schaufeln.

6. Kräfte senkrecht zur Strömungsrichtung.

Die Krümmung des Kanales mit dem Krümmungsradius R bedingt eine Zentrifugalkraft $\frac{w^2}{R} \cdot dm$ senkrecht zum Schaufelkanal, während die Gesamtrotation des Rades eine Zentrifugalkraft $r\omega^2 \cdot dm$ in Richtung des Radius bedingt. Von letzterer wirkt nur die Komponente $r\omega^2 \cdot \cos\beta$ normal zur Strömungsrichtung. Schließlich wirkt noch die sog. Corioliskraft. Sie tritt immer dann auf, wenn ein Körper auf einer rotierenden Bahn geführt wird und mit einer Relativgeschwindigkeit w sich entlang dieser Bahn bewegt. In diesem Falle wirkt auf die Bahn ein Führungsdruck $2\omega \cdot w \cdot dm$. Der Überschuß aller dieser Kräfte bedingt eine Druckänderung $\overline{\Delta p}$ senkrecht zur Strömungsrichtung. In Abb. 10 u. 11 sind für rückwärts- und vorwärtsgekrümmte Schaufeln alle Kräfte nach Größe und Richtung eingetragen.

Es ergibt sich:

$$\frac{\partial p}{\partial n} \cdot dn \cdot ds \cdot b = dn \cdot ds \cdot b \cdot \frac{\gamma}{g}\left[\frac{w^2}{R} + r\omega^2 \cdot \cos\beta - 2\omega \cdot w\right]$$

für rückwärtsgekrümmte Schaufeln und

$$\frac{\partial p}{\partial n}\,\mathrm{d}n\cdot\mathrm{d}s\cdot b=\mathrm{d}n\cdot\mathrm{d}s\cdot b\cdot\frac{\gamma}{g}\left[\frac{w^2}{R}+r\,w^2\cdot\cos\beta+2\,\omega\cdot w\right]$$

für vorwärtsgekrümmte Schaufeln.

Hieraus läßt sich das Druckgefälle $\frac{\partial p}{\partial n}$ senkrecht zur relativen Strömungsrichtung berechnen

$$\frac{\partial p}{\partial n}=\frac{\gamma}{g}\left[\frac{w^2}{R}+r\,\omega^2\cdot\cos\beta-2\,\omega\cdot w\right] \tag{17}$$

für rückwärts gekrümmte Schaufeln und

$$\frac{\partial p}{\partial n}=\frac{\gamma}{g}\left[\frac{w^2}{R}+r\,\omega^2\cdot\cos\beta+2\,\omega\cdot w\right] \tag{18}$$

für vorwärts gekrümmte Schaufeln.

7. Kräfte in Strömungsrichtung.

In Strömungsrichtung wirkt einmal eine Komponente der Zentrifugalkraft $r\omega^2\cdot\mathrm{d}m\cdot\sin\beta$ und dann eine Druckkraft, die von einer eventuellen Druckänderung in Strömungsrichtung herrührt. Die Summe beider Kräfte bewirkt nach der Newtonschen Gleichung eine Beschleunigung.

$$\frac{\gamma}{g}\,b\,\mathrm{d}n\,\mathrm{d}s\,\frac{\mathrm{d}w}{\mathrm{d}t}=-\mathrm{d}n\cdot b\cdot\frac{\partial p}{\partial s}\cdot\mathrm{d}s+\frac{\gamma}{g}\,\mathrm{d}s\cdot\mathrm{d}n\cdot b\cdot r\,\omega^2\cdot\sin\beta\,.$$

Hier ersetzen wir

$$\frac{\mathrm{d}w}{\mathrm{d}t}=\frac{\partial w}{\partial s}\cdot\frac{\mathrm{d}s}{\mathrm{d}t}=\frac{\partial w}{\partial s}\cdot w$$

$$\frac{\gamma}{g}\cdot w\,\frac{\partial w}{\partial s}=-\frac{\partial p}{\partial s}+\frac{\gamma}{g}\,r\,\omega^2\cdot\sin\beta$$

$$\frac{\gamma}{g}\,w\cdot\mathrm{d}w=-\mathrm{d}p+\frac{\gamma}{g}\,r\,\omega^2\cdot\sin\beta\cdot\mathrm{d}s\,.$$

Aus Abb. 10 entnehmen wir $\sin\beta\cdot\mathrm{d}s=\mathrm{d}r$

$$\frac{\gamma}{g}\,w\cdot\mathrm{d}w-\frac{\gamma}{g}\,r\,\omega^2\cdot\mathrm{d}r+\mathrm{d}p=0\,.$$

Die Integration ergibt

$$\frac{w^2}{2g}+\frac{p}{\gamma}-\frac{u^2}{2g}=H'=\text{konst}\,. \tag{19}$$

Dieses ist die Energiegleichung der Relativströmung. Sie hat große Ähnlichkeit mit der Bernoullischen Gleichung; nur das Glied $\frac{u^2}{2g}$ kommt hier noch hinzu.

Bemerkt sei, daß diese Beziehung auch unmittelbar aus der Hauptgleichung (5) abgeleitet werden kann. Die beiden letzten Glieder bedeuten hier den statischen Druckunterschied p_2-p_1, so daß folgende Gleichung besteht:

$$p_2-p_1=\frac{\gamma}{2g}\,[u_2^2-u_1^2]+\frac{\gamma}{2g}\,[w_1^2-w_2^2]\,.$$

Wir bringen die Glieder mit dem gleichen Index auf eine Seite und erhalten:

$$\frac{w_2^2}{2g} + \frac{p_2}{\gamma} - \frac{u_2^2}{2g} = \frac{w_1^2}{2g} + \frac{p_1}{\gamma} - \frac{u_1^2}{2g} = H' = \text{konst}.$$

Gl. (19) ersetzt die Bernoullische Gleichung bei der Rotationsströmung. Sie besagt, daß — zunächst für einen Stromfaden — der Wert H' konstant bleibt. Wenn wir Reibungslosigkeit voraussetzen, so kann auch der benachbarte Stromfaden keine andere Energie aufweisen, da ja Schubspannungen, die einen solchen Unterschied bewirken könnten, nicht vorhanden sind. Das heißt aber, daß $\frac{\partial H'}{\partial n} = 0$ sein muß. Durch Differentiation der Gl. (19) entsteht:

$$\frac{\partial H'}{\partial n} = \frac{w}{g}\frac{\partial w}{\partial n} + \frac{1}{\gamma}\frac{\partial p}{\partial n} - \frac{u}{g}\frac{\partial u}{\partial n} = 0.$$

Hieraus entsteht:

$$\frac{\partial p}{\partial n} = \frac{\gamma}{g}\left[u\frac{\partial u}{\partial n} - w\cdot\frac{\partial w}{\partial n}\right].$$

Ersetzen wir hier $u = r\cdot\omega$ und $\mathrm{d}n = \frac{\mathrm{d}r}{\cos\beta}$, so entsteht:

$$\frac{\partial p}{\partial n} = \frac{\gamma}{g}\left[r\,\omega^2\cdot\cos\beta - w\frac{\partial w}{\partial n}\right]. \tag{20}$$

Dies vergleichen wir mit Gl. (17) und (18)

$$\frac{\partial p}{\partial n} = \frac{\gamma}{g}\left[\frac{w^2}{R} + r\,\omega^2\cdot\cos\beta - 2\,\omega\cdot w\right]$$

für rückwärtsgekrümmte Schaufeln,

$$\frac{\partial p}{\partial n} = \frac{\gamma}{g}\left[\frac{w^2}{R} + r\,\omega^2\cdot\cos\beta + 2\,\omega\cdot w\right]$$

für vorwärtsgekrümmte Schaufeln:

Durch Gleichsetzen mit Gl. (20) entsteht:

$$\frac{\partial w}{\partial n} = 2\,\omega - \frac{w}{R}, \tag{21}$$

für rückwärtsgekrümmte Schaufeln,

$$\frac{\partial w}{\partial n} = -\left[2\,\omega + \frac{w}{R}\right] \tag{22}$$

für vorwärts gekrümmte Schaufeln.

Die Gl. (21) und (22) stellen die Differentialgleichung der rotierenden Relativströmung dar. Sie bilden die Grundlage für eine eingehendere Betrachtung der Strömung.

Bevor wir jedoch hiervon Gebrauch machen, ist es notwendig, noch einige andere Eigenschaften der rotierenden Relativströmung kennenzulernen.

8. Relativwirbel.

Die endliche Schaufelzahl läßt bei Annahme der Reibungsfreiheit eine eigentümliche Bewegung in Erscheinung treten, die man Relativwirbel nennt. In Reinkultur ist diese Bewegung zu beobachten, wenn wir uns die Schaufelkanäle nach Abb. 12 ganz abgeschlossen denken. Da die Wände keine Reibung übertragen sollen, ist eine Drehung der Luft, die nur durch Schubspannungen eingeleitet werden kann, ausgeschlossen. Die Luft wird also bei einer Umdrehung des Rades nur eine Verschiebung auf einem Kreise mitmachen, so daß für den mit dem Rade mitfahrenden Beobachter eine Scheindrehung,

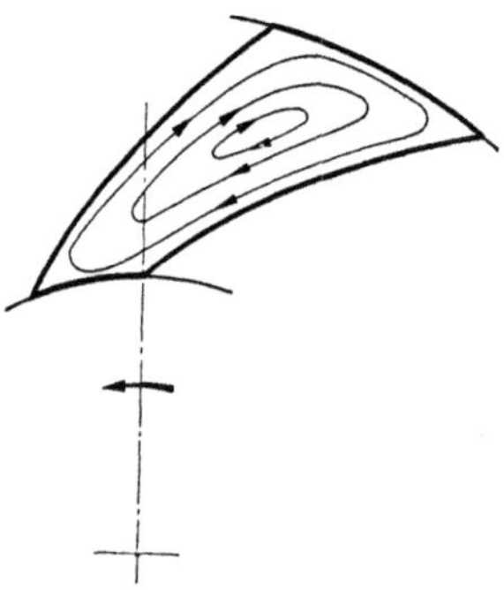

Abb. 12. Relativwirbel in einem geschlossenen Schaufelkanal.

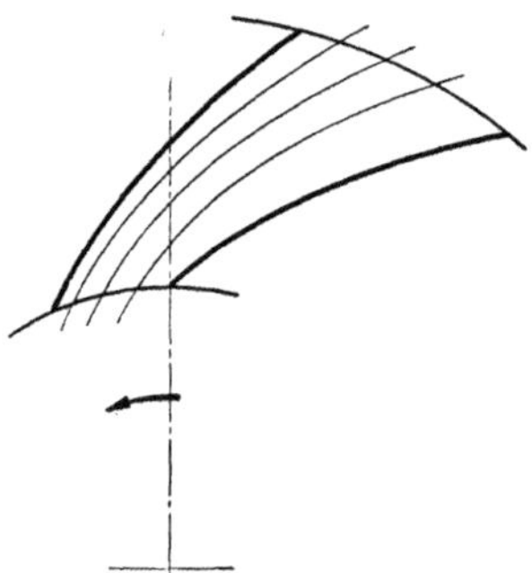

Abb. 13. Relativströmung im Schaufelkanal bei normaler Fördermenge.

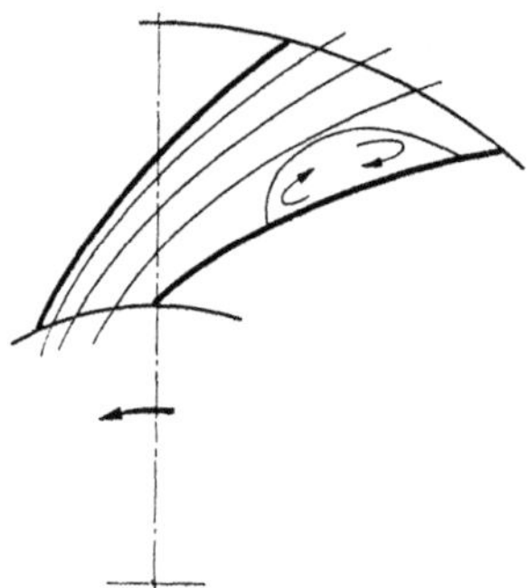

Abb. 14. Relativströmung bei unternormaler Fördermenge.

die sog. Relativdrehung, beobachtet wird. Die Stromlinien dieser Bewegung sind in Abb. 12 eingezeichnet. Auf der Schaufelvorderseite strömt das Wasser nach innen und auf der Rückseite nach außen. Werden nun die Kanäle geöffnet, so daß ein bestimmtes Volumen das Rad durchströmt, so wird sich der reinen Durchströmung dieser „Relativwirbel" überlagern. Auf der Schaufeldruckseite wird somit die Geschwindigkeit stark vermindert und auf der andern Seite stark vergrößert werden (Abb. 13). Da unabhängig von der Fördermenge der Relativwirbel bleibt, wird je nach der Fördermenge ein wesentlich verändertes Strömungsbild zu erwarten sein. Insbesondere kann der Fall eintreten, daß bei kleiner Durchflußmenge die Geschwindigkeitsverminderung auf der Druckseite gleich der Durchflußgeschwindigkeit ist. Die Strömung kommt dann auf der Druckseite zum Stillstand und bei noch weiterer Verminderung entsteht eine Rückströmung. Abb. 14 zeigt diesen Fall. Es gibt somit für jeden Schaufelkanal eine Durchflußmenge, unterhalb der bei reibungsloser Strömung sich die Strömung an der Druckseite „ablöst". Kucharski hat auf diese Tatsache in einer bemerkenswerten Studie[1] zuerst hingewiesen.

[1] Kucharski: Strömungen einer reibungsfreien Flüssigkeit. München: Oldenbourg 1918.

9. Gerade Schaufeln.

In einigen Fällen läßt sich Gl. (21) besonders einfach auswerten. Bereits Kucharski[1] hat darauf hingewiesen, daß ein rotierender Kanal mit geraden nichtgekrümmten Wänden sehr leicht zu behandeln ist. In diesem Falle ist der Schaufelkrümmungsradius $R = \infty$, so daß Gl. (21) sich vereinfacht in

$$\frac{\partial w}{\partial n} = 2\,\omega; \quad \mathrm{d}w = \mathrm{d}n \cdot 2\,\omega .$$

Die Lösung dieser Gleichung lautet:

$$w = w' + 2\,n\,\omega,$$

wo w' die Geschwindigkeit an der Schaufeldruckseite und n der senkrechte Abstand bis zur nächsten Wand ist. Die Geschwindigkeit steigt, wie in Abb. 15 angedeutet, linear an, so daß an der Druckseite die Geschwindigkeit am kleinsten wird. Man kann leicht die Durchflußmenge berechnen, bei der an der Druckseite die Geschwindigkeit Null wird, d. h. $w' = 0$; $w_{\max}$ ist dann $2\,n \cdot \omega$, d. h. die mittlere Geschwindigkeit $w_m = n \cdot \omega$, so daß unterhalb der Menge $V = n^2 \cdot \omega \cdot b$ an der Druckseite der Schaufeln eine rückläufige Bewegung einsetzt.

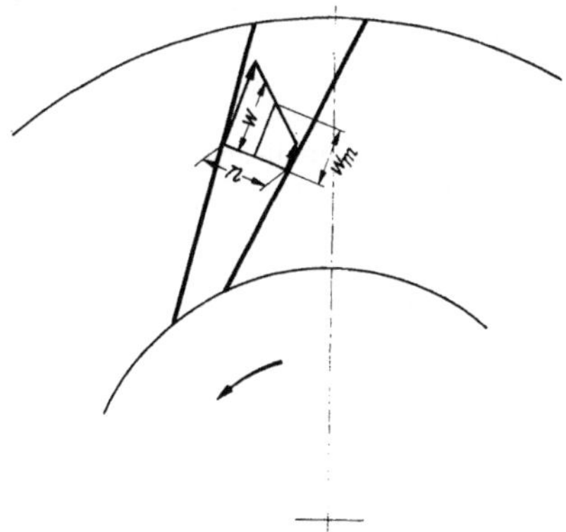

Abb. 15. Geschwindigkeitsverteilung im Schaufelkanal bei geraden Schaufeln.

Es ist anzunehmen, daß auch bei divergierenden Schaufelkanälen ein gleiches Verhalten eintritt, solange der Abstand der Schaufeln nicht zu groß ist. Bedingung ist nur, daß die Stromlinien gerade sind.

10. Schaufelkanal gleicher Geschwindigkeitsverteilung.

Man kann fragen, ob bei einer relativen Drehbewegung überhaupt eine konstante Geschwindigkeitsverteilung wie beim ruhenden geraden Kanal möglich ist. Dies ist durchaus der Fall. Wir brauchen in Gl. (21) nur $\frac{\mathrm{d}w}{\mathrm{d}n}$ gleich Null zu setzen. Hieraus folgt:

$$2\,\omega - \frac{w}{R} = 0; \quad \text{d. h. } R = \frac{w}{2\,\omega} .$$

Geben wir dem Kanal diese Krümmung, d. h. nach rückwärts, so ist tatsächlich dieser Fall erreicht. Durch Vergleich mit Gl. (17) finden wir, daß trotzdem ein Druckunterschied senkrecht zur Strömung vorhanden ist, nämlich

$$\frac{\partial p}{\partial n} = \frac{\gamma}{g} \cdot r\,\omega^2 \cdot \cos\beta .$$

Zwei Glieder sind hier weggefallen. Ein Blick auf Abb. 10 erklärt uns die physikalische Bedeutung des Falles. Die Zentrifugalkraft der Bahnkrümmung $\frac{w^2}{R} \cdot \mathrm{d}m$

[1] Siehe Fußnote S. 14.

ist hier gerade gleich der Corioliskraft $2\,\omega w dm$, so daß als Querdruck nur die Zentrifugalkraft $r\,\omega^2\,dm$ wirkt. Praktische Bedeutung hat dieser Fall nicht, da die notwendige Krümmung kaum ausführbar ist bzw. zu sehr kurzen Schaufeln führen würde, die zudem bei ihrer starken Rückwärtskrümmung nur geringe Drucksteigerungen zuließen.

11. Schaufelkanal gleichen Querschnittsdruckes.

Läßt sich ein Schaufelkanal schaffen, bei dem senkrecht zur Strömungsrichtung kein Druckunterschied auftritt? Man neigt zunächst zur Ansicht, daß bei einem solchen Kanal keine Kraftübertragung möglich ist. Dieser Widerspruch ist leicht zu klären. Denn nur die Druckunterschiede vor und hinter der Schaufel bedingen nutzbare Schaufeldrücke, die auf dem gleichen Radius liegen, d. h. Punkte, die auf gleichem Radius liegen, müssen bezüglich ihrer Druckdifferenz untersucht werden. Verfolgt man eine Normallinie senkrecht zur Strömung, so ändert sich hier der Radius mehr oder weniger stark. Man kann auch so sagen: bei verschwindendem Querschnittsdruck genügt eine Druckänderung in Richtung der Relativströmung, um Kräfte auf die Schaufeln zu übertragen. Die Form dieses Kanals ergibt sich aus folgender Berechnung:

In Gl. (17) setzen wir $\frac{\partial p}{\partial n} = 0$ und erhalten:

$$\frac{w^2}{R} + r\,\omega^2 \cdot \cos\beta - 2\,\omega \cdot w = 0\,.$$

Hieraus läßt sich R berechnen:

$$R = \frac{w^2}{\omega\,[2\,w - u \cdot \cos\beta]}\,.$$

Die Schaufel läßt sich Punkt für Punkt aus den Krümmungsradien R zeichnen, wenn man z. B. den Verlauf von w annimmt. R kann sogar unendlich, d. h. die Schaufel gerade werden, wenn der Nenner verschwindet d. h. $2\,w - u \cdot \cos\beta = 0$ ist. Nimmt man von diesem Punkte an w konstant an, so verläuft die Schaufel weiter gerade, denn für eine Gerade ist bekanntlich $u \cdot \cos\beta =$ konst.

Grun[1] hat zuerst auf diese Schaufelform hingewiesen, die im Turbokompressorenbau eine gewisse Bedeutung gewonnen hat. Inwieweit eine Schaufelform dieser Art tatsächlich Vorteile bringt, ist zur Zeit noch nicht einwandfrei zu beurteilen, da grundlegende Versuche hier vollkommen fehlen.

12. Berechnung von Geschwindigkeits- und Druckverteilung in einem beliebigen Schaufelkanal.

Den Ausgangspunkt der nachfolgenden Berechnungen bildet die Differentialgleichung der Relativbewegung (21)

$$\frac{\partial w}{\partial n} = 2\,\omega - \frac{w}{R}\,.$$

Die formale Auflösung dieser Gleichung ist mit Hilfe des integrierenden Faktors leicht möglich. Die Auswertung der Lösung bereitet jedoch erhebliche Schwierigkeiten und ist bisher nur in wenigen Fällen gelungen. Mit gewissen Vereinfachungen ist jedoch eine Näherungslösung möglich, die praktisch vollkommen ausreichen dürfte. Wir

[1] Grun: Dissertation Hannover. — Eingehendere Angaben befinden sich in Eck-Kearton: Turbo-Gebläse und Kompressoren. Berlin: Julius Springer 1929.

wollen nämlich die Annahme machen, daß im Schaufelkanal auf einer Linie senkrecht zur Strömung der Krümmungsradius konstant ist. Diese Annahme wird um so eher berechtigt sein, je kleiner die Schaufelkanaltiefe ist. Bei den üblichen rückwärtsgekrümmten Schaufeln ist diese Annahme sehr gut erfüllt. Gl. (21) läßt sich dann in der Form

$$\frac{dw}{2\,\omega\,R - w} = \frac{dn}{R}$$

schreiben und leicht integrieren. Die Lösung lautet:

$$w = (w' - 2\,\omega\,R)\,e^{-\frac{n}{R}} + 2\,R\,\omega\,. \tag{23}$$

Die Integrationskonstante wurde hier gleich entsprechend ihrer physikalischen Bedeutung eingesetzt. Für $n = 0$ ergibt sich eine Randgeschwindigkeit w'. Ihre Bestimmung folgt mit der Bedingung, daß die durch den Kanal strömende Menge $\int_0^n w \cdot b \cdot d\,n$ identisch mit der gegebenen sein muß.

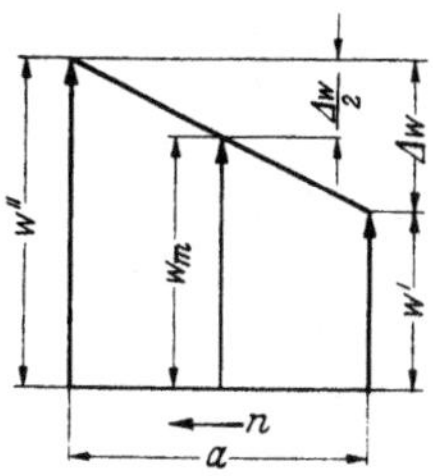

Abb. 16.

Zeichnet man nun für einen normalen Schaufelkanal nach Gl. (23) $w = f(n)$ auf, so ergeben sich so flache Kurven, daß man sie nur sehr schwer von geraden Linien unterscheiden kann. Deshalb ist es durchaus berechtigt, Gl. (23) durch eine lineare Funktion zu ersetzen.

Das einfachste wäre der Ersatz der Funktion $e^{-\frac{n}{R}}$ durch ihre Tangente im Punkte $n = 0$. Die Entwicklung von $e^{-\frac{n}{R}}$ ergibt $e^{-\frac{n}{R}} \sim 1 - \frac{n}{R}$; hiermit ginge Gl. (23) über in:

$$w = w' + 2\,n\,\omega - \frac{n \cdot w'}{R}\,.$$

Diese Gleichung kann aus Gl. (21) auch unmittelbar gewonnen werden, wenn man die Gleichung als Differenzengleichung schreibt und für w den konstanten Wert w' einsetzt: $\Delta\,w = 2\,\omega \cdot \Delta\,n - \frac{w'}{R} \cdot \Delta\,n$

$$w = w' + \Delta\,w = w' + 2\,\omega\,\Delta\,n - \frac{w'}{R} \cdot \Delta\,n\,.$$

Die Geschwindigkeitsverteilung, die nach Abb. 16 linear angenommen wird, würde nach der letzten Gleichung mit w' als Mittelwert berechnet werden, während die mittlere Geschwindigkeit $w_m = \frac{w' + w''}{2}$ bedeutend größer ist. Wir werden deshalb eine bessere Näherung erreichen, wenn wir statt w' den Wert w_m einsetzen.

$$\Delta\,w = 2\,\omega \cdot \Delta\,n - \frac{w_m}{R} \cdot \Delta\,n\,.$$

Da uns bei der linearen Verteilung nur die Anfangs- und Endwerte interessieren, ersetzen wir Δn durch die Kanalweite a.

$$\Delta w = 2\omega \cdot a - \frac{w_m}{R} \cdot a\,,$$

$$w' = w_m - \frac{\Delta w}{2} = w_m\left[1 + \frac{a}{2R}\right] - \omega \cdot a\,, \tag{24}$$

$$w'' = w_m + \frac{\Delta w}{2} = w_m\left[1 - \frac{a}{2R}\right] + \omega \cdot a\,. \tag{25}$$

Bei gegebener Mittelgeschwindigkeit w_m und bekanntem Krümmungsradius R der Schaufeln können also sofort w' und w'', d. h. die Geschwindigkeiten an den Schaufelwänden berechnet werden.

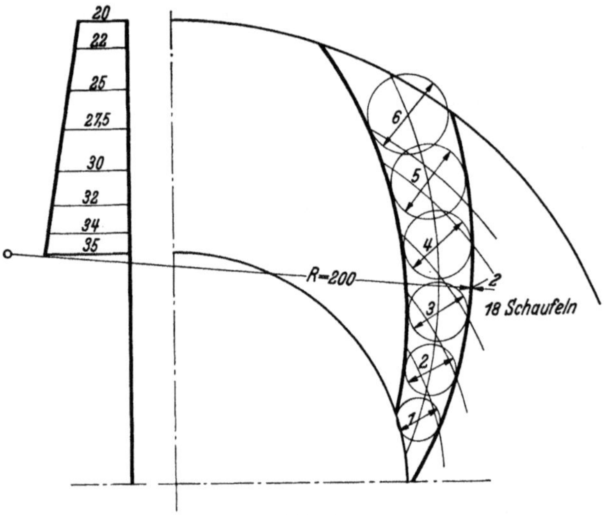

Abb. 17.
Untersuchung eines nach rückwärts gekrümmten Schaufelkanales.

An einem Beispiel soll gezeigt werden, wie schnell und einfach mit dem Verfahren gearbeitet werden kann. Das in Abb. 17 gezeichnete Laufrad wurde für eine Drehzahl von 3000 min und die Fördermenge des stoßfreien Eintrittes behandelt. Aus dem Eintrittsdreieck wurde mit Berücksichtigung der Schaufelverengung diese Menge zu 18 · 0,0205 m³/s bestimmt. Die 18 Schaufeln bestehen aus Kreisbögen, deren Radius 200 mm ist. Dieser Radius wurde als Mittelwert in obige Formeln eingesetzt. An 6 Stellen wurde der Schaufelkanal untersucht (in Abb. 17 mit *1, 2,... 6* bezeichnet). Die jeweiligen Querschnitte wurden in üblicher Weise durch Einzeichnen von tangierenden Kreisen bestimmt. Das Laufrad wurde einmal mit paralleler Deckscheibe (konstante Breite von 35 mm) und dann mit konischer Verjüngung (die Breite vermindert sich von 35 mm auf 20 mm) durchgerechnet, um an diesem Beispiel gleich den Einfluß der seitlichen Begrenzung zeigen zu können. Aus der durchströmenden Menge 0,0205 m³/s und dem Querschnitt erhält man die mittlere Geschwindigkeit $w_m = \frac{0{,}0205}{b \cdot a}$. Durch Einsetzen in Gl. (24) ergibt sich sofort w'. Diese beiden Punkte genügen zur Aufzeichnung der linearen Geschwindigkeitsverteilung. In Abb. 18 sind die Geschwindigkeitskurven über der gleichen Abszisse aufgetragen für das konische Rad und in Abb. 19 in gleicher Weise für das parallele Rad. Man beobachtet, daß im ganzen Schaufelkanal die Geschwindigkeit von der Druckseite zur Saugseite zunimmt. Dabei fällt auf, daß das Ansteigen der Geschwindigkeit für alle Querschnitte sehr genau konstant ist. Bei parallelen Deckwänden (Abbildung 19) ist das Verhalten das gleiche, doch sind besonders am Austritt wegen den größeren Querschnitten die absoluten Geschwindigkeiten kleiner. Da die geraden Linien infolge einer Vernachlässigung $e^{-\frac{n}{R}} \sim 1 - \frac{n}{R}$ entstanden sind, interessiert der Vergleich mit der exakten Lösung der Gl. (23). In Abb. 18 wurde für den zweiten Querschnitt diese Rechnung durchgeführt und die berechneten Punkte eingezeichnet. Man erkennt, daß die Punkte so gut auf einer Geraden liegen, daß ohne mikroskopische Betrachtung keine Abweichung zu beobachten ist.

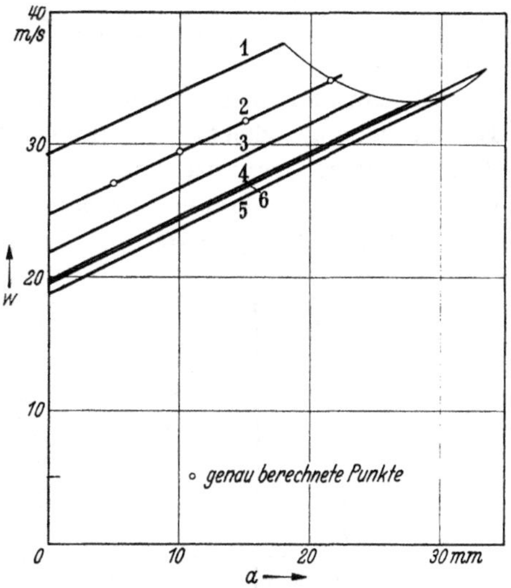

Abb. 18. Geschwindigkeitsverteilung für sechs Stellen des in Abb. 17 dargestellten Schaufelkanales bei konischer Seitenwand.

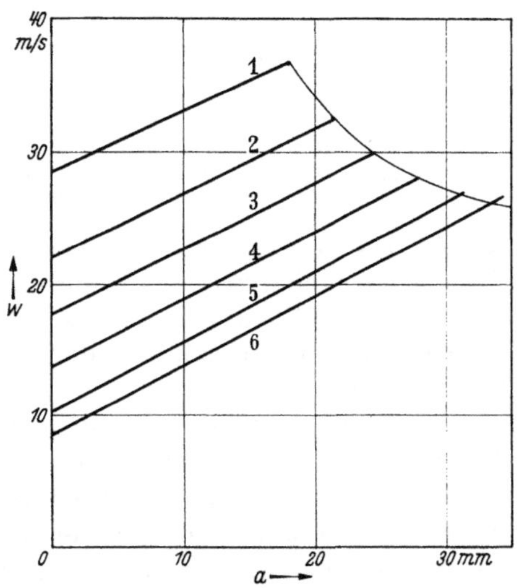

Abb. 19. Geschwindigkeitsverteilung für sechs Stellen des in Abb. 17 dargestellten Schaufelkanales bei parallelen Deckscheiben (b = 35 mm).

Dieses Ergebnis ermutigt zu dem Versuch, dieses höchst einfache Verfahren auch bei vorwärtsgekrümmten und radialen Schaufeln zu versuchen. Da in beiden Fällen die Schaufelkrümmung entgegengesetzt dem bisherigen Falle ist, wirkt hier die Zentrifugalkraft mit anderem Vorzeichen, so daß mit der Gl. (22)

$$\frac{dw}{dn} = -\left[2\,\omega + \frac{w}{R}\right]$$

gerechnet werden muß. Die gleichen Betrachtungen wie vorhin führen dann zu folgenden Gleichungen:

$$w' = w_m\left[1 - \frac{a}{2R}\right] - \omega \cdot a\,, \tag{26}$$

$$w'' = w_m \left[1 + \frac{a}{2R}\right] + \omega \cdot a \qquad (27)$$

für vorwärtsgekrümmte und radial endende Schaufeln.

Mit diesen Gleichungen ergibt sich die gleiche numerische Ausrechnung wie vorhin.

Als Beispiel wurde das gleiche Laufrad gewählt. Bei gleichem Eintrittswinkel, gleicher Schaufelzahl und gleichem Durchmesser wurden vorwärtsgekrümmte und radial auslaufende Schaufeln eingezeichnet (Abb. 20). Der Einfachheit halber wurden wieder Kreisschaufeln gewählt. Es ergab sich: $R_{\text{radial}} = 190$ mm und $R_{\text{vorwärts}} = 60$ mm. Auch hier wurden

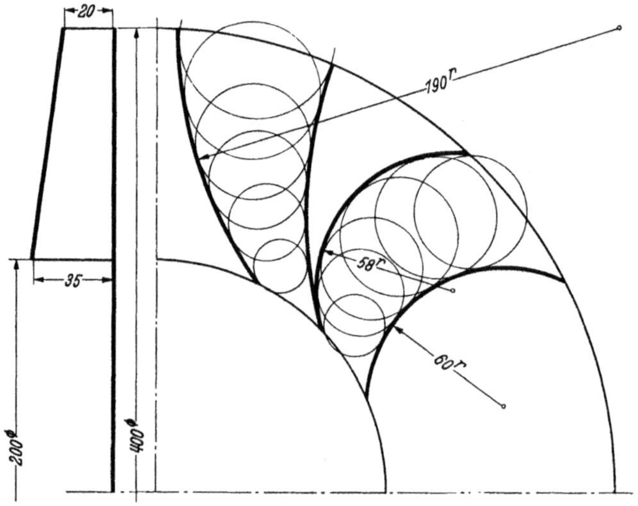

Abb. 20. Untersuchung eines Schaufelkanals mit radialendenden und nach vorwärts gekrümmten Schaufeln.

sowohl das konische als das parallele Rad untersucht. Die übrigen Abmessungen sind bei allen Rädern gleich. Die Geschwindigkeitskurven sind für zwei Fälle in Abb. 21 und in Abb. 22 aufgezeichnet. (Die beiden andern Fälle, die prinzipiell ähnlich aussehen, wurden aus Platzmangel weggelassen.)

Man wird neugierig sein, ob hier die Näherung, die der Rechnung zugrunde liegt, überhaupt noch eine brauchbare Lösung ergibt. Denn bei der vorwärtsgekrümmten Schaufel ist der Krümmungsradius 60 mm, während die größte Schaufeltiefe rd. 50 mm beträgt, d. h. von gleicher Größenordnung ist. Der ungünstigste Fall liegt offenbar vor, wenn vorwärtsgekrümmte Schaufeln noch parallele Seitenwände haben, so daß auch noch starke Verzögerungen der Mittelgeschwindigkeit zu erwarten sind. Für diesen ungünstigsten Fall wurde eine genaue Nachprüfung auf Grund der Differentialgleichung (21) vorgenommen. In Abb. 22 ist für den Querschnitt 2 das Ergebnis dieser Rechnung eingezeichnet. Die gestrichelte Kurve zeigt das genaue Ergebnis. Wie man sieht, ist selbst hier der Unterschied gegen. der Ersatzgeraden nicht besonders groß.

Bei Anwendung des hier durchgeführten Näherungsverfahrens wird also auch bei vorwärtsgekrümmten Schaufeln ein ziemlich genaues Bild der reibungsfreien Strömung zu erwarten sein.

Was besonders auffällt, ist die Tatsache, daß in verschiedenen Querschnitten die Geschwindigkeit teilweise negativ wird. Dies bedeutet

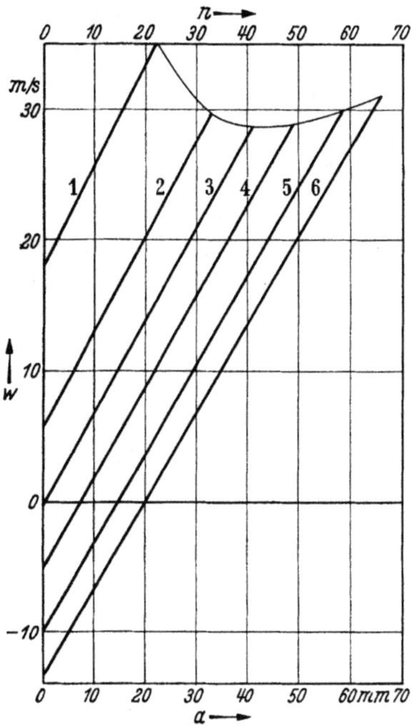

Abb. 21. Geschwindigkeitsverteilung für sechs Stellen eines radial endenden Schaufelkanales bei parallelen Deckscheiben (b = 35 mm).

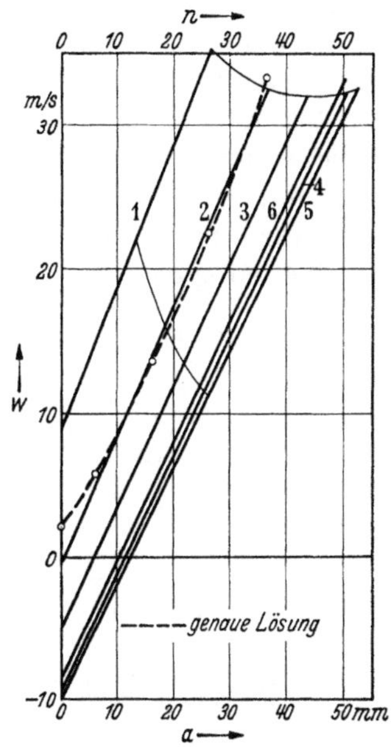

Abb. 22. Geschwindigkeitsverteilung für sechs Stellen eines nach vorwärts gekrümmten Schaufelkanales bei parallelen Deckscheiben (b = 35 mm).

eine Rückströmung und heißt praktisch, daß ein Teil des Schaufelkanals nicht mehr mit aktiver Strömung ausgefüllt ist. Um einen besseren Überblick zu erhalten, sollen die einzelnen Strömungsbilder gezeichnet werden. Der linerare Anstieg der Geschwindigkeitskurven ermöglicht eine sehr einfache Ausführung.

Für irgendeinen Querschnitt kann die lineare Geschwindigkeitsverteilung wie folgt angegeben werden:

$$w = \frac{n}{a}(w'' - w') + w' .$$

Hier bedeuten

a = ganze Kanalweite,
n = Abszisse der Kanalweite,
w' = Geschwindigkeit auf der Druckseite,
w'' = Geschwindigkeit auf der Saugseite.

Die bis zu einem beliebigen Abstand durchfließende Menge ergibt sich aus

$$V\Big|_0^n = \int_0^n w \cdot b \cdot dn = \frac{n^2}{2a} b (w'' - w') + w'' b \cdot n .$$

Die Funktion $V = f(n)$ besteht aus einer Parabel und einer Geraden, die nach Abb. 23 addiert werden müssen. Mit den leicht zu ermittelnden Endwerten läßt sich die V-Kurve leicht aufzeichnen. Dann teilt man V in gleiche Teile ein, z. B. 4 und erhält nach Abb. 23 auf der Kurve die Punkte, die angeben, durch welchen Kanalteil gerade $^1/_4$ der Menge strömt, d. h. die Stromlinien gehen durch diese Punkte. In den Querschnitten mit Rückströmung muß zunächst für die zurückfließende Menge eine entsprechende Breite

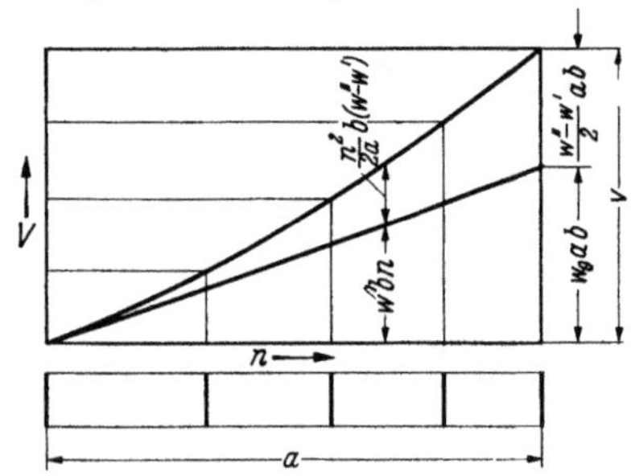

Abb. 23. Einteilung eines Querschnittes in vier Teile von gleicher Durchflußmenge.

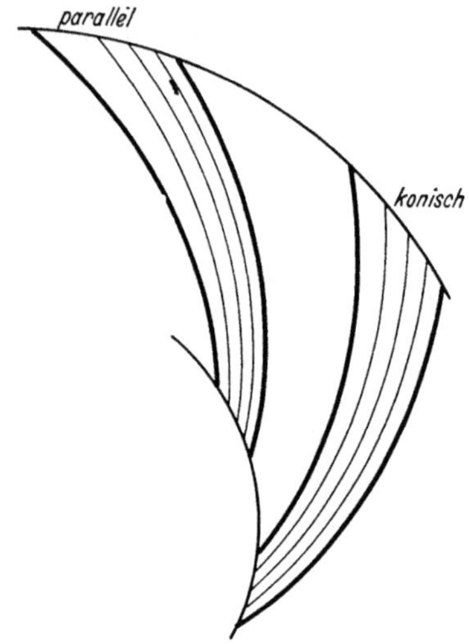

Abb. 24. Berechnete Stromlinien für nach rückwärts gekrümmte Schaufeln.

zusätzlich für die Hinströmung dieser Menge freigelassen werden. Für den restlichen Querschnitt kann dann das Verfahren durchgeführt werden. Für alle untersuchten drei Schaufelformen wurde sowohl bei konischen wie bei parallelen Wänden das Verfahren durchgeführt. Abb. 24, 25 und 26 zeigen das Ergebnis.

Bei rückwärtsgekrümmten Schaufeln hat die Strömung ein „gesundes“ Aussehen. Der Kanal ist überall mit aktiver Strömung ausgefüllt. Bei parallelen Seitenwänden beobachtet man besonders am Austritt, wie die Stromlinien sich mehr an die Saugseite schmiegen, d. h. die Geschwindigkeitsunterschied sind bedeutend größer als bei konischen Wänden. Wir merken uns dies bereits jetzt für spätere Erwägungen.

Bei radial auslaufenden und vorwärtsgekrümmten Schaufeln ist in keinem Falle der Schaufelkanal ganz ausgefüllt. Große Teile des Schaufelkanals werden mit einer „Wirbelströmung“ ausgefüllt, deren Bereich verschiedene Größe annehmen kann.

Die Ergebnisse können wie folgt zusammengefaßt werden:

1. Radial auslaufende Schaufeln, konische Seitenwände (Abb. 25). In der Mitte der Druckseite beginnt die Rückströmung, der Schaufelaustrittsquerschnitt ist nur zu 60 vH ausgenutzt.

2. Radial auslaufende Schaufeln, parallele Seitenwände (Abb. 25). Nach dem ersten Drittel der Druckseite beginnt bereits die Rückströmung. Der Austrittsquerschnitt ist nur zu ~43 vH ausgenutzt. Man erkennt deutlich die große Verschlechterung durch die parallelen Seitenwände.

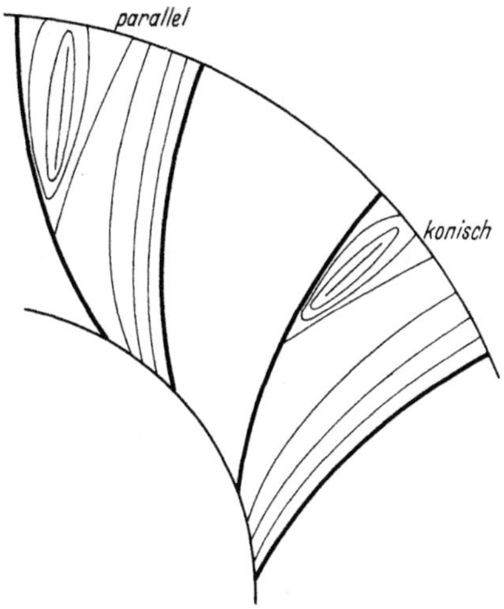

Abb. 25. Berechnete Stromlinien für radial endende Schaufeln.

3. Vorwärtsgekrümmte Schaufeln, konische Seitenwände (Abb. 26). Die Rückströmung beginnt bald bei Beginn der Druckseite. Der Austrittsquerschnitt ist nur zu rd. 75 vH ausgenutzt.

4. Vorwärtsgekrümmte Schaufeln, parallele Seitenwände (Abb. 26). Die Rückströmung beginnt noch früher, so daß die Druckseite der Schaufel praktisch gar nicht von aktiver Strömung benetzt wird. Mit rd. 58 vH wird der Austrittsquerschnitt ausgenutzt. Man erkennt aus dem Bild, daß die Luft sich praktisch einen neuen Schaufelkanal schafft. Insbesondere ist interessant, daß hier selbst die reibungsfreie Strömung die starke Verzögerung nicht mitmacht, sondern eigene Wege geht. Die Verschlechterung gegenüber dem Kanal mit konischen Seitenwänden ist offensichtlich.

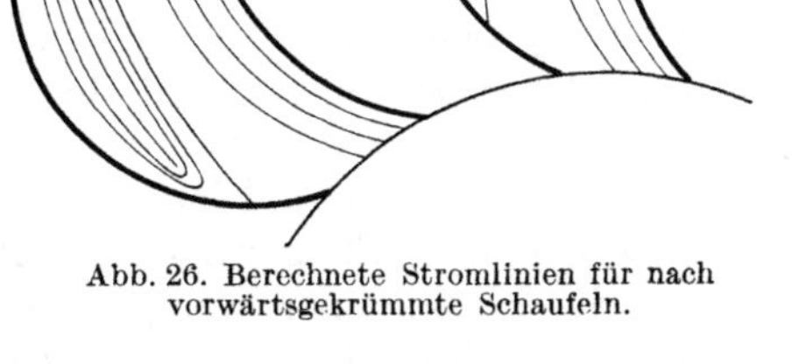

Abb. 26. Berechnete Stromlinien für nach vorwärtsgekrümmte Schaufeln.

Es sei nochmals betont, daß alle Fälle für gleiche Dimensionen, gleiche Durchflußmengen und gleiche Eintrittswinkel (stoßfreier Eintritt) durchgerechnet wurden. Die starke Rückströmung, die in mehreren Fällen hier festgestellt wurde, kann auch bei der reibungsfreien Strömung wirksam bekämpft werden durch entsprechende Beschleunigung im Schaufelkanal. Indem man die Deckscheibe noch stärker konisch auslegt, ist es natürlich möglich, den Verlauf der Relativgeschwindigkeit weitgehend zu beeinflussen.

Es liegt auf der Hand, daß das hier entwickelte Verfahren um so besser arbeitet, je größer die Schaufelzahl ist. Da die durchgerechneten Beispiele praktischen Verhältnissen in vielen Fällen entsprechen, darf das Verfahren empfohlen werden.

III. Einfluß der endlichen Schaufelzahl.

13. Grundsätzliches.

Im letzten Abschnitt wurde bereits für einen Kanal endlicher Breite die Strömung untersucht. Es soll nunmehr festgestellt werden, wie

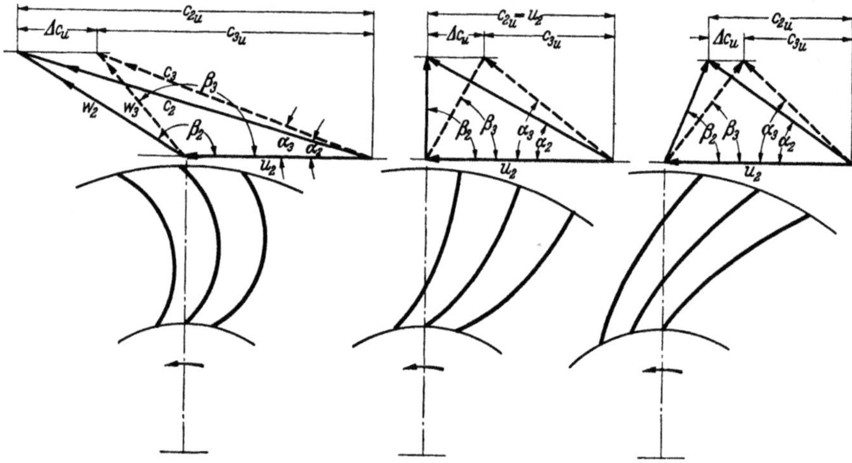

Abb. 27. Schematische Darstellung des Einflusses der endlichen Schaufelzahl auf die Austrittsgeschwindigkeitsdreiecke für vorwärtsgekrümmte, radial auslaufende und rückwärtsgekrümmte Schaufeln.

groß der Einfluß der endlichen Schaufelzahl auf den Energieumsatz ist. Daß ein solcher vorhanden sein muß, ist leicht einzusehen. Bei unendlicher Schaufelzahl ist die Austrittsrichtung der Relativgeschwindigkeit β_2 identisch mit dem Schaufelwinkel β_2. Werden die Schaufeln auseinandergezogen, so wird die „Führung" der Luft immer geringer, die mittlere Austrittsrichtung ist um so mehr von β_2 verschieden, je kleiner die Schaufelzahl ist. Der Richtungssinn der Änderung ist leicht zu ermitteln. Mit geringerer Führung, d. h. kleinerer Schaufelzahl, wird die Luft immer weniger in Umfangsrichtung mitgenommen, so daß in jedem Fall die c_u-Komponente kleiner wird. Damit vermindert sich der theoretisch erzielbare Druck. Bezeichnen wir nach Gl. (7) mit $\Delta p_{\text{th}\infty} = \varrho \cdot u_2 \cdot c_{2u}$ den Druck bei unendlicher Schaufelzahl und mit Δp_{th} den Druck bei endlicher Schaufelzahl (jedoch ohne Reibung), so wollen wir folgendes Verhältnis einführen:

$$\varepsilon = \frac{\Delta p_{\text{th}}}{\Delta p_{\text{th}\infty}}. \tag{28}$$

Die Einführung dieser Zahl, die wohlgemerkt mit dem Wirkungsgrad bzw. mit den Verlusten nichts zu tun hat, rechtfertigt sich aus dem Grunde, weil beim Entwurf die sog. „Minderleistung" bekannt sein muß.

Für die im Ventilatorenbau wichtigen drei Fälle (rückwärtsgekrümmte, radial auslaufende und vorwärtsgekrümmte Schaufeln) ist in Abb. 27 die Auswirkung der endlichen Schaufelzahl auf die Geschwindigkeitsdreiecke qualitativ eingezeichnet. Die ausgezogenen Dreiecke beziehen sich auf unendliche Schaufelzahl, während die gestrichelte Ausführung für endliche Schaufelzahl gilt. Die praktische Auswirkung der endlichen Schaufelzahl kann aus diesen Diagrammen abgelesen werden.

1. Der relative Austrittswinkel β_3 ist in jedem Falle kleiner als der Schaufelwinkel β_2.

2. Die mittlere relative Austrittsgeschwindigkeit ändert sich, indem sie bei rückwärtsgekrümmten und radial auslaufenden Schaufeln zunimmt und bei vorwärtsgekrümmten Schaufeln abnimmt.

3. Die mittlere absolute Austrittsgeschwindigkeit c_3 ist in jedem Falle kleiner als c_2.

4. Die Richtung α_3 der Absolutgeschwindigkeit ist in jedem Falle steiler als α_2. (Wichtig für die Konstruktion der Leitvorrichtungen!)

5. Die Minderleistung ist proportional Δc_u, so daß sich ergibt:

$$\varepsilon = \frac{\Delta p_{\mathrm{th}}}{\Delta p_{\mathrm{th}\,\infty}} = \frac{\varrho \cdot u_2\,[c_{2u} - \Delta c_u]}{\varrho \cdot u_2 \cdot c_{2u}} = \frac{c_{2u} - \Delta c_u}{c_{2u}} = \frac{c_{3u}}{c_{2u}}\,. \tag{29}$$

Wir merken uns gleich, daß es praktisch genügt, die Verminderung Δc_u von c_{2u} zu berechnen.

14. Graphische Ermittlung der Minderleistung.

Im Anschluß an die in Kapitel 12 behandelte Ermittlung der Schaufelströmung sei zunächst ein Weg zur Berechnung der Minderleistung angegeben, der den Vorzug hat, den indivuellen Eigenschaften einer Beschaufelung gut Rechnung zu tragen[1].

Von den Schaufeln werden Druckkräfte auf die durchströmende Luft ausgeübt. Berechnet man das Drehmoment M all dieser Druckkräfte, so ist die Leistung $M \cdot \omega$ sofort bekannt, die dann mit $\Delta p_{\mathrm{th}\,\infty}$ verglichen werden kann.

Zur Berechnung der Druckkräfte ziehen wir Gl. (12) heran:

$$\frac{w^2}{2g} + \frac{p}{\gamma} - \frac{u^2}{2g} = H' = \text{const}\,.$$

Von Interesse ist der Druckunterschied von Druck- und Saugseite für einen Punkt der Schaufel, d. h. für den gleichen Radius (s. auch S. 31); damit fällt bei der Differenzbildung das Glied $\frac{u^2}{2g}$ heraus:

$$\overline{\Delta p} = \frac{\gamma}{2g}\,[w''^2 - w'^2]\,. \tag{30}$$

[1] Kearton hat auf diesen Weg in einer beachtenswerten Studie hingewiesen. Kearton benutzt noch nicht die Annäherung der Geschwindigkeitskurven durch gerade Linien. The influence of the number of impeller blades on the pressure generated in a centrifugal compressor and on its general performance. The Institution of Mechanical Engineers, April 1933.

Für verschiedene Querschnitte und damit auch für verschiedene Punkte an der Schaufeloberfläche war die Geschwindigkeit bereits früher berechnet worden. Für Zwischenpunkte erhalten wir sie dadurch, daß wir über der abgewickelten Schaufelseite unsere berechneten Punkte auftragen und durch eine Kurve verbinden. Abb. 28 und 29 zeigen für das Radialrad und für das Rad mit rückwärtsgekrümmten Schaufeln die so gewonnene Geschwindigkeitsverteilung. Für gleiche Radien wird nun an verschiedenen Stellen die Geschwindigkeit w auf der Saug- und Druckseite abgegriffen. Damit kann $\overline{\Delta p}$ nach Gl. (30) berechnet werden. Die so gewonnenen Druckverteilungen wurden für alle sechs Fälle, die vorhin behandelt wurden, ermittelt. Unsicher sind jetzt nur noch die Schaufelenden. Hier muß der Druckunterschied verschwinden, da ein plötzlicher Drucksprung in der Strömung

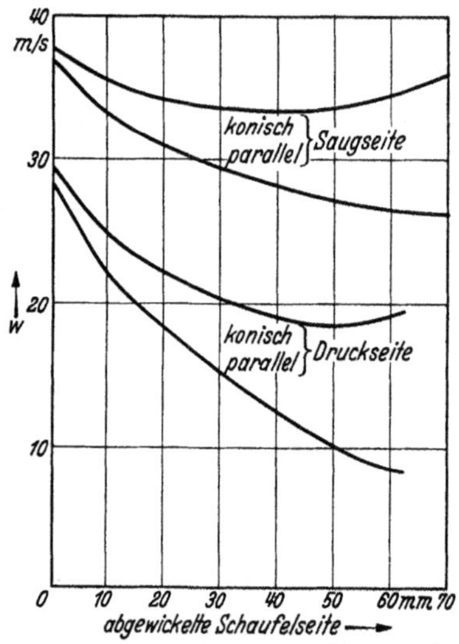

Abb. 28. Geschwindigkeitsverteilung für Saug- und Druckseite des nach rückwärtsgekrümmten Schaufelkanales bei konischen und parallelen Deckscheiben.

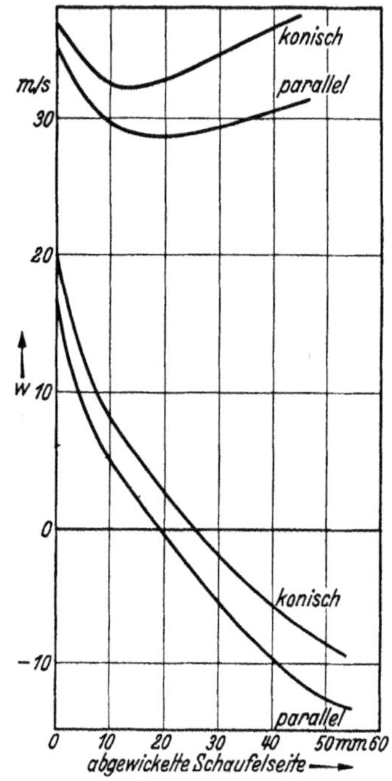

Abb. 29. Geschwindigkeitsverteilung für Saug- und Druckseite des radial auslaufenden Schaufelkanales bei konischen und parallelen Deckscheiben.

unmöglich ist. Wir brauchen also die gewonnenen Druckkurven nur stetig nach Null zu ergänzen. Man wird einwenden, daß hierdurch eine gewisse Willkür in das Verfahren kommt. Tatsächlich ist die Willkür nicht so groß, wie es anfänglich scheint. Zeichnet man nämlich verschiedene mögliche Ausläufe, wobei natürlich unstetige, d. h. unsinnige Übergänge vermieden werden müssen, so ist die mögliche Willkür nur wenige vH des Gesamtdruckes.

Das Drehmoment erhält man dann weiter durch eine leichte Integration:

$$M = \int_{r_1}^{r_2} z\,\overline{\Delta p} \cdot b \cdot \mathrm{d}r \cdot r\,.$$

Die Ausführung geschieht am schnellsten graphisch, indem für die gerechneten Punkte der Wert $\Delta p \cdot b \cdot r$ ausgerechnet wird. Diese Werte werden dann über r aufgetragen und integriert.

$$M = z\int_{r_1}^{r_2} (\overline{\Delta p} \cdot b \cdot r) \cdot \mathrm{d}r\,.$$

Den tatsächlich erreichten Druckunterschied erhält man dann leicht aus der Beziehung

$$\Delta p = \frac{M \cdot \omega}{V}.$$

Aus den Geschwindigkeitsdreiecken ergeben sich die Werte u_2 und c_{2u}. Damit kann $\Delta p_{\text{th}\,\infty}$ aus der Formel $\Delta p_{\text{th}\,\infty} = \varrho \cdot u_2 \cdot c_{2u}$ berechnet werden. Die Ergebnisse sind in folgender Tabelle zusammengestellt:

Zahlentafel 1.

Schaufelform	Seitenscheibe	Δp_{th} [mm WS]	$\Delta p_{\text{th}\,\infty}$ [mm WS]	$\varepsilon = \frac{\Delta p_{\text{th}}}{\Delta p_{\text{th}\,\infty}}$
Rückwärtsgekrümmt	konisch	279	324	0,862
Rückwärtsgekrümmt	parallel	338	396	0,855
Radial auslaufend	parallel	417,5	492	0,85
Radial auslaufend	konisch	426	492	0,866
Vorwärtsgekrümmt	parallel	463	588	0,79
Vorwärtsgekrümmt	konisch	514	662	0,778

Die Leistungsverminderung schwankt hier somit zwischen 15 bis 22 vH, und zwar so, daß sie bei Radialschaufeln und bei rückwärtsgekrümmten Schaufeln ungefähr gleich ist, nämlich rd. 15 vH. während bei vorwärtsgekrümmten Schaufeln eine erheblich größere Minderleistung von rd. 22 vH vorhanden ist.

Es ergeben sich außerdem deutliche Unterschiede bei der gleichen Schaufelart, je nachdem die Seitenscheiben konisch oder parallel sind. Im letzteren Falle ist c_{2m} kleiner; dies bedeutet, wie man aus Abb. 7 entnehmen kann, ein größeres c_{2u} bei rückwärtsgekrümmten Schaufeln. Im gleichen Sinne müssen sich die erreichten Drücke ändern. Ein Vergleich mit der Zahlentafel zeigt, daß diese Eigenschaft richtig zum Ausdruck gekommen ist.

Das Verfahren hat den Nachteil, daß es einen gewissen Zeitaufwand erfordert; ein Vorteil ist andererseits, daß mit einfachsten mathematischen Mitteln ein tiefer Einblick in die reibungsfreie Strömung des Radialrades erreicht werden kann.

15. Näherungsberechnung nach Stodola.

Stodola[1] hat das Verdienst, das erste brauchbare Näherungsverfahren angegeben zu haben, mit dem der Einfluß der endlichen Schaufelzahl leicht berechnet werden kann. Das Verfahren ist so einfach und leistet bereits so viel, daß man es auch heute noch der Praxis empfehlen kann.

Den Relativwirbel macht Stodola verantwortlich für die Minderleistung. Hierdurch werden, wie früher festgestellt wurde, Geschwindigkeitsunterschiede im Schaufelkanal verursacht, so daß auf der Druckseite die Geschwindigkeit kleiner ist als auf der Saugseite. Stodola geht nun von der Annahme aus, daß am Ende des Schaufelkanals die Rückströmung entlang dem Umfang identisch sein muß mit der Verminderung der c_u-Komponente. In erster Näherung läßt sich diese relative Rückströmung berechnen, wenn man annimmt, daß sich

[1] Stodola: Dampf- und Gasturbinen. Berlin: Julius Springer 1924.

am Schaufelende ein Flüssigkeitsballen von dem Durchmesser a (Kanalweite) relativ mit der Winkelgeschwindigkeit ω bewegt (Abb. 30). So erhält man

$$\Delta c_u = \frac{a}{2} \cdot \omega \,.$$

Aus Abb. 30 folgt:

$$a \sim t \cdot \sin \beta_2 ; \quad t = \frac{\pi d_2}{z} ; \quad a = \frac{\pi d_2 \cdot \sin \beta_2}{z} ,$$

$$\Delta c_u = \frac{\pi d_2 \cdot \sin \beta_2}{2 z} \cdot \omega = u_2 \frac{\pi \cdot \sin \beta_2}{z} \,.$$

Für unsere Ziffer ε erhalten wir somit:

$$\varepsilon = \frac{c_{3u}}{c_{2u}} = \frac{c_{2u} - \Delta c_u}{c_{2u}} = 1 - \frac{\Delta c_u}{c_{2u}} = 1 - \frac{u_2}{c_{2u}} \frac{\pi \cdot \sin \beta_2}{z} \,. \tag{31}$$

Ersetzt man nach Abb. 30

$$c_{2u} = u_2 - \frac{c_{2m}}{\operatorname{tg} \beta_2} = u_2 - \frac{V}{\pi d_2 \cdot b_2 \cdot \operatorname{tg} \beta_2}$$

in Gl. (31) so erhält man

$$\varepsilon = 1 - \frac{u_2 \cdot \pi \cdot \sin \beta_2}{z \left(u_2 - \frac{V}{\pi d_2 \cdot b_2 \cdot \operatorname{tg} \beta_2} \right)} \,. \tag{32}$$

Das Verfahren berücksichtigt nur die Schaufelenden, läßt insbesondere den Einfluß der Schaufelkrümmung unberücksichtigt. Bei rückwärtsgekrümmten Schaufeln wird — z. B. nach Gl. (21) und Abb. 10 — durch die Schaufelkrümmung eine Verkleinerung der Geschwindigkeitsunterschiede erreicht; bei vorwärtsgekrümmten Schaufeln ist der Einfluß umgekehrt, so daß im ersten Fall das Verfahren zu ungünstig und im zweiten Fall zu günstig arbeitet. Außerdem ist die radiale Schaufeltiefe nicht berücksichtigt. Hieraus folgt, daß bei relativ langen Schaufeln und großer Schaufelzahl, wo der Einfluß der Vorgeschichte beim Schaufelaustritt gering sein wird, das Verfahren gut arbeiten wird. Es leistet hier tatsächlich so gute Dienste, daß zumindest bei Überschlagsrechnungen kaum etwas besseres empfohlen werden kann.

Abb. 30. Änderung der Umfangskomponente durch den Relativwirbel.

16. Genauere rechnerische Ermittlung der Minderleistung.

Die folgende genauere Ermittlung der Minderleistung stützt sich im wesentlichen auf die Ergebnisse von Kapitel 14 sowie der Erwägungen von Stodola.

Aus den Untersuchungen des Schaufelkanales (S. 21) geht hervor, daß bei nicht zu großer Schaufelteilung die Geschwindigkeitsverteilung im Schaufelkanal mit großer Annäherung linear verläuft. Für den Austrittsquerschnitt der hier immer behandelten drei Fälle der verschiedenen Schaufelformen ergibt sich deshalb das in Abb. 31 gezeichnete

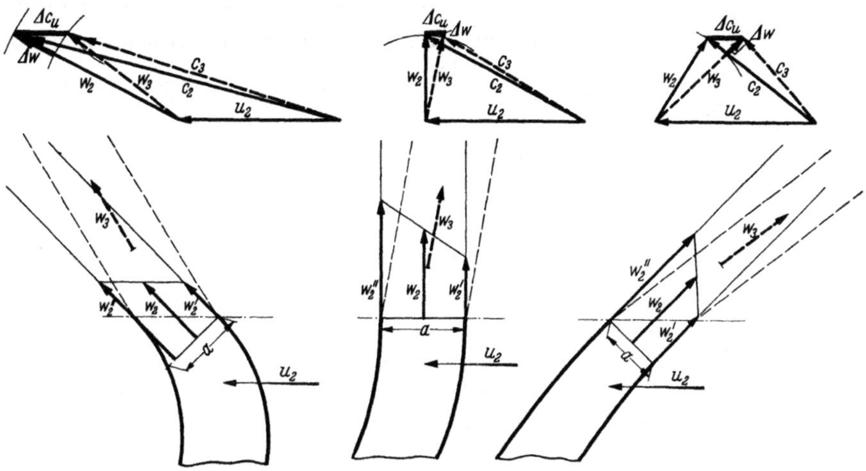

Abb. 31. Einfluß der endlichen Schaufelzahl auf die Geschwindigkeitsdreiecke und die Strahlrichtungen bei den drei Schaufelformen.

Bild. Um die einzelnen Einflüsse klarer zum Ausdruck zu bringen, sind hier die Schaufelendstücke auf eine gerade Linie abgewickelt. Als Austrittsquerschnitt soll die Stelle betrachtet werden, wo der Strahl noch beiderseitig geführt wird.

Da die endliche Schaufelzahl immer im Sinne einer Minderleistung wirkt, ergibt sich eine Verkleinerung von c_{2u}, die wie oben mit Δc_u bezeichnet werden soll. Aus den Geschwindigkeitsdreiecken erkennt man, daß die relative Schaufelströmung, wie bereits früher festgestellt wurde, in jedem Falle nach rechts abgelenkt wird.

Die in jedem Schaufelendquerschnitt angedeutete relative Geschwindigkeit in der Mitte w_2 muß wegen der linearen Verteilung identisch sein mit der Relativgeschwindigkeit w_2 bei unendlicher Schaufelzahl. Es entsteht nun die Frage: kann aus der rechnerisch bekannten ungleichen Geschwindigkeitsverteilung ein Schluß gezogen werden auf die Ablenkung der Relativgeschwindigkeit? Das ist in der Tat möglich, wenn man die Erwägungen von Stodola sinngemäß überträgt. Denn der lineare Geschwindigkeitsanstieg ist gleichbedeutend mit einer Drehbewegung der gesamten Kanalströmung. Um die mittlere Drehung zu berechnen, betrachten wir in Abb. 32 einen quadratischen Ballen von der Breite a des Schaufelendes. Die Kante AB und CD wird sich wegen der größeren Geschwindigkeit w_2'' mit einer Winkelgeschwindigkeit $\omega' = \frac{\Delta w}{a}$ drehen, während die Kante AD und BC keine Drehung erfahren. Die mittlere Drehung ist somit die Hälfte, ein Resultat, das man auch erhält, wenn man die Drehung irgendeiner Diagonale betrachtet (Abb. 32).

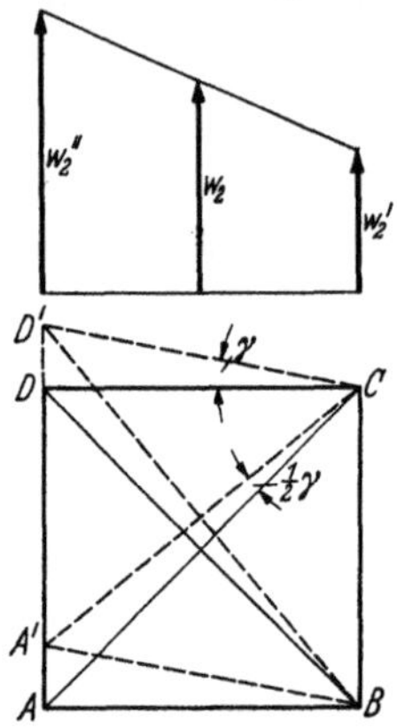

Abb. 32. Drehung eines Flüssigkeitsballens bei linearer Geschwindigkeitsverteilung.

Diese Drehung $\frac{\omega'}{2}$ wird in Umfangsrichtung im Mittel eine rechtsgerichtete Geschwindigkeit $\frac{a}{2} \cdot \frac{\omega'}{2} = \frac{\Delta w}{4}$ erzeugen, die c_{2u} entgegenwirkt. Es liegt sehr nahe, diese gleich Δc_u zu setzen, so daß man erhält:

$$\Delta c_u = \frac{\Delta w}{4}. \tag{33}$$

Praktisch wird sich das tatsächlich hier einzusetzende $\frac{\omega'}{2}$ von dem ω der Radbewegung nur deshalb unterscheiden, weil außer dem Relativwirbel, den Stodola allein berücksichtigt, auch noch die Wirkung des gekrümmten Schaufelkanals, d. h. die Zentrifugalkräfte quer zur Relativströmungsrichtung zur Geltung kommen.

Die Berechnung der Minderleistung ist damit auf die Berechnung der Geschwindigkeitsdifferenz im Schaufelaustrittsquerschnitt zurückgeführt.

Es liegt sehr nahe, die Rechnung dadurch wesentlich zu vereinfachen, daß man einen mittleren konstanten radialen Druck auf die Schaufeln annimmt. Ist dieser Druckunterschied $\overline{\Delta p}$, so wirkt auf ein Schaufelelement von der radialen Tiefe $\mathrm{d}r$ ein Moment:

$$\mathrm{d}M = \overline{\Delta p} \cdot b \cdot \mathrm{d}r \cdot r.$$

Die Integration ergibt für z Schaufeln

$$M = z \cdot \overline{\Delta p} \int_{r_1}^{r_2} (b \cdot \mathrm{d}r) \cdot r = \overline{\Delta p} \cdot z \cdot S. \tag{34}$$

Hier wurde für $\int_{r_1}^{r_2} (b \cdot \mathrm{d}r) \cdot r = S$ das statische Moment S im Einklang mit bekannten Größen der Statik eingesetzt. Da in Gl. (34) der Druckunterschied zwischen Vorder- und Rückseite der Schaufel auf demselben Radius einzusetzen ist, kann der entsprechende Geschwindigkeitsunterschied nach der Bernoullischen Gleichung berechnet werden.

$$\overline{\Delta p} = \frac{\varrho}{2} (\overline{w_2''^2} - w_2'^2).$$

Nun kennen wir nicht den Geschwindigkeitsunterschied zwischen A und B (Abb. 33), sondern zwischen C und B. Es fragt sich also, ob von A bis C, d. h. an der Schaufelsaugseite eine merkliche Änderung der Geschwindigkeit zu erwarten ist. Sehen wir uns daraufhin die drei in Kapitel 14 durchgerechneten Fälle genau an (Abb. 28 u. 29), so sieht man, daß bei rückwärtsgekrümmten Schaufeln die Änderung von w prozentual sehr gering ist. Bei vorwärtsgekrümmten Schaufeln ist nur bei konischen Seitenwänden der Unterschied etwas größer, während bei radial auslaufenden Schaufeln überhaupt kein Unterschied vorhanden ist, da der Schaufelaustrittsquerschnitt ja auf dem Außenkreis liegt. Deshalb wird kein großer Fehler begangen, wenn wir $\overline{w}_2'' \sim w_2''$ setzen. Hiermit wird:

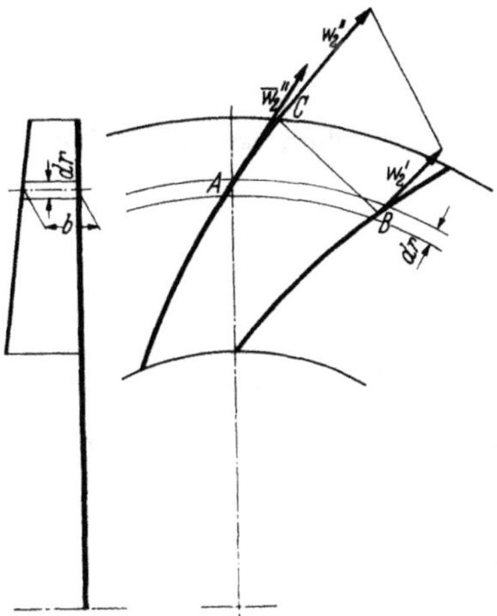

Abb. 33.

$$\overline{\Delta p} = [w_2''^2 - w_2'^2] \cdot \frac{\gamma}{2g} = \frac{\gamma}{g} \cdot w_2 [w_2'' - w_2'] = \frac{\gamma}{g} \cdot w_2 \cdot \Delta w. \quad (34a)$$

Aus dem Drehmoment erhalten wir die Leistung durch folgende Beziehung:

$$M \cdot \omega = V \cdot \gamma \cdot H_{\text{th}}; \qquad V = c_{2m} \cdot \pi \cdot d_2 \cdot b_2$$

$$M \cdot \omega = V \cdot \Delta p_{\text{th}}$$

$$\Delta p_{\text{th}} = \varrho\, u_2 \cdot c_{3u}$$

(das tatsächlich erreichte c_{3u} muß natürlich hier eingesetzt werden). Durch Einsetzen der Werte für M und $\overline{\Delta p}$ aus Gl. (34) und (34a) ergibt sich:

$$\omega \cdot S \cdot z \cdot \frac{\gamma}{g} \cdot w_2 \cdot \Delta w = c_{2m} \cdot \pi\, d_2 \cdot b_2 \cdot \frac{\gamma}{g}\, u_2\, c_{3u},$$

hieraus:

$$\Delta w = \sin\beta_2 \frac{\pi\, d_2^2 \cdot b_2 \cdot c_{3u}}{2 \cdot S \cdot z}.$$

Hier wurde $\sin\beta_2 = \frac{c_{2m}}{w_2}$ und $u_2 = \frac{d_2}{2} \cdot \omega$ berücksichtigt. Mit Gl. (33)

$$\Delta c_u = \frac{\Delta w}{4},$$

ergibt sich:

$$\Delta c_u = \sin\beta_2 \frac{\pi\, d_2^2 \cdot b_2 \cdot c_{3u}}{8 \cdot S \cdot z} = c_{2u} - c_{3u}. \quad (35)$$

Der Minderleistungsfaktor $\varepsilon = \frac{c_{3u}}{c_{2u}}$ errechnet sich hieraus leicht zu

$$\varepsilon = \frac{1}{1 + \frac{\sin\beta_2 \cdot \pi d_2^2 \cdot b_2}{8 \cdot S \cdot z}}. \tag{36}$$

Bei parallelen Seitenwänden wird $S = \frac{b_2}{8} d_2^2\left[1 - \left(\frac{r_1}{r_2}\right)^2\right]$. Hiermit wird ε

$$\varepsilon = \frac{1}{1 + \sin\beta_2 \frac{\pi}{z\left[1 - \left(\frac{r_1}{r_2}\right)^2\right]}}. \tag{37}$$

Bei kleineren Werten $\frac{r_1}{r_2}$ kann $\left(\frac{r_1}{r_2}\right)^2$ gegen 1 vernachlässigt werden. Entwickelt man dann diesen Ausdruck, so erhält man:

$$\varepsilon = 1 - \frac{\pi \cdot \sin\beta_2}{z}.$$

Dies ist identisch mit der Stodolaschen Formel (31), wenn man in der Gleichung

$$\varepsilon = 1 - \frac{u_2}{c_{2u}} \pi \cdot \frac{\sin \cdot \beta_2}{z}$$

für $u_2 \sim c_{2u}$ setzt.

Da für viele Fälle im Mittel $\frac{r_1}{r_2} \sim \frac{1}{2}$ gesetzt werden kann, erhält man für einfache Rechnungen:

$$\varepsilon = \frac{1}{1 + \frac{4}{3}\pi \frac{\sin \cdot \beta_2}{z}}. \tag{38}$$

Der Einfluß der endlichen Schaufelzahl[1] ist hiermit in Abhängigkeit von der Schaufelzahl, dem Schaufelwinkel und dem Radienverhältnis ermittelt.

Um die Berechnung von S zu erleichtern, seien für die praktisch vorkommenden Formen die Resultate zusammengestellt:

1. parallele Deckbleche (der Schaufelkanal hat die konstante Breite b)

$$S = \frac{b}{2}[r_2^2 - r_1^2] = \frac{b \cdot d_2^2}{8}\left[1 - \left(\frac{r_1}{r_2}\right)^2\right]$$

2. konische Seitenwände, Breite innen b_1, Breite außen b_2

$$S = \left[r_2 + \frac{r_2 - r_1}{3} \cdot \frac{b_1 + 2b_2}{b_1 + b_2}\right] \cdot \frac{b_1 + b_2}{2} \cdot [r_2 - r_1],$$

3. Deckblech nach der Formel $c_m = \text{const}$, d. h. $r \cdot b = \text{const}$. (Das Deckblech hat die Form einer Hyperbel.)

$$S = r_2 \cdot b_2 [r_2 - r_1].$$

[1] Pfleiderer kommt durch eine andere physikalische Begründung der Minderleistung zu einer ähnlichen Formel, die sich von der obigen Rechnung nur durch einen Zahlenfaktor unterscheidet. Die hierdurch auftretenden größeren Abweichungen von den Versuchswerten gleicht Pfleiderer durch Einsetzen eines Berichtigungsfaktors aus. Pfleiderer: Kreiselpumpen. Berlin: Julius Springer 1932.

17. Beeinflussung des Reaktionsgrades.

Man kann fragen, ob die durch die endliche Schaufelzahl bedingte Minderleistung auf Kosten des statischen Spaltdruckes oder auf Kosten der kinetischen Austrittsenergie geht. Durch Betrachtung des Reaktionsgrades $\varkappa$ wird diese Frage am schnellsten beantwortet. Wir erhalten gemäß Gl. (9)

$$\varkappa = 1 - \frac{c_{3u}}{u_2} \cdot \frac{1}{2},$$

wo statt c_{2u} der tatsächlich erreichte Wert c_{3u} eingesetzt wurde. Da $c_{3u} < c_{2u}$, ist

$$\frac{c_{3u}}{u_2} < \frac{c_{2u}}{u_2}.$$

Der Reaktionsgrad wird somit größer.

Da die Austrittsgeschwindigkeit kleiner wird, erkennt man auch aus dem Diagramm eine wesentliche Verringerung der kinetischen Austrittsenergie. In der Vergrößerung des Reaktionsgrades liegt eine kleine Verbesserung infolge der endlichen Schaufelzahl, die hier nicht verschwiegen werden soll.

Absoluter Austrittswinkel. Für die Konstruktion der Leitvorrichtungen muß der Winkel, unter dem die Luft absolut genommen austritt, bekannt sein. Aus Abb. 27 erkennt man leicht folgende Beziehung:

$$\frac{c_{2m}}{c_{2u}} = \operatorname{tg} \alpha_2; \qquad \frac{c_{2m}}{c_{3u}} = \operatorname{tg} \alpha_3. \tag{39}$$

Hieraus ist α_3 leicht zu berechnen.

18. Vergleich der Rechnung mit Versuchen.

Über Versuche mit veränderlicher Schaufelzahl liegt bei Gebläsen verhältnismäßig wenig vor. Es liegt nahe, entsprechende Versuche von Kreiselpumpen heranzuziehen. Hiervon wird Abstand genommen, weil bei Kreiselpumpen einmal die Schaufeldicke wegen der gegossenen Herstellung wesentlicher dicker gegenüber den im Gebläsebau fast durchweg genieteten Schaufeln ist. Hierdurch werden vor allem die Eintrittsverhältnisse wesentlich anders, ein Einfluß, der zur Zeit mit Sicherheit noch nicht zu übersehen ist. Hinzu kommt, daß die durchweg gegossenen Kanäle meist enger und rauher sind und deshalb die Reibung in anderen Kennzahlbereichen wirkt. Wegen der Kavitation sind zudem im Kreiselpumpenbau gewisse Änderungen in der Schaufelform bedingt.

Zunächst sei auf Versuche von Kearton[1] verwiesen, der systematische Versuche bei verschiedenen Schaufelzahlen ausführte, indem bei demselben Gebläseläufer 32, 16, 8 und 4 Schaufeln der gleichen

[1] Kearton: The influence of the number of impeller blades on the pressure generated in a centrifugal compressor and its general performance. The Institution of Mechanical Engineers. London 1933.

Form untersucht wurden. In Abb. 34 ist der Minderleistungsfaktor ε nach diesen Versuchen aufgetragen. Die Werte beziehen sich auf stoßfreien Eintritt. Die Nachrechnung nach Gl. (36) ist dort eingetragen. Man erkennt, daß die hier entwickelte Theorie wenigstens im Bereiche der meist vorkommenden Schaufelzahlen eine etwa 3%ige Übereinstimmung ergibt. Auch die Nachrechnung nach der Formel von Stodola Gl. (31) ist eingetragen. Die Werte geben eine zu große Minderleistung, was insbesondere nach den Bemerkungen von S. 28 zu erwarten ist.

Für größere Schaufelzahlen fallen die ε-Werte beider Theorien zusammen. Nach den Bemerkungen von S. 32 ist das auch zu erwarten. Es fällt auf, daß bei größeren Schaufelzahlen die theoretische Berechnung größere Abweichungen von den Versuchswerten aufweist als bei kleinerer Schaufelzahl. Die Minderleistung ist nicht so groß, wie die Berechnungen angeben. Der Einfluß der Reibung dürfte hieran schuld sein. Bei größeren Schaufelzahlen wirkt die Reibung auf einer größeren Fläche. Hierdurch wird die Ausbildung des Relativwirbels — eine Hauptursache für die Minderleistung — teilweise unterdrückt. Immerhin ist bereits die einfache Stodolasche Formel durchaus in der Lage, den Einfluß wenigstens der Größenordnung nach zu bestimmen.

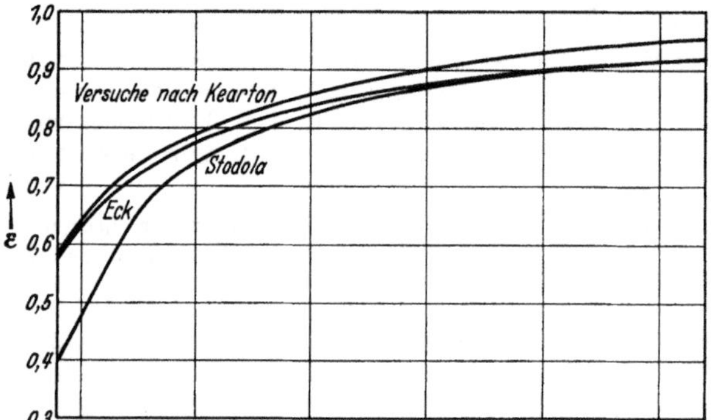

Abb. 34. Vergleich der experimentell gewonnenen Minderleistung mit Rechnungswerten.

Für das graphisch behandelte Beispiel (Abb. 20) ergibt die Berechnung nach Gl. (36) den Wert $\varepsilon = 0{,}875$ gegen 0,862 bzw. 0,855 bei der früheren Durchrechnung. Auch hier ist die Übereinstimmung befriedigend. Bei der radial auslaufenden und bei der vorwärtsgekrümmten Schaufel sind die Abweichungen gegenüber dem früher durchgerechneten Wert größer. Da die behandelte reibungslose Strömung zu einer Rückströmung führt, ist bei Anwendung der Näherungstheorie nach Gl. (36) keine so gute Übereinstimmung zu erwarten.

Wenn trotzdem auch für diese Schaufelform zunächst die Gl. (36) empfohlen wird, so deshalb, weil vermutet werden muß, daß unter dem Einfluß der Zentrifugalkräfte die Toträume verringert werden dürften und, wie Nachprüfungen mit Versuchswerten ergaben, die Übereinstimmung auch hier durchweg befriedigend ist.

Zusammenfassend kann gesagt werden, daß für die praktisch wichtigste Schaufelform (rückwärtsgekrümmt) die Näherungstheorie nach Gl. (36) genügend Übereinstimmung mit den Versuchswerten ergibt.

19. Betrachtung über die wirkliche Schaufelströmung.

Wenn auch der Konstrukteur auf Grund der in den letzten Kapiteln aufgestellten Berechnungen und der hinreichenden Übereinstimmung mit den Versuchswerten wohl in der Lage ist, die Minderleistung praktisch befriedigend vorauszuberechnen, ist die Frage nach dem tatsächlichen Aussehen der Kanalströmung für ihn nicht gleichgültig. Denn erst bei genügender Kenntnis des tatsächlichen Einflusses der Reibung im rotierenden Kanal ist er in der Lage, zielsicher die Maßnahmen anzugeben, die den Wirkungsgrad verbessern können.

Man wird fragen, in welchem Sinne wird die reibungsfreie Strömung, wie sie für die drei Schaufelformen in Abb. 24, 25, 26 aufgezeichnet wurde, durch die Reibung geändert. Zunächst ist leicht einzusehen, daß durch die Reibung der relative Kanalwirbel gebremst wird. Dies wirkt im Sinne einer Leistungsvergrößerung, die sich bei größerer Schaufelzahl wegen der größeren Reibungsfläche verstärkt auswirken wird. Tatsächlich zeigt auch ein Blick auf Abb. 34, daß bei größeren Schaufelzahlen die Versuchswerte wesentlich über den berechneten Punkten liegen.

Über die weiteren Einflüsse können zunächst nur Mutmaßungen ausgesprochen werden. Es leuchtet ein, daß die Schwierigkeiten der Strömungsuntersuchung im rotierenden Schaufelkanal keine geringe sind. Erst wenn es gelingt, die Schaufelströmung in allen Einzelheiten sichtbar zu machen, kann Näheres hierüber ausgesagt werden. Es ist deshalb nicht verwunderlich, daß die großen experimentellen Schwierigkeiten, die hier auftreten, das Problem trotz seiner Wichtigkeit wenig anziehend erscheinen ließen. Am aufschlußreichsten dürften die vor einigen Jahren ausgeführten Versuche von Thoma[1], Kearton[2] und Escher Wyss[3] sein. Bei den Thomaschen Versuchen wurde ein Kreiselpumpenrad mit Glas abgedeckt und die Strömung durch eingeführte Farbstrahlen sichtbar gemacht, während Kearton und Escher Wyss mit Luft arbeiteten und durch fest eingebaute Sonden usw. die mitrotierten, die rotierende Schaufelströmung untersuchten.

Bereits diese wenigen Versuche zeigen, daß der Einfluß der Reibung ganz außerordentlich ist und außerdem in einem anderen Sinne wirkt, wie man bisher erwartet hatte. Denn während man nach der reibungslosen Theorie insbesondere bei kleinen Fördermengen

[1] Thoma: Mitt. hydraul. Inst. techn. Hochschule München Heft 4. München: Oldenbourg 1931.

[2] Kearton: s. Fußnote von S. 25. [3] Escher Wyss-Mitteilungen 1935, Nr. 6.

(bei radialen Schaufeln eventuell sogar bei der normalen Fördermenge) ein Rückströmen auf der Schaufeldruckseite erwarten sollte (s. Abb. 25 u. 26), löst sich in Wirklichkeit der Strömung gerade an der Saugseite ab. Abb. 35 zeigt nach Thoma das Bild für stoßfreien Eintritt, d. h. normale Förderung. Der stoßfreie Eintritt ist hier gut erreicht. An der Saugseite ist ein Totwasserraum, der an manchen Stellen den wirksamen Kanalquerschnitt um etwa $^1/_3$ verringert. Hierdurch wird die Durchtrittsgeschwindigkeit vergrößert, d. h. dies bedeutet bei rückwärtsgekrümmten Schaufeln einen auf Minderleistung hinzielenden Einfluß. Das Bild ist für alle Schaufelkanäle nicht gleich. So zeigt sich z. B. auch an einer Druckseite eine Ablösung. Bei kleineren Fördermengen wurde beobachtet, daß 1. die Strömung noch weniger stationär ist und 2. der Strömungszustand zu einem gegebenen Zeitpunkt in den einzelnen Laufradkanälen verschieden ist. Für die aktive Strömung verbleibt bei kleinen Fördermengen nur mehr ein ganz schmaler Kanal entlang der Druckseite (besonders am Austritt), d. h. ganz im Gegensatz zu der reibungslosen Theorie. Bei übernormaler Fördermenge ist ebenfalls eine Ablösung an der Saugseite der Schaufel vorhanden. Bei Verringerung der Fördermenge gewinnt dieser Totraum an der Saugseite langsam an Größe. Auf der Druckseite ist nur bei übernormaler Förderung eine Ablösung vorhanden, während sonst hier immer ein Anliegen der Strömung beobachtet wird.

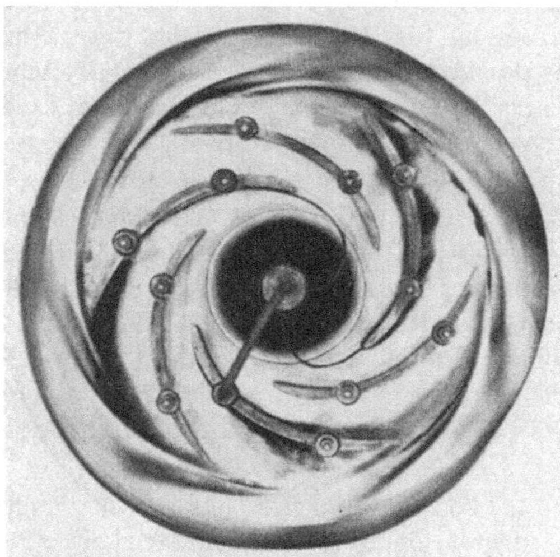

Abb. 35. Laufradströmung durch Farbstrahlen sichtbar gemacht. (Nach Thoma.)

Bei den Versuchen von Escher Wyss wurde die Geschwindigkeitsverteilung im Schaufelkanal durch Hitzdrahtsonden, die im rotierenden Schaufelkanal eingebaut waren, bestimmt. Aus diesen Versuchen ergibt sich ein ähnliches Bild. Die Strömung liegt hier an der Druckseite an, so daß mit zunehmender Fördermenge der aktiv durchströmte Kanalquerschnitt langsam größer wird (Abb. 36).

Diese Beobachtungen, die sich im wesentlichen auch mit den Beobachtungen von Kearton decken, zeigen, daß der Einfluß der Reibung in der wirklichen Strömung geradezu katastrophal ist. Angesichts dieser Tatsachen muß der Versuch, mit Hilfe verfeinerter mathematischer Methoden die reibungsfreie Strömung durch ein rotierendes Schaufelrad genauer zu erfassen, als gegenstandslos betrachtet werden. Dies ist um so bedauerlicher, als etwa 10 Jahre lang dieser Weg mit großem Aufwand und mit Zähigkeit verfolgt worden ist. Gerade die Geschichte dieser theoretischen Entwicklung ist ein Schulbeispiel dafür, wie wirklichkeitsfremd rein theoretische Forschungen werden, wenn die Grundlagen und Voraussetzungen der Rechnungen nicht genügend überprüft sind.

Leider muß gesagt werden, daß über das Verhalten einer reibungsbehafteten Strömung im rotierenden Schaufelkanal zur Zeit rein wissenschaftlich noch sehr wenig gesagt werden kann. Insbesondere kann auf die Kardinalfrage: „Unter welchen Bedingungen löst sich im rotierenden Schaufelkanal die Strömung ab?“ zur Zeit noch keine Antwort erteilt werden. Grundlegende Versuche sind hier dringend nötig. Während man es bei Kreiselpumpen durch rein versuchsmäßiges und gefühlsmäßiges Tasten tatsächlich erreicht hat, daß in dem dort vorhandenen fast einzigen Fall der stark rückwärtsgekrümmten Schaufeln befriedigende Wirkungsgrade (bis zu 90 vH) erreicht wurden, kann bei den vielgestaltigen Schaufelformen der Gebläse hiervon noch nicht im entferntesten gesprochen werden. Für die Forschung bleibt hier noch eine sehr große, dankbare Arbeit und es wäre zu wünschen, daß diesen Fragen mehr Interesse wie bisher zugewandt würde.

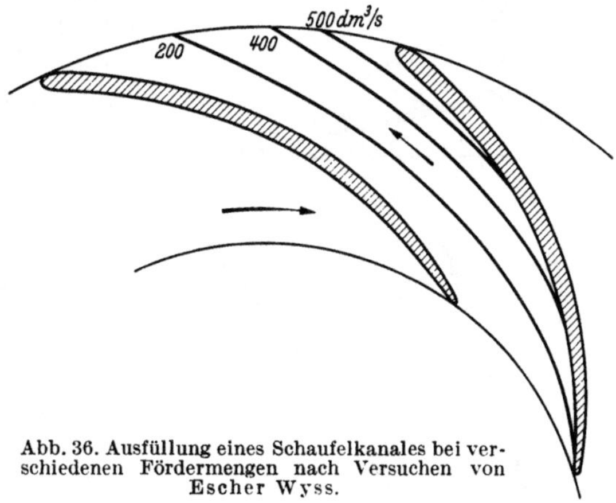

Abb. 36. Ausfüllung eines Schaufelkanales bei verschiedenen Fördermengen nach Versuchen von Escher Wyss.

Auf Grund der vorhin erwähnten Versuche ist es immerhin möglich, einen rohen Überblick über die Ablösungen zu gewinnen. Diese Kenntnis mag immerhin dazu dienen, den Weg zu einer ungefähren rechnerischen Überschlagung anzugeben. Wir wollen annehmen, daß die Größe des Totraumes ungefähr bekannt ist. Nach Abb. 37 läßt sich dies in etwa durch die Breite der aktiven Kanalweite a' gegenüber der geometrischen Weite a angeben. Die hierdurch bedingte Änderung im Geschwindigkeitsdiagramm ist aus Abb. 37 ersichtlich. Relativ- und Absolutgeschwindigkeit werden durch diese Maßnahme wesentlich „aufgewinkelt“. Nun wird aber im Einklang mit der Stodolaschen Vorstellungen Δc_u für die Kanalweite a' kleiner sein als für a. Im Sinne unserer früheren rechnerischen Überlegungen wird bezüglich der Minderleistung die Sache darauf hinauslaufen, daß **bei gleichem Schaufelwinkel engere Schaufeln anzunehmen sind**, d. h. die Schaufelzahl **muß** auf $z' = z \cdot \frac{a}{a'}$ **vergrößert werden**. Gl. (37) geht dann über in:

$$\varepsilon = \frac{1}{1 + \sin\beta_2 \dfrac{\pi}{z \cdot \dfrac{a}{a'} \cdot \left[1 - \left(\dfrac{r_1}{r_2}\right)^2\right]}} . \qquad (40)$$

In Gl. (40) ist deshalb statt z dieser vergrößerte Betrag $z \cdot \frac{a}{a'}$, einzusetzen. Gleichzeitig wird hiermit auch die Gültigkeit der Gl. (36) für radiale Schaufeln, deren Berechnung nach S. 34 eine Abweichung ergab, in etwa in Ordnung gebracht. Denn für das S. 25 behandelte Beispiel der radial auslaufenden Schaufel war $\varepsilon = 0{,}85 \div 0{,}86$ ermittelt worden, während die Näherungsberechnung nach Gl. (36) den zu kleinen Wert $\varepsilon = 0{,}81$ ergibt. Schätzt man nach Abb. 25 vorsichtig $\frac{a'}{a}$ zu 0,7, **so ergibt sich für ε der richtige Wert** 0,86. Diese Betrachtung kann natürlich nur als Wegweiser dienen, um bei bekanntem a' die Minderleistung zu berechnen. Da bei vorwärtsgekrümmten und radial auslaufenden Schaufeln sehr oft mit einem größeren Totraum auf der Saugseite zu rechnen ist, kann hier natürlich nicht mit der gleichen Treffsicherheit die theoretische Minderleistung vorausberechnet werden, wie bei rückwärtsgekrümmten Schaufeln. Auf Grund des später zusammengestellten Versuchsmaterials sind erst die notwendigen Berichtigungen möglich.

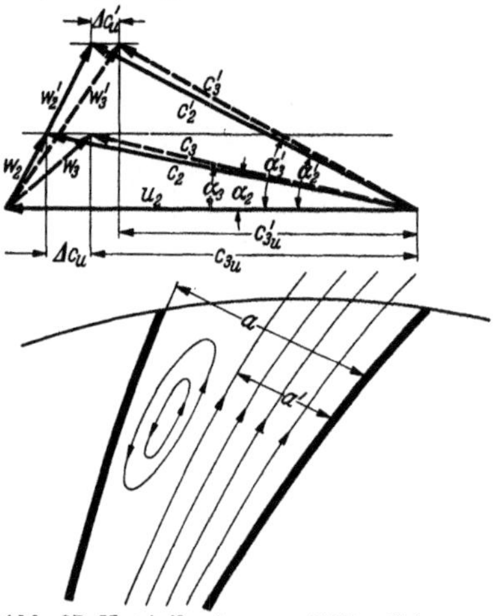

Abb. 37. Nur teilweise ausgefüllter Schaufelkanal. Geschwindigkeitsdiagramme für ausgefüllten und nicht ausgefüllten Kanal.

Äußerst aufschlußreich sind in dieser Hinsicht die schon mehrfach erwähnten Versuche von **Kearton**. Für die dort untersuchten Räder mit 4, 8, 16 und 32 Schaufeln wurde in Abhängigkeit von der Fördermenge der Antrittswinkel α_3 der Absolutgeschwindigkeit mit einer kleinen Windfahne gemessen. Abb. 38 zeigt diese Ergebnisse. Interessant ist dabei, daß unterhalb einer gewissen Fördermenge die Austrittswinkel stärker ansteigen wie oberhalb derselben. An der Übergangsstelle ist ein direkter Sprung zu beobachten. Im Sinne unserer obigen Überlegungen heißt das, daß unterhalb der „kritischen Fördermenge" der Schaufelkanal, wie auch die Andeutungen von S. 35 zeigten, nur **sehr wenig** ausgenutzt wird (daher größerer Winkel, siehe auch Abb. 37), wie auch die Versuche von **Thoma** gezeigt haben, während für größere

Mengen die Ausnutzung des Kanals sprunghaft besser wird. Bei etwa 25 bis 30 vH unter der normalen Fördermenge wurde diese Unstetigkeit festgestellt.

Die beobachtete Unstetigkeit wurde bei der gleichen Fördermenge auch in der Kennlinie beobachtet. Instabilitäten dieser Art wurden bereits öfters festgestellt.

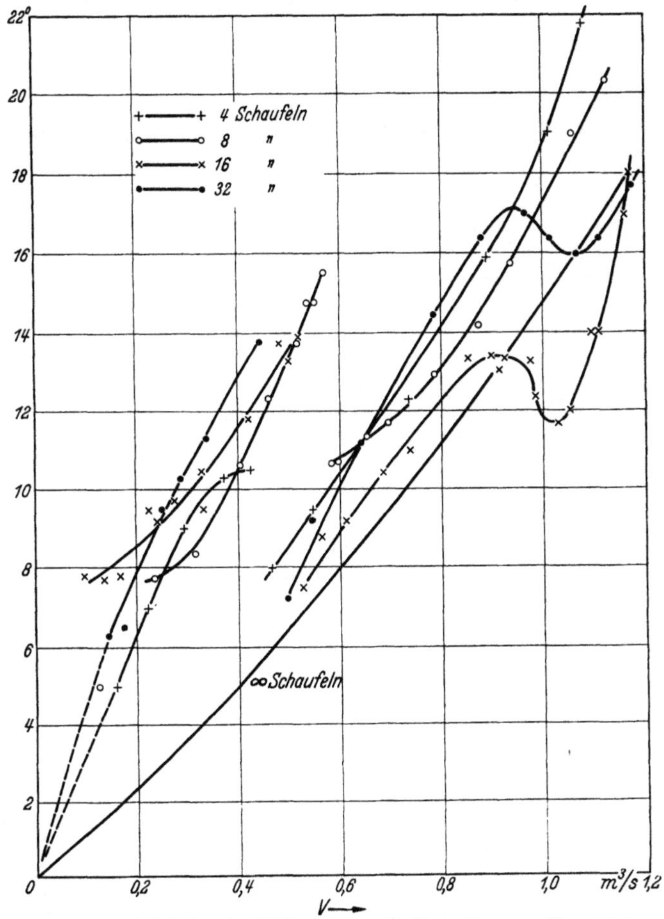

Abb. 38. Absoluter Austrittswinkel nach Versuchen von Kearton.

Bei den Keartonschen Versuchen sind noch die genauen Austrittsgeschwindigkeitsdreiecke bestimmt worden. Die einzelnen Größen ergaben sich aus der Drehmomentenmessung und aus der Luftmessung. Die eingezeichneten c_m-Werte sind also nur Mittelwerte, so daß bei dieser Darstellung die tatsächliche Winkelaufrichtung durch teilweise Kanalfüllung gemäß Abb. 38 nicht zur Darstellung kommt. Die Wiedergabe dieser Diagramme rechtfertigt sich, weil ihr Studium einen tiefen, anschaulichen Eindruck in das Problem der endlichen Schaufelzahl gestattet (Abb. 39). In allen Diagrammen ist auch die Schaufelrichtung, d. h. die Richtung der Austrittsgeschwindigkeit bei unendlicher Schaufelzahl sowie der Punkt der normalen Fördermenge eingetragen. Etwas aus der Reihe fällt das Rad mit 32 Schaufeln. Bei dieser engen Schaufelteilung scheint die Reibung in etwas anderer Richtung zu wirken, ohne daß zur Zeit hierüber ein Aufschluß erhalten werden

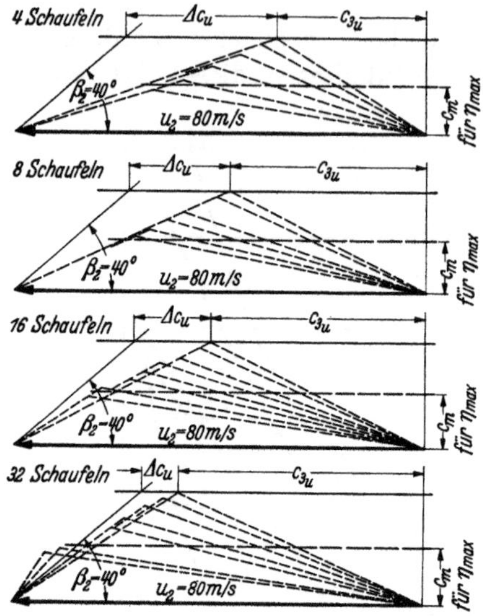

Abb. 39. Austrittsgeschwindigkeitsdiagramme nach Versuchen von Kearton.

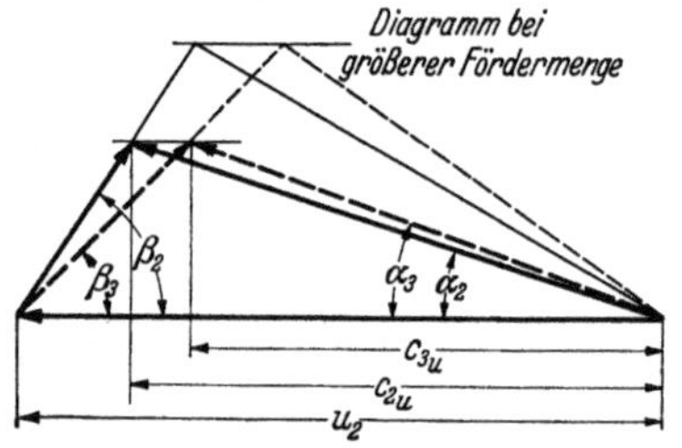

Abb. 40. Geschwindigkeitsdreiecke bei veränderter Fördermenge. Schlußfolgerung aus Abb. 39.

kann. Zudem kommt diese Konstruktion wegen des wesentlich schlechteren Wirkungsgrades nicht in Betracht.

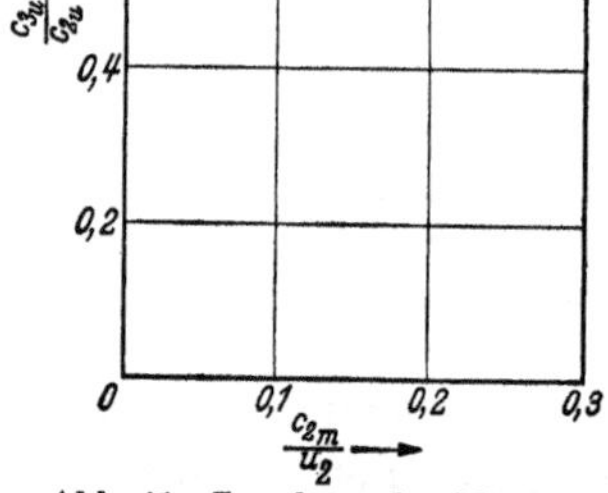

Abb. 41. Zunahme der Minderleistung mit wachsender Fördermenge.

In den Diagrammen sind nur die überkritischen Fördermengen berücksichtigt. Sehr deutlich erkennt man folgende Gesetzmäßigkeiten:

1. Die Richtungen der tatsächlichen Austrittsrelativgeschwindigkeiten fallen praktisch zusammen.

2. Die Minderleistung nimmt mit wachsender Fördermenge zu.

Nimmt man nach 1. an, daß β_3 konstant ist, so läßt sich leicht das Gesetz ermitteln, nach dem die Minderleistung mit zunehmender Fördermenge größer wird. Aus Abb. 40 folgt:

$$c_{3u} = u_2 - \frac{c_{2m}}{\operatorname{tg}\beta_3}; \qquad c_{2u} = u_2 - \frac{c_{2m}}{\operatorname{tg}\beta_2};$$

$$\varepsilon = \frac{c_{3u}}{c_{2u}} = \frac{u_2 - \frac{c_{2m}}{\operatorname{tg}\beta_3}}{u_2 - \frac{c_{2m}}{\operatorname{tg}\beta_2}} = \frac{\operatorname{tg}\beta_2}{\operatorname{tg}\beta_3} \, \frac{\operatorname{tg}\beta_3 - \frac{c_{2m}}{u_2}}{\operatorname{tg}\beta_2 - \frac{c_{2m}}{u_2}}. \tag{41}$$

Für 8 Schaufeln ist in Abb. 41 ε in Abhängigkeit von $\frac{c_{2m}}{u_2}$ aufgetragen. Die Kurve zeigt sehr anschaulich, wie mit wachsender Fördermenge ε

kleiner wird. Gerade die Auswertung dieser Versuche bildet eine wertvolle Ergänzung zu den theoretischen Ergebnissen von Kapitel 16, insofern es jetzt möglich ist, bei fertig entworfenem Laufrad die Minderleistung für jede beliebige größere Fördermenge vorauszurechnen auf Grund eines einfach zu übersehenden Gesetzes. Für kleinere Fördermengen verliert das Gesetz seine Gültigkeit wegen der in Abb. 38 dargestellten Unstetigkeiten.

Leider ist ähnliches Versuchsmaterial für radial auslaufende und vorwärtsgekrümmte Schaufeln noch nicht vorhanden.

20. Wahl der Schaufelzahl.

Wichtiger wie die durch die endliche Schaufelzahl bedingte Minderleistung ist die Frage, wie bei sonst gleichen Verhältnissen der

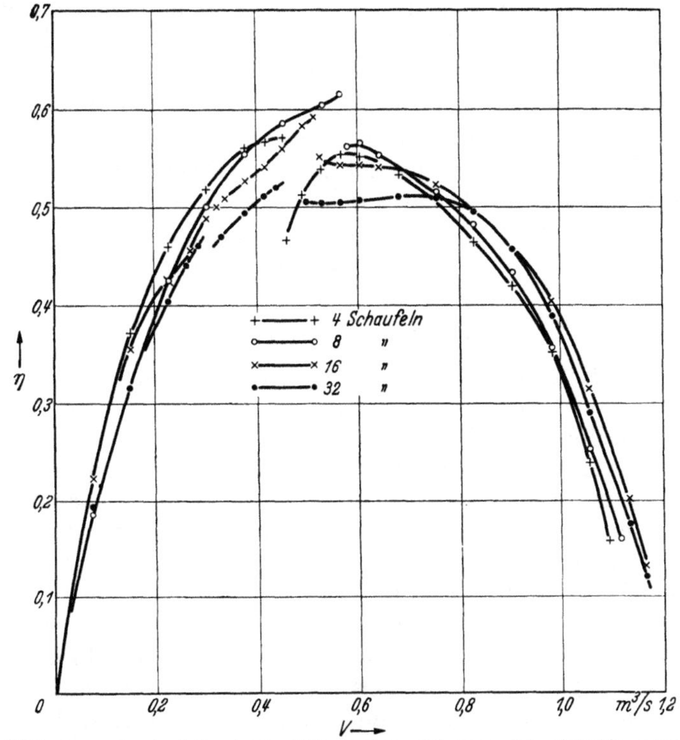

Abb. 42. Wirkungsgradverlauf für gleiche Räder mit verschiedenen Schaufelzahlen nach Versuchen von Kearton.

Wirkungsgrad sich mit der Schaufelzahl ändert. Während bei Kreiselpumpen die günstigste Schaufelzahl zwischen 6 und 15 liegt, wird bei Gebläsen und bei Ventilatoren die Schaufelzahl aus verschiedenen Gründen anders sein können. Ermöglicht wird dies unter anderem dadurch, daß im Gebläsebau meist genietete Schaufeln verwendet werden, deren Wandstärke bedeutend kleiner ist wie die von gegossenen Kreiselpumpen-Schaufeln. Die Eintrittsverhältnisse gestalten sich dadurch günstiger. Der Wegfall der Kavitation bringt ebenfalls größere Freiheiten in bezug auf kleinere Schaufelzahlen.

In Abb. 42 sind die Wirkungsgrade der Keartonschen Versuche für 4, 8, 16 und 32 Schaufeln aufgezeichnet. Man erkennt hier deutlich, daß bei 32 Schaufeln die schlechtesten Wirkungsgrade erzielt werden, während bei 8 und 16 Schaufeln die günstigsten Werte beobachtet werden. Bemerkenswert ist, daß selbst bei 4 Schaufeln bessere Ergebnisse wie bei 32 Schaufeln erzielt werden. Die Unstetigkeiten, die beim Übergang zu größeren Fördermengen beobachtet wurden, sind auch deutlich in den Wirkungsgradkurven zu beobachten. Es ist dabei auffallend, daß der Wirkungsgrad bei den kleineren Fördermengen, wo nach Abb. 38 größere Austrittswinkel der Absolutgeschwindigkeit und nach Abb. 37 nur ein kleiner Teil des Schaufelkanals mit aktiver Strömung gefüllt ist, größer ist als bei größeren Fördermengen.

Genaue Vorschriften lassen sich auch nach diesen Versuchen noch nicht machen. Im vorliegenden Falle würde man vielleicht eine Schaufelzahl von 8 bis 16 empfehlen, ein Spielraum, dessen großer Bereich gerade mit Rücksicht auf das sog. „Pumpen“ sehr angenehm ist. Es ist zur Zeit unmöglich, ohne Erfahrungswerte genauere Angaben zu machen, weshalb auf die Typenblätter S. 185 verwiesen werden muß.

21. Ablösung im Laufrad.

Durch einfache Betrachtungen ist leicht einzusehen, daß bei Abweichungen von der normalen Fördermenge Ablösungen auftreten müssen. Der Schaufeleintrittswinkel ist bei normaler Fördermenge identisch mit der Richtung der Relativgeschwindigkeit. Bei kleineren Fördermengen prallt die Luft nach Abb. 43 auf die Druckseite der Schaufel; auf der Saugseite entsteht dann beim Schaufeleintritt eine Ablösung. Bei größeren Fördermengen ist es gerade umgekehrt. Die Strömung wird sich nach Abb. 44 auf der Druckseite ablösen. Da die Strömung im Schaufelkanal durchweg verzögert ist, wird die Ablösung bis zum Schaufelaustritt bleiben, wie auch die Versuche von Thoma gezeigt haben. Allerdings stimmt die Ablösung bei größeren Fördermengen nicht ganz mit den Bildern von Thoma überein. Der Hauptwirbelraum ist hier an der Saugseite. Die Annahme liegt nahe, daß der Wirbelraum an der Druckseite infolge der Zentrifugalkräfte sich nicht halten kann und sich an der Saugseite „abstützt“. In diesem Falle wäre auf der Druckseite zunächst eine Ablösung, während an der Saugseite eine weitere Ablösung stattfindet. Dies würde bedeuten, daß der Stoß durch eine kleinere Krümmung der mittleren Schaufelströmung in etwa ausgeglichen wird. In Abb. 44 ist diese Strömungsform gestrichelt eingezeichnet. Es steht zu erwarten, daß durch ein verstellbares Eintrittsleitrad die hier beschriebenen Ablösungen zum Teil vermieden werden können. S. 95 ist näheres hierüber zu finden.

Abb. 43. **Ablösung an der Schaufelsaugseite bei kleinen Fördermengen.**

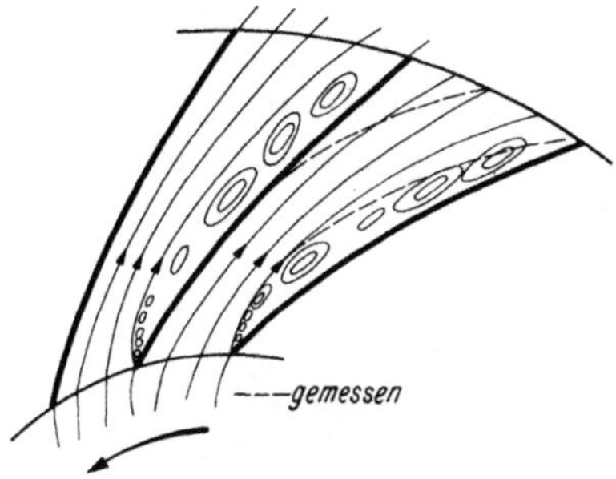

Abb. 44. **Ablösung an der Schaufeldruckseite bei größeren Fördermengen.**

Ohne daß bisher ein experimenteller Anhalt vorhanden wäre, muß weiter angenommen werden, daß der mittleren Schaufelströmung eine starke Sekundärströmung überlagert ist. Nehmen wir z. B. den günstigsten Fall an, daß in Abb. 45 der Kanal ganz mit aktiver Strömung gefüllt ist, so ist leicht einzusehen, daß an den Deckwänden der Relativwirbel unterdrückt wird und die Flüssigkeit im Sinne der Drehbewegung mitgerissen wird, während in der Mittelebene der Relativwirbel zur Auswirkung kommen kann und das Bild nach Abb. 13 ungefähr erreicht wird. Es dürften sich deshalb zwei Sekundärwirbel nach Abb. 45 ausbilden. Am Laufradaustritt wird sich dies in der Form bemerkbar machen, daß die Luft in der Schaufelmittelebene mit flacherer Neigung ($\overline{w}_2$) austritt wie die Luft, die unmittelbar aus den Randzonen der Deckbleche strömt. Die Minderleistung ist also in der Mitte des Schaufelkanals größer als an den Deckscheiben.

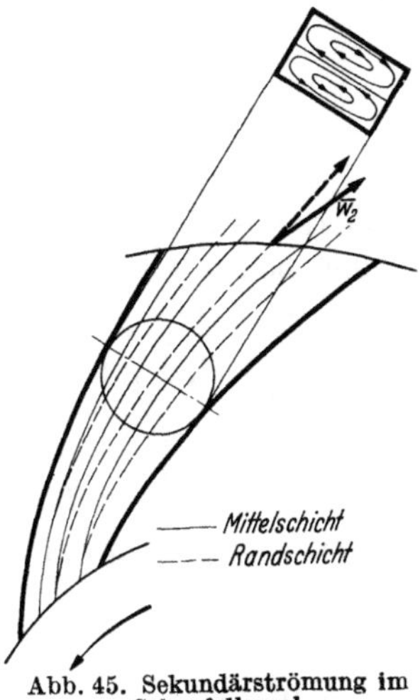

Abb. 45. **Sekundärströmung im Schaufelkanal.**

IV. Gestaltung der Schaufelenden.

22. Die wirkungslose Schaufel.

Mit Rücksicht auf die Formgebung der Schaufelenden soll ganz allgemein folgende Frage behandelt werden: Wie muß eine Schaufel aussehen, wenn sie keinerlei Arbeitsleistung auf die Luft übertragen soll. Eine solche Schaufel wollen wir wirkungslos nennen. Da nach der Hauptgleichung (4) die Energieaufnahme proportional $(c_{2u} \cdot u_2 - c_{1u} u_1)$ ist, muß dafür gesorgt werden, daß dieser Ausdruck gleich Null wird, d. h. $c_u \cdot u$ oder, was das gleiche ist, $c_u \cdot r$ muß im Schaufelrad konstant bleiben.

In Abb. 46 werde ein beliebiges Element des Schaufelkanals betrachtet. Die Relativgeschwindigkeit w hat die gleiche Richtung β wie die Schaufel. Dieser Winkel läßt sich einmal mit Hilfe des Geschwindigkeitsdreieckes durch $\operatorname{tg}\beta = \frac{c_m}{u - c_u}$ ausdrücken oder durch ein Element der Schaufel zu $\operatorname{tg}\beta = \frac{\mathrm{d}r}{r\,\mathrm{d}\varphi}$. Die Gleichsetzung ergibt:

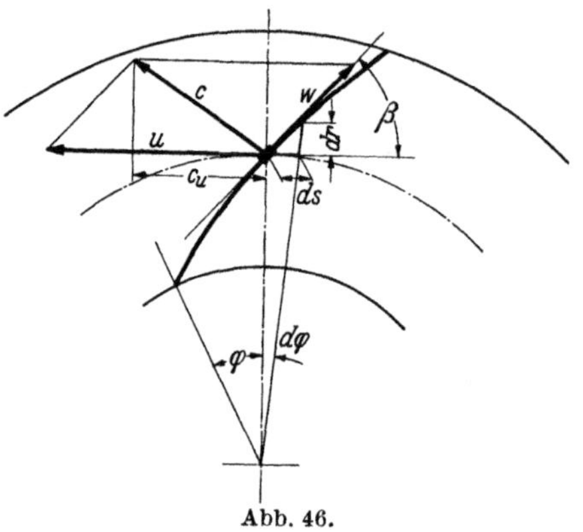

Abb. 46.

$$\frac{\mathrm{d}r}{r \cdot \mathrm{d}\varphi} = \frac{c_m}{u - c_u}. \tag{42}$$

Die Abhängigkeit von c_u folgt bei Wirkungslosigkeit in jedem Falle aus der Formel $c_u = \frac{c_{u_0} \cdot r_0}{r}$, wo der Index 0 sich z. B. auf eine Stelle vor dem Laufrad beziehen soll. Die Änderung von c_m hängt von der Änderung der seitlichen Breite b und von r ab. Zwei Fälle sollen behandelt werden.

1. $c_m = c_{m_0} = \text{const.}$

Die Deckwand ändert sich hyperbolisch.

$$\frac{\mathrm{d}r}{r\,\mathrm{d}\varphi} = \frac{c_{m_0}}{r \cdot \omega - \frac{c_{u_0} r_0}{r}}; \qquad \frac{\mathrm{d}r}{c_{m_0}}\left[\omega - \frac{c_{u_0} \cdot r_0}{r^2}\right] = \mathrm{d}\varphi.$$

Die Lösung lautet:

$$\varphi = \frac{\omega}{c_{m_0}}[r - r_0] + c_{u_0} \cdot r_0 \cdot \left[\frac{1}{r} - \frac{1}{r_0}\right]. \tag{43}$$

Wird die Luft drallfrei zugeführt, so ist $c_{u_0} = 0$ und die Gleichung vereinfacht sich zu

$$\varphi = \frac{\omega}{c_{m_0}}[r - r_0] = \frac{1}{\operatorname{tg}\beta_0}\left[\frac{r}{r_0} - 1\right] \qquad \left(\operatorname{tg}\beta_0 = \frac{c_{m_0}}{u_0}\right). \tag{44}$$

2. $b = b_0 = \text{const.}$

In diesem Falle ist $c_{m_0} \cdot r_0 = c_m \cdot r$, d. h. $c_m = \frac{c_{m_0} \cdot r_0}{r}$ Gl. (42) lautet dann:

$$\frac{\mathrm{d}r}{r \cdot \mathrm{d}\varphi} = \frac{\frac{c_{m_0} \cdot r_0}{r}}{r \cdot \omega - \frac{c_{u_0} \cdot r_0}{r}}; \qquad \frac{\mathrm{d}r}{c_{m_0} \cdot r_0}\left[r \cdot \omega - \frac{c_{u_0} \cdot r_0}{r}\right] = \mathrm{d}\varphi.$$

Die Lösung lautet:

$$\varphi = \frac{u_0}{c_{m_0}} \frac{1}{2} \left[1 - \left(\frac{r_0}{r}\right)^2\right] - \frac{c_{u_0}}{c_{m_0}} \cdot \ln \frac{r}{r_0}. \tag{45}$$

Bei drallfreiem Zufluß bleibt nur das erste Glied bestehen.

$$\left.\begin{aligned} \varphi &= \frac{u_0}{c_{m_0}} \frac{1}{2} \left[1 - \left(\frac{r_0}{r}\right)^2\right] = \\ &= \frac{1}{\operatorname{tg} \beta_0} \frac{1}{2} \left[1 - \left(\frac{r_0}{r}\right)^2\right]. \end{aligned}\right\} \tag{46}$$

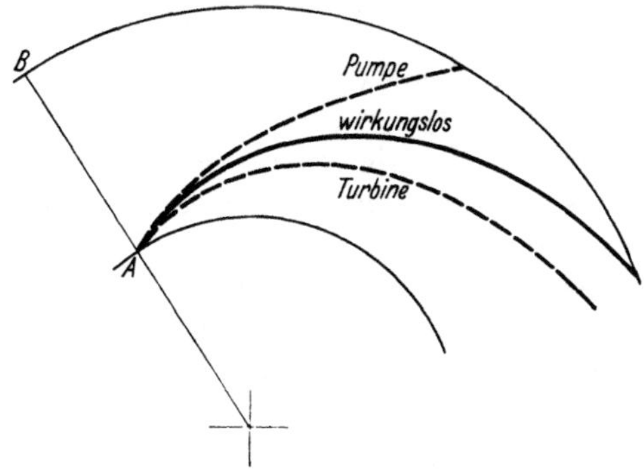

Abb. 47. Wirkungslose Schaufel mit Gegenüberstellung von Pumpen- und Turbinenschaufel.

Für den Fall der Gl. (44) wurde in Abb. 47 die Schaufel gezeichnet. Der Winkel β_0 wurde gleich 30° gewählt.

Es entsteht eine sehr lang gestreckte Schaufel, deren Winkel gegen den Umfang nach außen abnehmen, ein Verhalten, das übrigens unmittelbar aus dem Geschwindigkeitsdreieck für $c_u = 0$ gefolgert werden kann.

Wie bewegt sich nun die Luft bei wirkungsloser Schaufel? Da $c_u = 0$ ist, kann die Luftbewegung nur radial in Richtung AB erfolgen. Die Schaufel gleitet quasi an der Luft vorbei und bewirkt keinerlei Ablenkung.

Ist die Schaufel gegenüber diesem Fall noch mehr gekrümmt, so wird c_u negativ. In diesem Fall wirkt das Laufrad als Turbine. In Abb. 47 ist sowohl die Schaufel für Turbinen wie für Pumpenwirkung eingezeichnet.

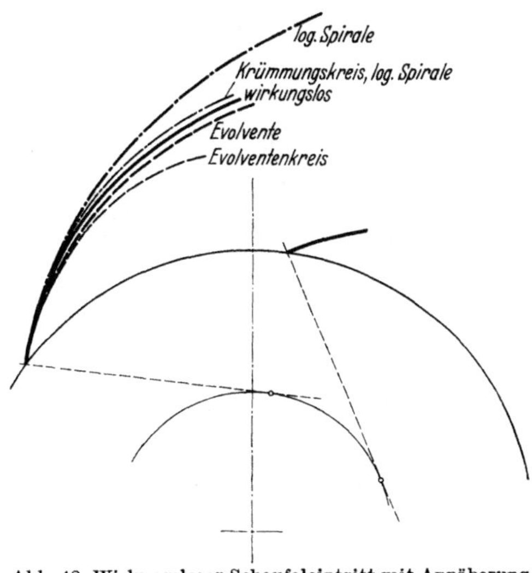

Abb. 48. Wirkungsloser Schaufeleintritt mit Annäherung durch Spiralen und ihre Krümmungsradien.

Besonders den Schaufelanfang wird man bei wirklichen Schaufeln wirkungslos ausführen, um Ablösungen zu vermeiden. Da es sich hier immer nur um kurze Stücke handelt, wird man fragen, ob eventuell durch einen Kreis ein Stück der wirkungslosen Schaufel genügend genau wiedergegeben we[illegible] kann. In Abb. 48 ist zum Vergleich neben der exakten Kurve nach Gl. (44) die Evolvente, der Evolventenkrümmungskreis, die logarithmische Spirale und ihr Krümmungskreis eingezeichnet. Alle Kurven haben denselben Winkel β am Ausgangspunkt. Man erkennt daß der Krümmungskreis der logarithmischen Spirale und die Evolvente der richtigen Kurve am nächsten kommen.

23. Berücksichtigung der Schaufelstärke.

Durch die endliche Schaufelstärke wird der für die Durchströmung verfügbare Querschnitt gegenüber dem Zustande vor dem Schaufelrad verengt. Um die hierdurch bedingten Änderungen des Geschwindigkeitsdreieckes am einfachsten zu übersehen, denkt man sich nach Abb. 49 am besten den inneren Schaufelkreis auf eine Gerade abgewickelt. Zunächst ist leicht einzusehen, daß durch die endliche Schaufelstärke s die Meridiangeschwindigkeit c_{0m} vergrößert wird auf einen Wert c_{1m}; denn der Querschnitt für den Schnitt $A'-B'$ ist gegen. dem Schnitt $A-B$ verkleinert, und zwar um $\frac{t-\sigma}{t}$. Im umgekehrten Verhältnis ändern sich die c_m-Werte. Man erhält somit:

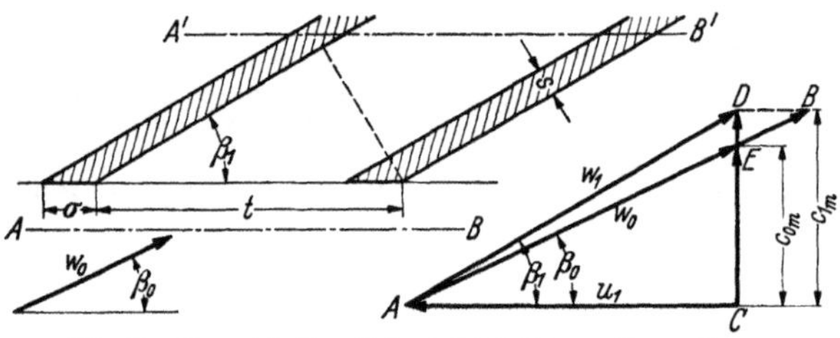

Abb. 49. Abgewickelter Schaufeleintritt zur Darstellung der Verengung.

$$c_{1m} = c_{0m} \frac{t}{t-\sigma}. \quad (47)$$

Diese Vergrößerung von c_m tritt ganz unabhängig davon ein, welche Maßnahmen zur Vermeidung eventuell nachteiliger Folgen unternommen werden.

Würde man nun die Richtung des Schaufeleintritts gleich der relativen Anströmrichtung β_0 machen, so müßte w_0 im Schaufeleintritt auf den Wert AB beschleunigt werden. Dies entspricht einem negativen c_u-Wert DB, d. h. der Schaufeleintritt wäre nicht, wie man meist annimmt, wirkungslos, sondern würde hier sogar als Turbine wirken. Zum mindesten wird man eine solche Wirkung vermeiden wollen; $c_u = 0$ ist aber nur zu erfüllen, wenn der Schaufeleintritt von β_0 auf β_1 aufgerichtet wird, so daß zwar auch eine Vergrößerung von w_0 auf w_1, d. h. eine Beschleunigung eintritt, aber die eben besprochene Wirkung vermieden wird. Man erhält deshalb folgende Formel zur Bestimmung des Schaufelwinkels:

$$\operatorname{tg}\beta_1 = \operatorname{tg}\beta_0 \frac{t}{t-\sigma}; \qquad \sigma = \frac{s}{\sin\beta_1}. \quad (48)$$

Die Aufrichtung von β_0 auf β_1 bedingt andererseits einen Stoß, dessen Folgen nur durch hinlänglich kleines s bekämpft werden können. Man erkennt, daß eine Störung nicht ganz zu vermeiden ist. Im Kreiselpumpenbau hilft man sich durch Zuschärfen der Schaufeln. Da im Gebläsebau durchweg genietete Schaufeln verwendet werden und wegen ihrer im Verhältnis zur Gußausführung bei Kreiselpumpen kleineren Verengerungen weniger störend sind, dürfte die angedeutete Korrektur meist genügen.

Prinzipiell sei noch hervorgehoben, daß die strenge geometrische Forderung nach stoßfreiem Eintritt nur bei sehr engen Schaufelteilungen ihre Berechtigung hat. Stehen die Schaufeln mehr auseinander, so ist ähnlich wie bei Tragflügeln, die etwa aus einem Kreisbogen bestehen, der „stoßfreie" Eintritt auf einen größeren Winkelbereich ausgedehnt, da ja nur die Frage entscheidend ist, bei welchen Winkeln sich die Strömung ablöst. Hieraus folgt schon, daß die Stoßverluste bei großer Schaufelzahl groß werden, besonders wenn die Fördermenge von der normalen sog. „stoßfreien" Menge abweichen. Streng genommen muß jedoch gesagt werden, daß ein absolut stoßfreier Eintritt bei endlicher Schaufelstärke unmöglich ist.

V. Ähnlichkeitsbeziehungen.

24. Kennzahlen.

In den meisten Fällen liegen beim Entwurf eines Gebläses drei Angaben vor:

1. Druckunterschied Δp [mm WS],
2. Fördermenge V [m³/s],
3. Drehzahl [n/min].

Die Lösung der Aufgabe ist zunächst nicht eindeutig. Soll z. B. ein Radialgebläse für ein gegebenes Δp; V und n gebaut werden, so besteht die Möglichkeit, bei der gleichen Drehzahl den Druck einmal mit flacherem Schaufelwinkel und größerem Laufraddurchmesser zu erreichen und dann mit steileren Schaufelwinkel (eventuell sogar mit nach vorwärts gekrümmten Schaufeln) und kleinerem Laufraddurchmesser. Handelt es sich um ein Schraubengebläse, so ist eine ähnliche Auswahlmöglichkeit vorhanden, indem z. B. bei dicht stehenden Schaufeln ein kleinerer Laufraddurchmesser nötig sein wird als wenn nur wenige Flügel verwendet werden. Es leuchtet ein, daß in jedem Falle eine bestimmte Ausführung die geringsten Verluste aufweisen wird, z. B. wachsen beim Schraubengebläse mit eng stehenden Flügelblättern die Diffusorverluste, während die Radreibungsverluste abnehmen.

Für eine ganz bestimmte Ausführung werden die Verluste bei gegebenem Δp; V; n am kleinsten sein. Für eine andere Kombination $\Delta' p$; V'; n' wird eine andere Ausführung einen Bestwert ergeben. Es ist natürlich sehr wichtig, für eine beliebige Zusammenstellung (Δp; V; n) die jeweilig beste Ausführungsmöglichkeit zu kennen. Um eine bessere Übersicht zu erhalten, ist es zunächst zweckmäßig, eine dimensionslose Zahl zu bilden, die aus den drei Hauptdaten Δp, V und n gebildet wird. Zur Kennzeichnung des Fördermittels ist noch eine vierte Zahl $\frac{\gamma}{g} = \varrho$ erforderlich. Wir vereinigen diese mit Δp zu $\frac{\Delta p}{\varrho}$. Diese drei zu einer Kennzahl zu vereinigenden Größen haben, wie man sich leicht überzeugt, folgende Dimensionen:

$$\frac{\Delta p}{\varrho}\left[\frac{\mathrm{m}}{\mathrm{s}}\right]^2; \qquad V\left[\frac{\mathrm{m}^3}{\mathrm{s}}\right]; \qquad n\left[\frac{1}{\mathrm{s}}\right].$$

Wir fragen nun, ob eine solche multiplikative Zusammensetzung dieser Größen möglich ist, daß eine dimensionslose Zahl entsteht. Zu diesem Zweck bilden wir

$$\text{Zahl prop}\cdot\left[\frac{\Delta p}{\varrho}\right]^{\alpha}\cdot V^{\beta}\cdot n^{\gamma}. \tag{49}$$

Die Exponenten α, β und γ sollen beliebige Zahlen sein. Ein Exponent ist offenbar frei wählbar. Da aus verschiedenen Gründen anzustreben ist, daß die Kennzahl proportional der Drehzahl ist, ergibt sich $\gamma = 1$. In diesem Falle wird, wie eine leichte Nachprüfung zeigt, Gl. (49) nur dann dimensionslos, wenn $\beta = \frac{1}{2}$ und $\alpha = -\frac{3}{4}$ wird. Somit entsteht:

$$\text{Zahl} \sim \frac{V^{1/2}\cdot n}{\left(\frac{\Delta p}{\varrho}\right)^{3/4}}.$$

Es ist zweckmäßig, sowohl V als Δp in unmittelbare Beziehung zu Konstruktionsgrößen des Gebläses zu bringen. Um eine einheitliche Übersicht sowohl über Radial- wie über Schraubengebläse zu erhalten, wählen wir Größen, die bei beiden Bauarten in gleicher Weise typisch sind. Dies sind:

1. die Umfangsgeschwindigkeit u,
2. der Außendurchmesser d.

Den Zusammenhang zwischen Δp; V; n einerseits und diesen Konstruktionsgrößen d und u andererseits bringen wir durch zwei dimensionslose Zahlen ψ und φ zum Ausdruck (ψ hatten wir bereits früher kennengelernt). Diese Zahlen stammen eigentlich von den Schraubengebläsen[1]. Da die gleichen Zahlen sich auch — wie die späteren Betrachtungen zeigen werden — für Radialgebläse vorzüglich eignen, sollen sie allgemein für alle Gebläse benutzt werden. Hiermit wird gleichzeitig erreicht, daß alle Gebläse nach einheitlichen Kennzahlen beurteilt werden können. Die Zahlen werden wie folgt definiert.

$$\psi = \frac{\Delta p}{\frac{\varrho}{2}u_2^2} \tag{50}$$

(der Nenner bedeutet hier den Staudruck der Umfangsgeschwindigkeit, dem physikalisch eindeutigsten Staudruck des Gebläses).

$$\varphi = \frac{V}{\frac{\pi d_2^2}{4}\cdot u_2} = \frac{V}{F\cdot u_2} \tag{51}$$

bei Schraubengebläsen soll bei genaueren Rechnungen noch der Nabenquerschnitt abgezogen werden, so daß hier $F = \frac{\pi}{4}\,(d_2^2 - d_1^2)$ wird.

[1] Keller: Axialgebläse.

Abb. 50 zeigt die schematische Gegenüberstellung mit den verwendeten Bezeichnungen.

Der Zusammenhang von φ mit der Meridiangeschwindigkeit c_m geht aus folgender Rechnung hervor:

a) Radialgebläse:

$$V = \varphi \cdot \frac{\pi d_2^2}{4} \cdot u_2 = c_{2m} \cdot b_2 \cdot d_2 \cdot \pi ,$$

$$\varphi = 4 \frac{b_2}{d_2} \cdot \frac{c_{2m}}{u_2} ; \qquad (52)$$

b) Schraubengebläse:

$$V = \varphi \frac{\pi}{4} [d_2^2 - d_1^2] \cdot u_2 = c_m \cdot \frac{\pi}{4} [d_2^2 - d_1^2] ,$$

$$\varphi = \frac{c_m}{u_2} . \qquad (53)$$

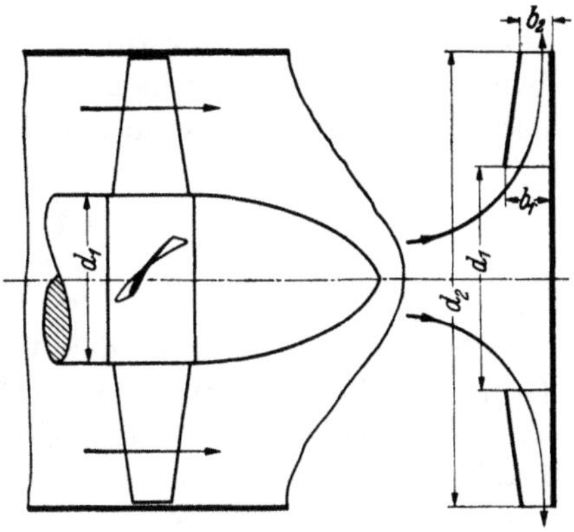

Abb. 50.

Eine kleine Umschreibung

$$V = \varphi \frac{\pi}{4} d_2^2 \left[1 - \left(\frac{d_1}{d_2}\right)^2\right] \cdot u_2$$

gestattet noch, durch eine Zahl $\nu = \frac{d_1}{d_2}$ das Durchmesserverhältnis zu berücksichtigen.

$$V = \varphi \cdot \frac{\pi d_2^2}{4} [1 - \nu^2] \text{ (Schraubengebläse)}. \qquad (54)$$

Nun setzen wir V und Δp aus den Gl. (50) und (51) in Gl. (49) ein, indem wir für $F \sim d_2^2 (1 - \nu^2)$ setzen, da zunächst nur die Abhängigkeit von den wesentlichen Größen maßgebend ist und die der Gl. (49) anhaftende Konstante später festgelegt werden kann.

$$\text{Zahl} \sim \frac{\sqrt{\varphi d_2^2 (1 - \nu^2) \cdot u \cdot n}}{(\psi \cdot u^2)^{3/4}} \sim \frac{\sqrt{\varphi} \cdot d_2 \cdot n \sqrt{(1 - \nu^2)} \cdot u^{1/2}}{\psi^{3/4} \cdot u^{3/2}} \sim \frac{\sqrt{\varphi}}{\psi^{3/4}} \cdot \sqrt{1 - \nu^2}$$

der Wert $d_2 \cdot n$ wurde hier durch u ersetzt.

Die letzte Größe wollen wir nun als Kennzahl σ bezeichnen.

$$\sigma = \varphi^{1/2} \cdot \psi^{-3/4} (1 - \nu^2)^{1/2} \quad \text{Schraubengebläse} \qquad (55)$$

$$\sigma = \varphi^{1/2} \cdot \psi^{-3/4} \quad \text{Radialgebläse} \qquad (56)$$

Bis auf einen Klammerausdruck, der in den meisten Fällen wenig von 1 verschieden ist, haben wir somit eine für Radial- und Schraubengebläse gleiche Kennzahl gewonnen.

Setzt man in die Gl. (55) rückwärts wieder die Werte V und Δp aus Gl. (50) u. (51) ein, so erhält man:

$$\sigma = \frac{1}{28{,}5} \cdot V^{1/2} \left(\frac{\Delta p}{\varrho}\right)^{-3/4} \cdot n_{\text{min}} . \qquad (57)$$

Da V, Δp und n meist gegeben ist, kann aus Gl. (57) sofort die Kennzahl σ ermittelt werden.

Die Kennzahl σ, die für Schraubengebläse von Keller eingeführt wurde, ist praktisch identisch mit der im Wasserturbinenbau üblichen spezifischen Drehzahl n_s. Aus σ läßt sich die spezifische Drehzahl nach einer kleinen Umrechnung durch folgende Formel[1] ausdrücken:

$$n_s = 578 \cdot \sigma. \qquad (58)$$

Im Gebläsebau spielt die Drehzahl nicht die Rolle wie im Wasserturbinenbau. Es hat deshalb keinen Sinn, eine Drehzahl n_s einzuführen, die den speziellen Bedürfnissen einer anderen Maschinengattung entnommen ist.

VI. Verluste.

25. Allgemeines.

Die genaue Kenntnis der Verluste interessiert aus verschiedenen Gründen. Einmal hängt der Kraftbedarf wesentlich von den Verlusten ab, da besonders bei Ventilatoren billiger Bauart oft große Verluste in Kauf genommen werden müssen. Vorher interessiert der Konstrukteur sich bereits für die verschiedenen Verluste, da eine sichere Dimensionierung von Gebläsen ohne Kenntnis der Verluste unmöglich ist. Wenn auch die Genauigkeit der Vorausbestimmung noch sehr viel zu wünschen übrig läßt, ist es schon sehr wertvoll, wenigstens die Größenordnung der Verluste zu kennen. Das ist das Mindeste, was der Konstrukteur wissen muß, um z. B. einigermaßen sicher einen bestimmten Enddruck auch zu erreichen.

Im folgenden sollen deshalb alle Verlustquellen genau untersucht werden mit dem Ziele, Zahlenangaben für den Entwurf machen zu können.

26. Radreibungsverluste.

Es handelt sich hier um die Reibungsverluste, die die glatten Deckscheiben eines Laufrades erzeugen. Der Mechanismus dieses Vorganges kann wie folgt beschrieben werden. An der Scheibe selbst haftet die Luft vollkommen fest und wird mit der Umfangsgeschwindigkeit der Scheibe mitgeschleppt; in einer kleinen Grenzschicht nimmt dann die Luftgeschwindigkeit von der Umfangsgeschwindigkeit der Scheibe ab auf die Geschwindigkeit der Umgebung. Die Mitnahme der Luft durch die rotierende Scheibe bedingt Zentrifugalkräfte, die die Luft nach außen schleudern und Ringwirbel nach Abb. 51 hervorrufen. Die zur Aufrechterhaltung dieser Bewegung notwendige Energie geht verloren. Man spricht meist von Radreibung.

In zahlreichen Versuchen sind die Radreibungsverluste nachgeprüft worden. Einmal wurde der Einfluß des Zwischenraumes zwischen Scheibe und Gehäusewand untersucht und dann auch der Einfluß der Stirnbreite des Rades nachgeprüft. Theoretisch wurde das Problem

---

[1] Keller: Axialgebläse.

erstmalig von v. Kármán[1] nach den Methoden der Grenzschichttheorie in Angriff genommen. In jüngster Zeit wurde durch Göttinger Versuche[2] ein neuer Einblick in die physikalische Seite des Problems gewonnen, der dazu zwingt, die durch Abb. 51 dargestellte Vorstellung zu ergänzen. Eine genaue Untersuchung des Strömungsfeldes ergab nämlich folgendes überraschende Bild. An der Scheibe rotiert eine dünne Grenzschicht annähernd mit der Winkelgeschwindigkeit ω der Scheibe. Die in dieser Schicht nach außen geschleuderten Luftmassen bewegen sich dann in einer dünnen Schicht entlang den Gehäusewandungen und kehren nach Abb. 52 an der Drehachse wieder zurück. Der mittlere Teil (in Abb. 52 schraffiert) nimmt an dem „Ringwirbel" nicht teil, sondern rotiert wie ein fester Körper mit ungefähr der halben Winkelgeschwindigkeit der Scheibe. Diese Strömungsstruktur läßt, wie die Versuche auch zeigten, keinen großen Einfluß der Gehäuseweite erwarten. Wir wollen deshalb einen solchen Einfluß hier auch nicht in Rechnung setzen, da eine endgültige Klärung noch nicht vorliegt.

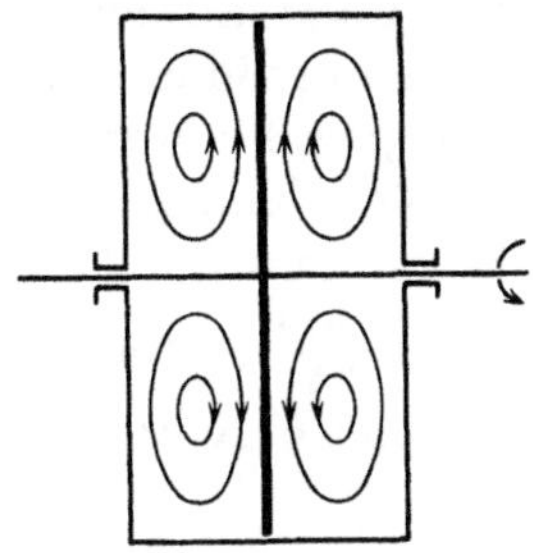

Abb. 51. Schematische Darstellung der durch die Radscheibenreibung hervorgerufenen Ringwirbel.

Durch einfache Dimensionsbetrachtungen läßt sich zunächst leicht übersehen, von welchen Größen die Radreibungsarbeit abhängt. Da es sich um hydraulische Verluste handelt, muß sich ein Ausdruck finden lassen von der Form: Leistung = Druck × Fläche × Geschwindigkeit. Als Druck kommt physikalisch nur der Staudruck $\frac{\varrho}{2} u_2^2$ der Umfangsgeschwindigkeit u_2 in Frage. Außer der Scheibenfläche $\frac{\pi}{4} d_2^2$ ist keine Fläche vorhanden, die eine Rolle spielen kann, während die einzige in Betracht kommende Geschwindigkeit die Umfangsgeschwindigkeit u_2 ist. Die Radreibungsarbeit muß somit folgende Form haben:

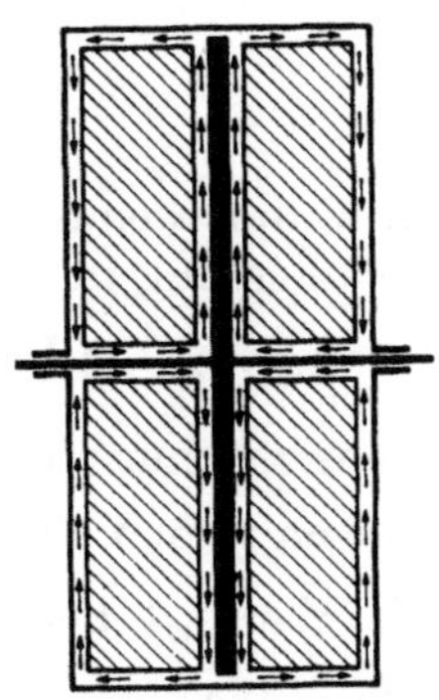

Abb. 52. Schematische Darstellung der Randschichtenbewegung infolge der Radscheibenreibung.

$$N_r \text{ prop } \frac{\varrho}{2} u_2^2 \frac{\pi}{4} d_2^2 u_2 \text{ prop } u_2^3 \cdot d_2^2 \sim \omega^3 \cdot d_2^5 . \tag{59}$$

Man schreibt den Ausdruck gewöhnlich in der Form:

$$N_r = \frac{\beta}{10^6} \cdot u_2^3 \cdot d_2^2 \cdot \gamma \text{ [PS]}, \tag{60}$$

$$[u_2 \text{ in m/s}, \; d_2 \text{ in m}, \; \gamma \text{ in kg/m}^3].$$

Nach Stodola kann für β der Wert 1,1 bis 1,2 gesetzt werden.

[1] v. Kármán: Abhandlungen des Aerodynamischen Instituts Aachen. 1. Lieferung. Berlin: Julius Springer 1922.

[2] Schultz-Grunow, F.: Z. angew. Math. Mech. Bd. 15 (1935) S. 191.

Die Radreibungsverluste hängen somit von der dritten Potenz der Umfangsgeschwindigkeit und dem Quadrat des Durchmessers ab. Bei konstanter Umfangsgeschwindigkeit — um Räder mit gleicher Druckhöhe zu vergleichen — ist die Radreibung proportional der Laufradscheibenfläche. Zur Verringerung der Verluste muß der Laufraddurchmesser möglichst klein, d. h. die Drehzahl möglichst groß gewählt werden.

Die absolute Größe der Radreibung interessiert nun weniger, als ihr prozentualer Anteil an der Nutzarbeit. Die letztere ist nach Gl. (16) $N = \frac{\Delta p \cdot V}{75}$. Im Sinne der Ausführungen von S. 48 führen wir unsere Kennzahlen ein:

$$N = \frac{\psi \frac{\gamma}{2g} \cdot u_2^2 \cdot \varphi \cdot u_2 \pi \frac{d_2^2}{4}}{75}.$$

Wir bilden das Verhältnis:

$$\frac{N_r}{N} = \frac{\beta \cdot u_2^3 \cdot d_2^2 \cdot \gamma \cdot 75}{10^6 \cdot \varphi \cdot u_2 \cdot \frac{\pi}{4} d_2^2 \cdot \psi \cdot \frac{\gamma}{2g} \cdot u_2^2} = \frac{\beta \cdot 8 \cdot g \cdot 75}{10^6 \cdot \pi} \cdot \frac{1}{\psi \cdot \varphi}.$$

Bei Radialrädern ist nach Gl. (52) $\varphi = 4 \frac{b_2}{d_2} \cdot \frac{c_{2m}}{u_2}$; für β setzen wir noch den Wert 1,2 ein und erhalten:

$$\zeta = \frac{Nr}{N} = \frac{1}{1775} \frac{1}{\frac{b_2}{d_2} \cdot \frac{c_{2m}}{u_2} \cdot \psi}. \qquad (61)$$

Damit kennen wir den prozentualen Anteil der Radreibung an der Nutzleistung in Abhängigkeit von den durch das Austrittsgeschwindigkeitsdreieck bestimmten Größen $\frac{c_{2m}}{u_2}$ und ψ, sowie von der wichtigen Konstruktionsgröße $\frac{b_2}{d_2}$. Der Wert $\frac{c_{2m}}{u_2}$ schwankt bei guten Ausführungen in den Größen $^1/_3$ bis $^1/_6$, während je nach der Schaufelform für ψ die Werte 1 bis 2 vorkommen. Für diese Werte wollen wir $\frac{N_r}{N}$ in Abhängigkeit von $\frac{b_2}{d_2}$ ausrechnen. Die Resultate sind in Abb. 53 aufgetragen. Als Abszisse ist $\frac{b_2}{d_2}$ gewählt. Man erkennt, daß mit größer werdendem $\frac{b_2}{d_2}$ die Radreibung immer weniger ins Gewicht fällt. Das ist gerade das Gebiet, das gewöhnlich mit dem Anwendungsbereich der Ventilatoren zusammenfällt. So ist z. B. bei $\frac{b_2}{d_2} = 0{,}15$ im ungünstigsten Falle nur eine Radreibung von rd. 2 vH vorhanden. Bei kleinen Radbreiten dagegen wächst die Radreibung ganz erheblich. Bei $\frac{b_2}{d_2} = 0{,}02$ ergeben sich etwa 17 vH Radreibung. Solche Räder kommen in den Hochdruckstufen von Turbokompressoren sowie bei Schmiedefeuergebläsen usw. vor.

Die Radreibung wurde hier auf die Nutzleistung bezogen. Die tatsächlich aufgewandte Leistung ist um die Gesamtverluste größer. Werden die Radreibungsverluste auf diese bezogen, so sind sie im Verhältnis $\eta_{ges} = \frac{\text{Nutzleistung}}{\text{aufgewandte Leistung}}$ kleiner, so daß die Werte nach Abb. 53 obere Werte darstellen. Durch Erweiterung mit dem jeweiligen η_{ges} erhält man den Anteil an der tatsächlichen Wirkungsverschlechterung.

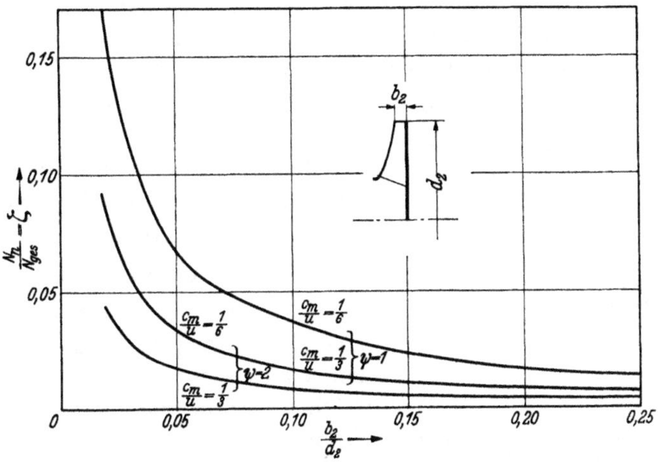

Abb. 53. Anteil der Radreibung an der Nutzleistung für verschiedene Radbreiten, ψ-Werte und c_m-Komponenten.

Die Untersuchung bestätigt die üblichen Gepflogenheiten, daß beim Entwurf von sog. Ventilatoren auf die Radreibung keine Rücksicht genommen wird.

27. Laufradverluste.

Zunächst sei angenommen, daß die Luft stoßfrei eintritt. Verluste infolge plötzlicher Richtungsänderung sog. Stoßverluste sind damit zunächst ausgeschlossen. Bei der Luftförderung des besten Wirkungsgrades wird dieser Zustand näherungsweise vorhanden sein.

Im Laufradkanal sind dann noch Reibungsverluste und Ablösungsverluste zu erwarten. Eine zahlenmäßig sichere Erfassung dieser Verluste ist zur Zeit noch nicht möglich. Wir müssen uns deshalb auf ungefähre Angaben, die aus Versuchen entnommen sind, beschränken.

Im Schaufelkanal nimmt die mittlere Geschwindigkeit von w_1 auf w_2 ab. Diese Abnahme bedingt bekanntlich nach Gl. (5) eine statische Druckerhöhung $\frac{\varrho}{2}\,[w_1^2 - w_2^2]$. Da man auf diese Druckzunahme im allgemeinen nicht verzichten kann, ist die relative Eintrittsgeschwindigkeit w_1 die größte Geschwindigkeit, die im Laufrad überhaupt auftritt. Es leuchtet ein, daß die Größe von w_1 somit die Laufradverluste entscheidend beeinflussen wird. Es ist deshalb öfters vorgeschlagen worden[1], den gesamten Verlust auf den Staudruck $\frac{\varrho}{2} w_1^2$ von w_1 zu beziehen und folgenden Ansatz aufzustellen. Laufradverlust:

$$\Delta p_1 = \zeta_1 \frac{\varrho}{2} w_1^2. \tag{62}$$

Der Wert ζ_1 liegt z. B. für Kreiselpumpenläufer zwischen 0,15 bis 0,3. Da die Laufradformen von Kreiselpumpen sich in geringeren Grenzen ändern wie bei Gebläsen, ist dort mit diesem einfachen Ansatz eher ein Überblick zu erzielen wie bei Gebläsen.

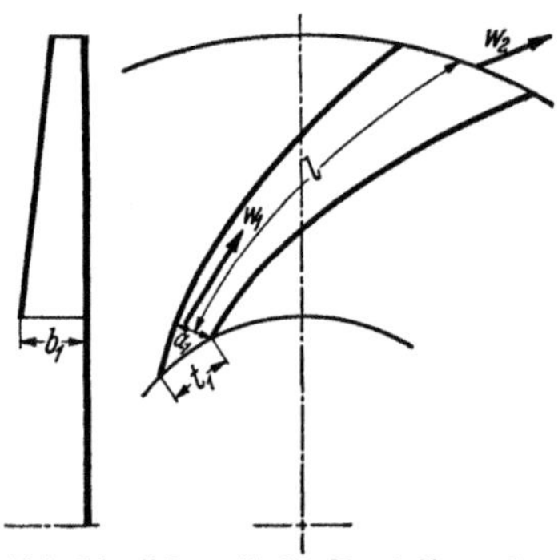

Abb. 54. Schematische Darstellung des mittleren Schaufelfadens.

Gl. (62) sagt nichts darüber aus, wie bei gleichem w_1 der Verlust sich ändert, wenn das Durchmesserverhältnis $\frac{d_1}{d_2}$ sich ändert oder wenn die Radbreite b anders wird. Auch ohne zahlenmäßig zuverlässige Angaben machen zu können, ist es schon wertvoll zu wissen, in welchem Sinne der Verlust zu- oder abnimmt, wenn diese oder jene Größen geändert werden.

Im folgenden wird versucht, den Einfluß dieser wichtigen Konstruktionsgrößen in etwa zu erfassen.

Wir vergleichen die Laufradströmung mit einer Rohrströmung von der Geschwindigkeit w_1 und der gleichen Länge l (l bedeutet, wie in Abb. 54 angedeutet ist, die abgewickelte Länge des mittleren Schaufelfadens). Die Reibungsverluste ergeben sich beim Rohre zu $\Delta p = \lambda \frac{l}{d} \cdot \frac{\varrho}{2} w_1^2$. Den Durchmesser d der Rohrleitung ersetzen wir durch den hydraulischen Radius[1] $a = \frac{F}{U} = \frac{d}{4}$, wo $F = a_1 \cdot b_1$ den engsten Querschnitt des Schaufelkanales und U den Umfang dieses Querschnittes bedeutet. Somit erhalten wir:

$$\Delta p_1 = \lambda \frac{l}{4 \frac{F}{U}} \cdot \frac{\varrho}{2} w_1^2. \tag{63}$$

Der Einfluß der Querschnittszunahme, d. h. die Vergrößerung der Verluste durch die Verzögerung, soll durch hinreichend größere Wahl von λ ausgeglichen werden. Indem wir somit den Wert λ größer wählen als bei der Rohrströmung, dürfte dem physikalischen Charakter der Strömung in etwa Rechnung getragen sein. Gegenüber den bei der

[1] Pfleiderer: Kreiselpumpen. Berlin: Julius Springer.

Rohrreibung gemessenen Werten von $\lambda \sim 0{,}015 - 0{,}03$ wird auch infolge des Effektes der Anlaufstreckenreibung[1] eine weitere Erhöhung notwendig sein. Auf Grund von Vergleichen mit ausgewerteten Versuchen soll für λ der Wert $\sim 0{,}06$ angenommen werden.

Verhältnismäßig leicht ist eine Angabe über die Kanallänge l. Die radiale Erstreckung der Schaufel beträgt $\frac{d_2 - d_1}{2}$. Der schräge Verlauf der Schaufel bedingt bei normalen Schaufelformen eine etwa 50%ige Vergrößerung. Damit erhalten wir $l = 1{,}5\,\frac{d_2 - d_1}{2}$.

Schwieriger ist schon die richtige Erfassung des hydraulischen Radius $a_1 = \frac{F}{U}$. Hier soll für F der engste Querschnitt $F = a_1 \cdot b_1$ eingesetzt werden. Wie hängen aber diese Größen vom Durchmesserverhältnis $\frac{d_1}{d_2}$ ab? Zunächst ist folgendes klar. Je kleiner die radiale Erstreckung der Schaufel ist, d. h. je mehr sich $\frac{d_1}{d_2}$ dem Werte 1 nähert, desto größer muß die Schaufelzahl z werden, damit nach früheren Überlegungen (S. 32) die Minderleistung durch die endliche Schaufelzahl nicht zu groß wird. Wir berücksichtigen dies durch den Ansatz $z = \frac{d_1}{d_2} \cdot 16$. Die Konstante ist so gewählt, daß im mittleren Bereich von $\frac{d_1}{d_2}$ eine mittlere Übereinstimmung mit bewährten Ausführungen besteht. Für β_1 werde bereits der später (S. 69) ermittelte beste Winkel $\beta_1 = 35{,}4^\circ$ eingesetzt. Damit wird

$$a_1 = t \cdot \sin\beta_1 = \frac{\pi\, d_1}{z} \cdot \sin\beta_1 = \frac{\pi\, d_1 \cdot 0{,}567}{\frac{d_1}{d_2} \cdot 16} = \frac{d_2}{9}.$$

Für b_1 werde in Übereinstimmung mit späteren Überlegungen $b_1 = \frac{d_1}{4{,}8}$ eingesetzt (Gl. 83). Mit diesen Werten erhalten wir:

$$\frac{l}{4\,\frac{F}{U}} = 1{,}8\,\frac{1}{\frac{d_1}{d_2}}\left[1 + 0{,}875\,\frac{d_1}{d_2} - 1{,}875\left(\frac{d_1}{d_2}\right)^2\right].$$

Da die Berechnung für die Extremwerte $\frac{d_1}{d_2} \sim 0$ und $\frac{d_1}{d_2} \sim 1$ ihren praktischen Sinn verliert, genügt es, die durch die [ ] Klammer dargestellte Parabel durch eine Gerade zu ersetzen, so daß in dem praktischen Bereich $0{,}4 < \frac{d_1}{d_1} < 0{,}9$ die Parabel durch eine Sekante angenähert wird. Damit ergibt sich folgende lineare Funktion für die Klammer:

$$\frac{l}{4\,\frac{F}{U}} = 1{,}8\,\frac{1}{\frac{d_1}{d_2}}\left[1{,}675 - 1{,}5\,\frac{d_1}{d_2}\right].$$

---

[1] Eck: Strömungslehre I. Berlin: Julius Springer 1935.

Dieser Ausdruck nimmt mit wachsendem $\frac{d_1}{d_1}$ ab. Durch Einsetzen in Gl. (63) entsteht:

$$\Delta p_1 = 1{,}8\,\lambda \frac{1}{\frac{d_1}{d_2}} \left[1{,}675 - 1{,}5\,\frac{d_1}{d_2}\right] \cdot \frac{\varrho}{2}\, w_1^2 . \tag{64}$$

Wesentlich für die Beurteilung der Verluste in Abhängigkeit von $\frac{d_1}{d_2}$ wird jedoch noch w_1^2 sein, das sich sehr stark mit $\frac{d_1}{d_2}$ ändert.

Die zahlenmäßige Verwertung stellen wir zurück bis zur allgemeinen Betrachtung über die Verluste S. 71.

28. Stoßverluste.

a) Laufradeintritt.

Wenn die Fördermenge von der normalen abweicht, stimmt die relative Anströmrichtung nicht mehr mit dem Schaufelwinkel überein. Hierdurch entstehen sog. Stoßverluste. Aus dem Eintrittsgeschwindigkeitsdreieck (Abb. 55) ist dies leicht zu erkennen. Eine Vergrößerung der normalen Fördermenge von V auf V_x bedingt eine Vergrößerung der Meridiangeschwindigkeit von c_{1m} auf c_{1mx}, so daß

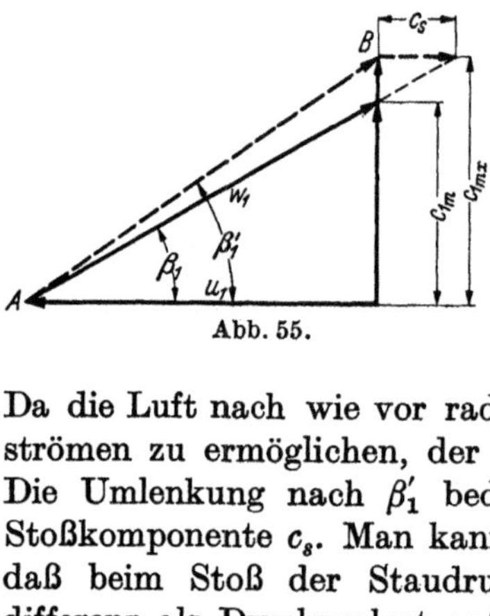

Abb. 55.

$$c_{1mx} = c_{1m} \cdot \frac{V_x}{V} .$$

Da die Luft nach wie vor radial eintritt, müßte, um tangentiales Einströmen zu ermöglichen, der Schaufelwinkel auf β_1' vergrößert werden. Die Umlenkung nach β_1' bedingt bei gleichbleibendem c_{1m} eine sog. Stoßkomponente c_s. Man kann nun nach dem Impulssatz [1] nachweisen, daß beim Stoß der Staudruck der geometrischen Geschwindigkeitsdifferenz als Druckverlust auftritt.

$$\Delta p_2 = \frac{\varrho}{2} c_s^2 . \tag{65}$$

Bei endlicher Schaufelzahl wird der Stoß, wie einleuchten dürfte, etwas gemildert. Wir berücksichtigen dies durch einen Faktor μ, der zwischen 0,7 bis 0,9 anzusetzen ist.

$$\Delta p_2 = \mu \cdot \frac{\varrho}{2} c_s^2 .$$

Nach Abb. 55 berechnen wir den Wert

$$c_s = u_1 \left[\frac{c_{1mx}}{c_{1m}} - 1\right] = u_1 \left[\frac{V_x}{V} - 1\right]; \quad u_1 \text{ ersetzen wir durch } u_1 = u_2 \cdot \frac{d_1}{d_2} .$$

$$c_s = u_2 \cdot \frac{d_1}{d_2} \left[\frac{V_x}{V} - 1\right] .$$

[1] Eck: Strömungslehre I. Berlin: Julius Springer 1935.

Damit erhalten wir für den Verlust

$$\Delta p_2 = \mu \frac{\varrho}{2} u_2^2 \left(\frac{d_1}{d_2}\right)^2 \left[\frac{V_x}{V} - 1\right]^2. \tag{66}$$

Zur Einführung unserer Kennzahlen setzen wir $\frac{\varrho}{2} u_2^2 = \frac{\Delta p}{\psi}$. Die absolute Größe der Verluste interessiert wiederum wenig; wichtiger ist der prozentuale Anteil an der tatsächlich erreichten Druckerhöhung. Der Quotient $\frac{\Delta p_2}{\Delta p}$ kennzeichnet diesen Wert:

$$\frac{\Delta p_2}{\Delta p} = \mu \frac{1}{\psi} \left(\frac{d_1}{d_2}\right)^2 \left[\frac{V_x}{V} - 1\right]^2. \tag{67}$$

Man erkennt, daß das Verhältnis $\frac{d_1}{d_2}$ den Verlust entscheidend beeinflußt. Möglichst kleines $\frac{d_1}{d_2}$ ist die praktische Forderung, die beachtet werden muß, wenn auf kleine Stoßverluste Wert gelegt wird. Der Einfluß der ψ-Werte ist ebenfalls klar zu übersehen. Große ψ-Werte vermindern die Stoßverluste, eine Tatsache, die für die Trommelläufer von Bedeutung ist.

b) Leitradstoßverluste.

Bei Verwendung eines Leitrades entsteht ein zweiter Stoßverlust beim Eintritt in die Leitradschaufeln. Das Geschwindigkeitsdreieck (Abb. 56) gibt auch hier Aufschluß. Wir erinnern uns, daß infolge des Einflusses der endlichen Schaufelzahl die absolute Austrittsgeschwindigkeit c_3 eine merkliche Aufrichtung nach α_3 erfährt. Der Leitradwinkel wird im wesentlichen — abgesehen von der Berücksichtigung der endlichen Schaufeldicke und -zahl — mit α_3 übereinstimmen. Bei Vergrößerung der Fördermenge von V auf V_x vergrößert sich die Meridiangeschwindigkeit von c_{2m} auf c_{2mx}. Mit Änderung der Fördermenge ändert sich jedoch auch c_{3u} in c_{3ux}. Nach den Ermittlungen von S. 40 wollen wir annehmen, daß bei Änderung der Fördermenge der Betriebspunkt sich auf dem Schenkel von β_3 verschiebt. In Abb. 56 sind zwei Betriebspunkte, der Normalpunkt, dessen Winkel α_3 für die Leitschaufeln bestimmend ist, und eine größere Fördermenge bei c_{2mx} eingezeichnet. Hier entsteht eine Stoßkomponente c_s.

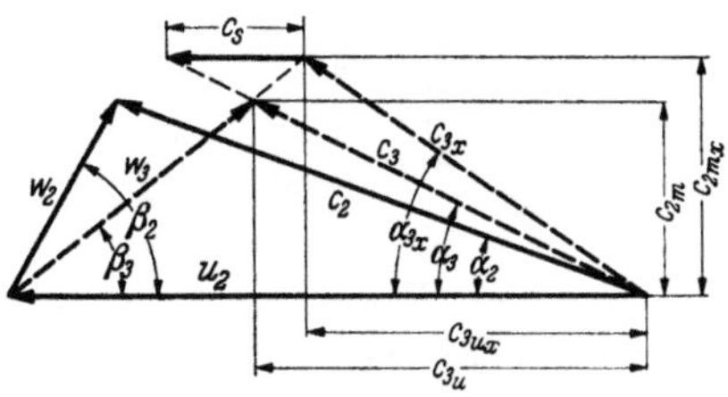

Abb. 56.

Hierfür erhalten wir nach Abb. 56

$$c_s = u_2 \cdot \left[\frac{c_{2mx}}{c_{2m}} - 1\right] = u_2 \left[\frac{V_x}{V} - 1\right].$$

Der Stoßverlust ist wieder: $\Delta p_3 = \mu \frac{\varrho}{2} c_s^2$

$$\Delta p_3 = \mu \frac{\varrho}{2} u_2^2 \left[\frac{V_x}{V} - 1\right]^2.$$

Wir ersetzen wieder $\frac{\varrho}{2} u_2^2 = \frac{\Delta p}{\psi}$ und erhalten

$$\Delta p_3 = \mu \frac{\Delta p}{\psi} \left[\frac{V_x}{V} - 1\right]^2.$$

Für den prozentualen Anteil an Δp ergibt sich dann:

$$\frac{\Delta p_3}{\Delta p} = \mu \frac{1}{\psi} \left[\frac{V_x}{V} - 1\right]^2. \tag{68}$$

Abgesehen von der [ ] Klammer, über die später noch zu diskutieren ist, ist dieser Stoßverlust umgekehrt proportional ψ, d. h. je größer die Umfangsgeschwindigkeit ist, mit der ein gegebenes Δp erreicht wird, d. h. je kleiner ψ ist, um so größer sind die Leitradstoßverluste.

29. Spaltverluste.

Die Abdichtung des Läufers im Gehäuse erfolgt durch möglichst kleine Spalte zwischen Läufer und Gehäuse. Die durch diese Spalte unvermeidlich strömenden Luftmengen müssen zwar durch das Laufrad gefördert werden, erscheinen jedoch nicht im Austrittvolumen, so daß die Arbeitsleistung, die zur Druckerhöhung dieser Leckmenge notwendig ist, im großen und ganzen verlorengeht.

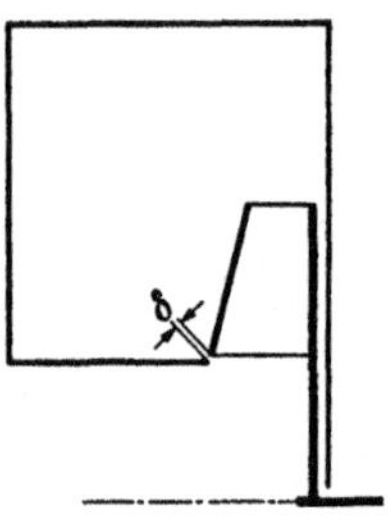

Abb. 57.

Bei Ventilatoren wird nur in seltenen Fällen der Spalt zwischen Gehäuse und Laufrad durch eine besondere Labyrinthdichtung abgedichtet, während dies bei Gebläseläufern für höheren Druck unerläßlich ist.

In vielen Fällen wird bei Ventilatoren das Laufrad nach Abb. 57 in ein Blechgehäuse eingesetzt, so daß mit einem mehr oder weniger großen Spalt von der Breite δ nach Abb. 57 zu rechnen ist. Die Durchführung der Welle verursacht ebenfalls einen Durchtrittsspalt, der indes wegen des kleinen Wellendurchmessers vernachlässigt werden soll.

Um die durch den Spalt durchströmende Menge berechnen zu können, muß der Überdruck an dieser Stelle bekannt sein. Der Gesamtdruck $\Delta p = \psi \frac{\varrho}{2} u_2^2$ ist erst am Gebläseaustritt vorhanden, während am Laufradumfang der Druck kleiner ist, und zwar um den in der Spirale gewonnenen statischen Druck. Bei nach rückwärts gekrümmten Schaufeln kann man annehmen, daß im Mittel $\sim \frac{2}{3} \Delta p$ als statischer Druck am Laufradaustritt wirkt. An unserem Dichtungsspalt ist er noch kleiner, da durch die Rotation der Luft eine Druckverminderung nach innen auftritt. Dieser Einfluß hängt indes sehr von der Gehäuseform ab, so daß der berechnete Spaltverlust bestimmt etwas zu groß ist, wenn wir trotzdem mit $\frac{2}{3} \Delta p$ rechnen. Bei nach vorwärts gekrümmten Schaufeln wächst ψ auf etwa 2, wobei allerdings der Reaktionsgrad knapp die Hälfte ist von dem ersten Fall. Im Mittel werden deshalb alle Verhältnisse leidlich erfaßt werden, wenn wir nur mit $\psi \sim 1$, jedoch immer mit $\Delta p'_{\text{stat}} \cdot = \frac{2}{3} \frac{\varrho}{2} u_2^2$ rechnen.

Die Durchtrittsgeschwindigkeit c im Spalt läßt sich nun berechnen:

$$\Delta p'_{\text{stat}} = \frac{\varrho}{2} c^2 = \frac{2}{3} \frac{\varrho}{2} u_2^2; \qquad c = u_2 \sqrt{\frac{2}{3}}.$$

Da es sich im allgemeinen um scharfkantige Querschnitte handelt, nehmen wir eine Kontraktion $\mu = 0{,}7$ des Spaltquerschnittes an.

Die Leckluftmenge ergibt sich nun zu:

$$\left.\begin{aligned} V' &= F \cdot \mu \cdot c = \\ &= d_1 \cdot \pi\, \delta \cdot \mu \cdot u_2 \sqrt{\frac{2}{3}}. \end{aligned}\right\}$$

Wir beziehen diesen Verlust auf die gesamte Fördermenge $V = \varphi \frac{\pi\, d_2^2}{4} u_2$ und erhalten

$$\left.\begin{aligned} \frac{V'}{V} &= \frac{d_1 \cdot \pi\, \delta_i \cdot \mu \cdot u_2 \cdot \sqrt{\frac{2}{3}} \cdot 4}{\varphi \cdot \pi\, d_2^2 \cdot u_2} = \\ &= \frac{d_1}{d_2^2} \cdot \delta_i \cdot \frac{\mu}{\varphi} \sqrt{\frac{2}{3}} \cdot 4. \end{aligned}\right\}$$

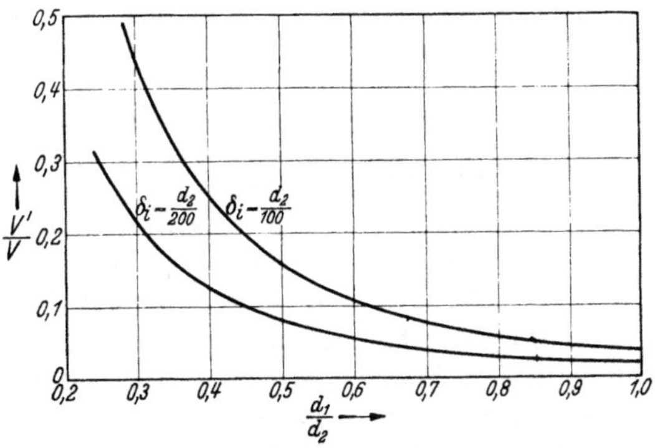

Abb. 58. Spaltverlust für verschiedene Spiele in Abhängigkeit vom Durchmesserverhältnis.

Die Spaltgröße δ_i bringen wir ins Verhältnis zum Außendurchmesser: $\delta_i = \frac{d_2}{n}$, da die notwendigen Spiele einer Maschine bei sonst gleichen Verhältnissen erfahrungsgemäß mit der Größe der Maschinen wachsen müssen. Durch den Laufraddurchmesser ist die Größe eines Ventilators am besten gekennzeichnet, so daß die Bezugnahme auf d_2 berechtigt sein dürfte.

$$\frac{V'}{V} = \frac{d_1}{d_2} \frac{\mu}{n \cdot \varphi} \cdot 4 \sqrt{\frac{2}{3}}.$$

Nach Gl. (86) ersetzen wir $\varphi = \frac{1}{1{,}7} \left(\frac{d_1}{d_2}\right)^3$; damit entsteht:

$$\frac{V'}{V} = 1{,}7 \cdot 4 \cdot \sqrt{\frac{2}{3}} \frac{\mu}{n} \cdot \frac{1}{\left(\frac{d_1}{d_2}\right)^2} = \frac{3{,}89}{n \cdot \left(\frac{d_1}{d_2}\right)^2}. \tag{69}$$

Damit ist der Spaltverlust in Zusammenhang mit $\frac{d_1}{d_2}$ gebracht worden. Für $n = 100$ und $n = 200$ ist Gl. (69) in Abb. 58 schaubildlich dargestellt. Bei $n = 100$ handelt es sich bereits um eine sehr rohe Werkstattarbeit. So würde ein Läufer von 500 mm Dmr. bereits bei $n = 100$ ein Spiel von 5 mm aufweisen. Mit dieser Zahl dürfte auch der ungeschicktesten Blechschusterei Rechnung getragen sein.

Man erkennt aus Abb. 58, daß bei $\frac{d_1}{d_2} = 0{,}68$ und $n = 100$ der Spaltverlust bereits 8 vH der Gesamtleistung ausmacht, während bei $n = 200$ (eine Zahl, die auch noch keine großen Anforderungen an die Werkstatt stellt) erst von $\frac{d_1}{d_2} = 0{,}5$ ab ein ähnlicher Verlust auftritt. Oberhalb dieser Werte ist der Spaltverlust sehr klein. Die Berechnung bestätigt also die Berechtigung der im Ventilatorenbau üblichen Gepflogenheit, von besonderen Dichtungen meist Abstand zu nehmen. Wird $\frac{d_1}{d_2}$ kleiner wie $\sim 0{,}6$, so ist auf engen Spalt großer Wert zu legen. Wird auf hohen Wirkungsgrad gesehen, so lohnen sich bereits bei $\frac{d_1}{d_2} \sim 0{,}6$ Labyrinthdichtungen[1].

30. Leitkanalverluste.

Die kinetische Energie $\frac{c_3^2}{2g} \cdot \gamma$ der aus dem Laufrad austretenden Luft muß in Leitvorrichtungen in Druck umgesetzt werden. Bei Ventilatoren wird diese Verzögerung meist durch ein Spiralgehäuse erreicht. Es handelt sich um einen verhältnismäßig verlustreichen Vorgang, weshalb man bei guten Ausführungen bestrebt ist, den Anteil dieser kinetischen Energie am Gesamtdruck gering zu halten. Diese Forderung ist identisch mit möglichst großem Reaktionsgrad. Da über die Gestaltung der Leitkanäle an anderer Stelle (S. 101) das Nötige zusammengestellt wird, sollen hier nur die Verluste behandelt werden. Sofern — was vorausgesetzt werden soll — die Erweiterung der Leitkanäle so klein ist, daß keine Ablösung der Strömung auftritt, kann der Druckverlust im Leitkanal angesetzt werden zu

$$\Delta p_4 = \frac{\varrho}{2} \left[c_3^2 - c_4^2\right] \cdot (0{,}3 \div 0{,}4)$$

(c_4 Austrittsgeschwindigkeit aus dem Gebläse, im allgemeinen gleich der Eintrittsgeschwindigkeit).

Beziehen wir, um einfachere Aussagen zu erhalten, den Verlust nur auf $\frac{\varrho}{2} c_3^2$, so kann die Konstante etwas kleiner gewählt werden:

$$\Delta p_4 = \frac{\varrho}{2} c_3^2 \cdot (0{,}2 \div 0{,}3)\,. \tag{70}$$

Wir begehen keinen allzu großen Fehler, wenn wir c_3 durch c_{3u} ersetzen, da die Neigung, unter der c_3 austritt, im allgemeinen klein ist ($\alpha_3 < 20°$). Gleichzeitig wollen wir wieder in Übereinstimmung mit den übrigen Berechnungen auch diesen Verlust auf den tatsächlichen Gesamtdruck $\Delta p = \psi \frac{\varrho}{2} u_2^2$ beziehen.

$$\frac{\Delta p_4}{\Delta p} = \frac{1}{\psi} \left(\frac{c_{3u}}{u_2}\right)^2 \cdot (0{,}2 \div 0{,}3)\,.$$

[1] Eingehende Ausführungen über die Gestaltung und Berechnung von Labyrinthdichtungen finden sich in Eck-Kearton: Turbogebläse und Kompressoren.

Ersetzen wir noch im Einklang mit Gl. (10) $\frac{c_{3u}}{u_2} = \frac{\psi}{2\,\eta_{\text{hydr}}}$ so ergibt sich:

$$\frac{\Delta p_3}{\Delta p} = (0{,}2 \div 0{,}3)\,\frac{\psi}{4\,\eta_{\text{hydr}}^2}\,. \tag{71}$$

Dieser Verlust ist somit direkt proportional ψ. Bei den großen ψ-Werten, die bei Ventilatoren üblich sind, ist somit die richtige Gestaltung der Leitkanäle überaus wesentlich.

31. Verluste durch zu großen Schaufeldruck bzw. durch zu kleine Schaufelzahl.

Während bei Kreiselpumpen die Schaufelzahl wegen der Kavitationsgefahr nicht beliebig vermindert werden kann, bestehen im Gebläsebau keine solchen Beschränkungen. Bei kleineren Schaufelzahlen oder, was dasselbe ist, bei größeren Schaufeldrücken entstehen nun, wie im folgenden gezeigt wird, besondere Verluste, die mit kleinerer Schaufelzahl wachsen. Es fragt sich, ob hierdurch nicht eine untere Grenze der Schaufelzahl vorgeschrieben werden muß.

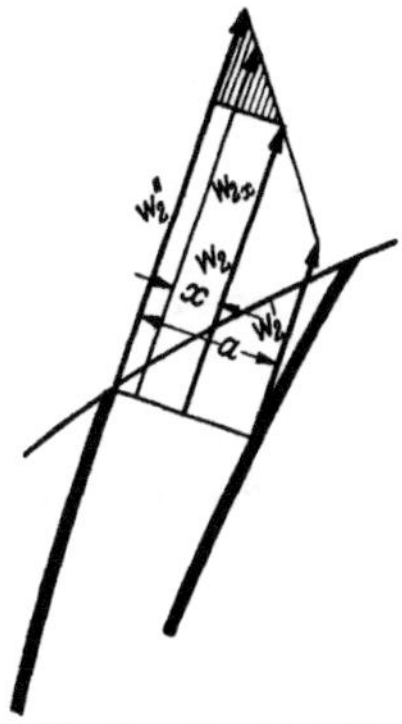

Abb. 59. Geschwindigkeitsverteilung am Schaufelaustritt.

Nach Gl. (34a) ist der Zusammenhang zwischen Schaufeldruck und den Geschwindigkeitsunterschieden bekannt. In erster Näherung kann angesetzt werden

$$\overline{\Delta p} \sim \varrho\, w_2 \cdot \Delta w = \frac{\varrho}{2}\,(w_2''^2 - w_2'^2)\,.$$

Je größer somit die Drücke werden, um so größer werden die Geschwindigkeitsunterschiede im Schaufelkanal. Gleichzeitig steigt die Geschwindigkeit w_2'' auf der Schaufelsaugseite. Diese größere Geschwindigkeit bedingt eine größere Flächenreibung auf der Saugseite. Andererseits wird durch kleinere Schaufelzahl bei sonst gleichen Verhältnissen die Reibungsfläche geringer. Da diese Einflüsse sich entgegenwirken, dürften sie sich in erster Näherung aufheben. Eine zahlenmäßige sichere Verfolgung ist zudem nicht möglich.

Auf eine weitere Verlustquelle sei jedoch aufmerksam gemacht, auf die man bisher nicht geachtet hat. Abb. 59 zeigt das schon früher entwickelte Bild über die Verhältnisse im Schaufelendquerschnitt. Der Geschwindigkeitsunterschied Δw wächst mit kleiner werdender Schaufelzahl. Nun muß sich die Strömung nach Verlassen des Schaufelrades wieder auf einen Mittelwert w_2 ausgleichen. Nehmen wir einmal an — der Einfluß der Schaufelminderleistung soll bei dieser Berechnung vernachlässigt werden —, daß der Mittelwert w_2 wieder erreicht worden ist. Von der Druckseite bis zur Mitte hat dann eine Beschleunigung stattgefunden; hierbei sind keine Verluste zu erwarten. Anders in der andern Schaufelkanalhälfte, wo die Luft verzögert wird. Diese Verzögerung findet mehr oder weniger stoßartig statt; der hierbei auftretende Druckverlust ist bei einer Verzögerung von w_{2x} auf w_2 nach dem Carnotschen Satz zu $\frac{\varrho}{2}\,(w_{2x} - w_2)^2$ zu berechnen. Da die Geschwindigkeitsverteilung nach früherem ziemlich genau linear verläuft, ist die Integration der Verluste leicht durchzuführen. Bezeichnen wir den auf die Gesamtmenge bezogenen Druckverlust mit $\overline{\overline{\Delta p}}$, so er ergibt sich:

$$\overline{\overline{\Delta p}} \cdot a \cdot b \cdot w_2 = \int\limits_0^{\frac{a}{2}} \frac{\varrho}{2}\,(w_{2x} - w_2)^2\, b \cdot w_{2x} \cdot \mathrm{d}x\,;\quad \overline{\overline{\Delta p}} = \frac{1}{a}\,\frac{\varrho}{2}\,\frac{1}{w_2} \int\limits_0^{\frac{a}{2}} (w_{2x} - w_2)^2\, w_{2x}\,\mathrm{d}x\,.$$

Aus Abb. 59 erhält man leicht

$$w_{2x} - w_2 = \frac{x}{a} \cdot \varDelta w .$$

Nach Ersatz von w_{2x} durch x ist die Integration leicht durchführbar. Man erhält:

$$\overline{\overline{\varDelta p}} = \frac{\varrho}{2} \varDelta w^2 \frac{1}{24} \left[1 + \frac{1}{64} \frac{\varDelta w}{w_2}\right] \sim \frac{\varrho}{2} \varDelta w^2 \cdot \frac{1}{24} . \tag{72}$$

Hier wurde der zweite Ausdruck in der [ ] vernachlässigt.

Den Wert $\varDelta w$ wollen wir nun durch die Abmessungen des Rades bzw. durch ψ-Werte ersetzen. Aus Gl. (34) und (34a) ergab sich bereits früher für den mittleren Schaufeldruck:

$$\overline{\varDelta p} = \varDelta p \frac{V}{S \cdot z \cdot \omega} .$$

Unter Berücksichtigung von $\overline{\varDelta p} = \varrho \cdot w_2 \cdot \varDelta w_2$ entsteht:

$$\varDelta w = \varDelta p \frac{V}{\varrho \cdot S \cdot z \cdot \omega \cdot w_2} .$$

Hier ersetzen wir $V = a \cdot b_2 \cdot w_2 \cdot z$ und nach S. 32

$$S = \frac{1}{4} d_2^2 \cdot b_2 \left[1 - \frac{d_1}{d_2}\right] .$$

Nach Einsetzen entsteht:

$$\varDelta w = \varDelta p \frac{a}{d_2} \frac{1}{\frac{\varrho}{2} u_2 \left[1 - \frac{d_1}{d_2}\right]} .$$

Dieses $\varDelta w$ setzen wir in Gl. (72) ein und ersetzen den Gesamtdruck des Gebläses durch $\varDelta p = \psi \frac{\varrho}{2} u_2^2$. Nach einigen leichten Umformungen erhält man dann den prozentualen Anteil dieses Verlustes am Gesamtdruck:

$$\frac{\overline{\overline{\varDelta p}}}{\varDelta p} = \frac{\psi}{96} \left[\frac{a}{r_2 - r_1}\right]^2 . \tag{73}$$

Die [] Klammer enthält leicht zu ermittelnde Konstruktionsdaten des Schaufelkanales.

Bei nach rückwärts gekrümmten Schaufeln ist $\psi \sim 1$ und $\frac{a}{r_1 - r_2} \sim \frac{1}{3}$ so daß: $\frac{\overline{\overline{\varDelta p}}}{\varDelta p} = \frac{1}{96} \frac{1}{9} \sim 0{,}00116$, d. h. rund $^1/_{10}$ vH Verlust. Hier spielt dieser Verlust somit gar keine Rolle.

Anders bei Trommelläufern. Hier werden ψ-Werte bis zu 2,5 erreicht, während der Wert $\frac{a}{r_2 - r_1}$ der Größenordnung nach gleich 1 werden kann. Hiermit wird $\frac{\overline{\overline{\varDelta p}}}{\varDelta p} = \frac{2{,}5}{96} \cdot 1 = 0{,}026$, d. h. es sind immerhin schon 2,6 vH Verluste hier möglich.

Die Untersuchung zeigt, daß von dieser Seite aus kein wesentlicher Einwand gegen kleinere Schaufelzahlen erhoben werden kann. Es ist jedoch anzunehmen, daß bei kleineren Schaufelzahlen unmittelbare Ablösungen auftreten, wodurch Verluste anderer Größenordnung hervorgerufen werden.

32. Wirkungsgrade.

Entsprechend den vielfachen Verlustursachen ist es zweckmäßig, den Wirkungsgrad in mehrfacher Hinsicht zu unterteilen. Unentbehrlich ist z. B. eine derartige Unterteilung, wenn bei Versuchen diesen oder jenen Verlustquellen genauer nachgegangen werden soll oder wenn nur bestimmte Verluste gemessen werden können.

a) Der hydraulische Wirkungsgrad.

Verfolgen wir ein Luftteilchen vom Eintritt bis zum Austritt des Gebläses, so erleidet dieses Teilchen einen Druckverlust Δp_1 im Laufrad und Δp_4 im Leitrad, so daß bei einem tatsächlich erreichten Überdruck Δp in Wirklichkeit vom Laufrad der Druck $\Delta p + \Delta p_1 + \Delta p_4$ aufzubringen ist. Der Wirkungsgrad der hydraulischen Druckerzeugung ist somit:

$$\eta_{\text{hydr}} = \frac{\Delta p}{\Delta p + \Delta p_1 + \Delta p} = \frac{1}{1 + \frac{\Delta p_1}{\Delta p} + \frac{\Delta p_4}{\Delta p}}. \tag{74}$$

Bei nichtstoßfreiem Eintritt kommen noch die Verluste Δp_2 und Δp_3 hinzu. Der hydraulische Wirkungsgrad ist für die Berechnung des Laufrades eine der wichtigsten Größen.

b) Volumetrischer Wirkungsgrad.

Für den bereits oben S. 58 behandelten Spaltverlust führen wir den sog. volumetrischen Wirkungsgrad η_{vol} ein:

$$\eta_{\text{vol}} = \frac{V}{V + V'} = \frac{1}{1 + \frac{V'}{V'}}. \tag{75}$$

η_{vol} gibt an, welcher Anteil von dem durch das Laufrad geförderten Volumen das Gebläse verläßt. Die Werte $\frac{V}{V'}$ wurden bereits in Abschnitt (29) besonders berechnet.

c) Mechanischer Wirkungsgrad.

Mechanische Verluste treten bei Ventilatoren nur in den Lagern auf. Meist finden heute Kugellager Verwendung, bei denen die Reibungsverluste verschwindend gering sind. Nur bei schnellaufenden Gebläsen kommen druckölgeschmierte Lager oder Ringschmierlager in Frage. Sehr oft wird man den mechanischen Verlusten noch die Riemenverluste hinzurechnen, da Ventilatoren häufig mit Riemen angetrieben werden. Wir bezeichnen die mechanischen Verluste in PS mit N_m und beziehen dieselbe im Einklang mit üblichen Gepflogenheiten auf die Wellenleistung N; so entsteht

$$\eta_{\text{mech}} = \frac{N - N_m}{N} = 1 - \frac{N_m}{N}. \tag{76}$$

d) Gesamtwirkungsgrad.

Das Verhältnis von tatsächlicher Luftleistung zur Wellenleistung N nennt man Gesamtwirkungsgrad $\eta_{ges} = \frac{V \cdot \Delta p}{75 \cdot N}$. Es ist die Größe, die bei Versuchen meist direkt bestimmt werden kann. Im Nenner steht somit die Nutzleistung zusätzlich aller Verluste, zu denen außer den vorhin erwähnten noch die Radscheibenreibung N_r zu rechnen ist. Wir erhalten:

$$\eta_{ges} = \frac{V \cdot \Delta p}{(V + V')\,[\Delta p + \Delta p_1 + \Delta p_2 + \Delta p_3 + \Delta p_4] + N_m \cdot 75 + N_r \cdot 75},$$

$$\eta_{ges} = \frac{1}{\left(1 + \frac{V'}{V}\right)\left[1 + \frac{\Delta p_1}{\Delta p} + \frac{\Delta p_2}{\Delta p} + \frac{\Delta p_3}{\Delta p} + \frac{\Delta p_4}{\Delta p}\right] + \frac{N_m \cdot 75}{V \cdot \Delta p} + \frac{N_r \cdot 75}{V \cdot \Delta p}}. \tag{77}$$

Im Nenner fallen die Werte Δp_2 und Δp_3 weg, wenn die Fördermenge des stoßfreien Eintritts gemeint ist.

Setzen wir η_v; η_{hydr}; η_{mech} und ζ ein so erhalten wir:

$$\eta_{ges} = \frac{1}{\frac{1}{\eta_v} \cdot \frac{1}{\eta_{hydr}} + \frac{1}{\eta_{ges}} - \frac{1}{\eta_{ges}} \cdot \eta_{mech} + \zeta}. \tag{78}$$

Wir wollen hieraus den wichtigen hydraulischen Wirkungsgrad η_{hydr} berechnen.

$$\eta_{hydr} = \frac{\eta_{ges}}{\eta_{mech} - \zeta \cdot \eta_{ges}} \cdot \frac{1}{\eta_{vol}}. \tag{79}$$

Es sei z. B. ein $\eta_{ges} = 0{,}65$ festgestellt worden. Nach Abb. 53 sei $\zeta = 0{,}04$ und nach Abb. 58 $\eta_{vol} = 0{,}97$ bestimmt worden: dann ergibt sich $\eta_{hydr} = 0{,}708$. Dieser Wirkungsgrad ist größer, als wenn alle Wirkungsgrade multiplikativ zusammengesetzt würden.

33. Einfache Bestimmung des hydraulischen Wirkungsgrades.

Beim ungekühlten Gebläse ist eine einfache thermodynamische Bestimmung des hydraulischen Wirkungsgrades möglich. Die Druckerhöhung im Gebläse bewirkt eine wenn auch kleine Verdichtung. Die hierzu notwendige Arbeitsleistung ist nach den Gesetzen der Thermodynamik leicht berechenbar mit Hilfe der Temperaturen[1]. Ohne Verluste wäre die Zustandsänderung rein adiabatisch und die Arbeitsleistung für 1 kg Luft (in WE ausgedrückt) $Q_{ad} = c_p\,(t_2 - t_1)$, wo t_1 die Eintrittstemperatur und t_2 die Austrittstemperatur bedeutet. Infolge der inneren Verluste wird die tatsächliche Endtemperatur t_2' größer als t_2 sein. Der Vorgang ist polytropisch; die Arbeitsleistung WE ist dann

$$Q_{polytr} = c_p\,(t_2' - t_1).$$

[1] Eine eingehende Behandlung der bei Hochdruckgebläsen vorkommenden thermodynamischen Beziehungen befindet sich in Eck-Kearton: Turbogebläse und Kompressoren. Berlin: Julius Springer 1929.

Als Wirkungsgrad ergibt sich somit:

$$\eta_{\text{ad}} = \frac{Q_{\text{ad}}}{Q_{\text{polytr}}} = \frac{t_2 - t_1}{t_2' - t_1}. \tag{80}$$

Die Temperaturen t_1 und t_2' sind meßbar, während t_2 leicht zu berechnen ist. Bei der Adiabate ergibt sich für das Verhältnis der absoluten Temperaturen:

$$\frac{T_2}{T_1} = \frac{273 + t_2}{273 + t_1} = \left(\frac{p_2}{p_1}\right)^{\frac{\varkappa - 1}{\varkappa}}.$$

Da es sich bei Ventilatoren nur um kleine Überdrücke handelt, soll die letzte Gleichung nach $\frac{\Delta p}{p_1}$ entwickelt werden:

$$\frac{T_1 + \Delta T}{T_1} = \left(\frac{p_1 + \Delta p}{p_1}\right)^{\frac{\varkappa - 1}{\varkappa}},$$

$$\left(1 + \frac{\Delta T}{T_1}\right) = \left(1 + \frac{\Delta p}{p_1}\right)^{\frac{\varkappa - 1}{\varkappa}} \sim 1 + \frac{\varkappa - 1}{\varkappa} \frac{\Delta p}{p_1},$$

$$\Delta T = T_1 \frac{\varkappa - 1}{\varkappa} \frac{\Delta p}{p_1}. \tag{81}$$

Für $T_1 = 273 + 15$ und $p_1 = 10000\ \text{kg/m}^2$ ergibt sich:

$$\Delta T = \frac{\Delta p \text{ mm WS}}{121{,}5}. \tag{82}$$

Für je 121,5 mm WS ergibt sich somit bereits 1° C adiabatische Temperaturerhöhung. Mit Zehntel-Grad-Thermometern sind Temperaturunterschiede dieser Größenordnung durchaus zuverlässig meßbar, sofern bei Verwendung von zwei Thermometern vorher in einem Wasserbad eine genaue Eichung stattgefunden hat.

Die Wärmeausstrahlung des Gebläses nach außen beeinträchtigt die Messung etwas bei hohen Drücken. Bei Ventilatoren ist diese Ausstrahlung vernachlässigbar klein.

Es dürfte dies die einfachste Wirkungsgradbestimmung sein, die überhaupt durchführbar ist. Erstaunlich ist die Unkenntnis dieses Verfahrens in der Praxis und die seltene Benutzung desselben.

Beispiel: An einem Gebläse im Laboratorium des Verfassers wurde ein $\Delta p = 280$ mm WS gemessen: die Eintrittstemperatur betrug $t_1 = 13°$, die Austrittstemperatur $t_2' = 16{,}5°$, d. h. $\Delta T = 3{,}5°$. Danach wird nach Gl. (82) $\Delta T = \frac{280}{121{,}5} = 2{,}3°$; somit wird

$$\eta_{\text{hydr}} \sim \eta_{\text{ad}} = \frac{2{,}3}{3{,}5} = 0{,}658.$$

VII. Günstigste Gestaltung des Laufrades.

34. Fragestellung.

Wie muß ein Laufrad gestaltet werden, damit ein möglichst günstiger Wirkungsgrad erreicht wird? Diese Frage ist beherrschend für den ganzen Entwurf eines Gebläses. Eine Erweiterung dieser Frage ist mitunter ebenfalls nicht unwichtig. Das Gebläse soll eventuell bestimmte Betriebseigenschaften aufweisen. Ist es nun möglich, auf diese Fragen eine den Praktiker befriedigende Antwort zu erteilen?

Die Schwierigkeiten, die einer solcher Erörterung entgegenstehen, werden erst klar, wenn man die Anzahl der Parameter übersieht, die die Verluste im Gebläse beeinflussen. Dies sind folgende:

1. Verhältnis von Eintritts- und Austrittsdurchmesser $\frac{d_1}{d_2}$.
2. Drehzahl n.
3. Eintritts- und Austrittsbreite b_1 und b_2.
4. Schaufelwinkel β_1 und β_2.
5. Schaufelzahl z.
6. Schaufelform.
7. Gestaltung der Leitvorrichtungen.

Es ergeben sich bedeutend mehr Kombinationsmöglichkeiten wie bei Schraubengebläsen, bei denen eine ziemlich gute Beantwortung dieser Fragen gelingt. Gegenüber den Schraubengebläsen kommt noch erschwerend hinzu, daß die Verluste weder zahlenmäßig noch physikalisch annähernd so genau bekannt sind.

Wenngleich das Problem unüberwindliche Schwierigkeiten zu bereiten scheint, ist es für die Praxis von zu großer Bedeutung, als daß nicht versucht werden müßte, wenigstens gewisse Richtlinien zu finden.

35. Günstige Eintrittsbreite b_1.

Eine zwingende Bedingung für die größtmögliche Eintrittsbreite ist leicht anzugeben. Die Einführung der Luft in das Laufrad bedingt eine Umlenkung um 90° aus dem axial gerichteten Saugrohr. Bei der Umlenkung liegen ähnliche Verhältnisse vor wie bei einem Krümmer. Der innere Krümmungsradius ist bei Gebläsen nie sehr groß, weil einfach der Platz hierzu fehlt; bei Ventilatoren wird sogar oft, um Kosten zu sparen, überhaupt auf eine Abrundung verzichtet. Im allgemeinen wird bei einer solchen Umlenkung ebenso wie bei einer kleinen Abrundung die Strömung abreißen, wie in Abb. 60 angedeutet ist. Dies ist nun außerordentlich nachteilig, und zwar nicht wegen des direkten Krümmerverlustes als solchem, der prozentual gering sein kann, sondern wegen der indirekten Beeinflussung des Laufrades. Da bei einer

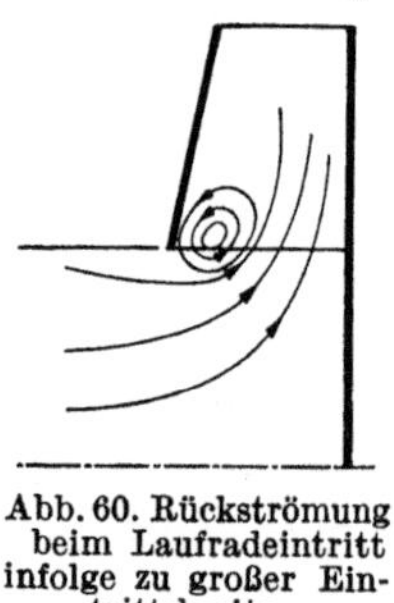

Abb. 60. Rückströmung beim Laufradeintritt infolge zu großer Eintrittsbreite.

Ablösung nur ein Teil der Eintrittsbreite b_1 mit aktiver Strömung ausgefüllt wird, ergibt sich für diesen Teil eine bedeutend größere Meridiangeschwindigkeit, wie bei der Rechnung vorausgesetzt wurde. Dadurch entsteht ein heftiger Stoß, der gerade an dieser Stelle bei normaler Fördermenge höchst unerwünscht ist. In dem übrigen Teil der Eintrittsbreite entsteht sogar eine Rückströmung. Die Luft strömt aus dem Laufrad in das Saugrohr zurück, ein Vorgang, der mit großen Energieverlusten verbunden ist.

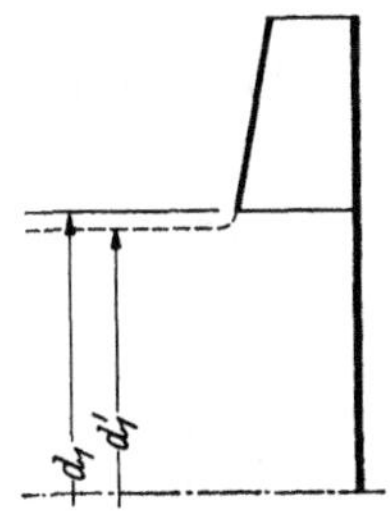

Abb. 61.

Um diese sehr nachteiligen Einflüsse auf das Laufrad zu vermeiden, muß die Ablösung der „Krümmerströmung" verhindert werden. **Die wirksamste Maßnahme gegen die Ablösung an dieser Stelle besteht in einer Beschleunigung der Hauptströmung.** Der Ringquerschnitt $\pi d_1 \cdot b_1$ muß also kleiner sein als der Saugrohrquerschnitt $\frac{\pi}{4} d_1^2$. Nach den vorliegenden Erfahrungen darf eine 20%ige Verengung als genügend betrachtet werden:

$$\frac{\pi}{4} d_1^2 = 1{,}2 \cdot \pi d_1 \cdot b_1 ,$$

$$b_{1\,\max} = \frac{d_1}{4{,}8} . \qquad (83)$$

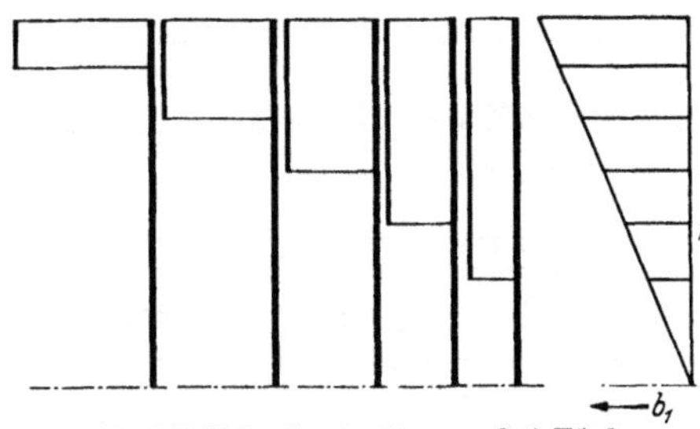

Abb. 62. Mögliche Laufradformen bei Förderung einer 20% beschleunigten Hauptströmung.

Diese Forderung muß auch noch aufrechterhalten werden, wenn nach Abb. 61 die Eintrittskante abgerundet wird. Wenn wir annehmen, daß jetzt vielleicht eine 10%ige Beschleunigung ausreicht, so wird zwar der Saugrohrdurchmesser d_1' kleiner als vorher ($d_1' = 0{,}95 \cdot d_1$), doch wird es nicht immer möglich sein, die Schaufeln bis in die Krümmung hereinzuziehen, so daß im großen und ganzen keine Änderung eintritt. Wir wollen deshalb Gl. (83) unseren Berechnungen allgemein zugrunde legen.

Gl. (83) bedeutet schon eine große Einschränkung in der Wahl der äußeren Laufradformen. In Abb. 62 ist die durch Gl. (83) dargestellte Gerade eingezeichnet. Die möglichen Laufräder bei Annahme paralleler Deckscheiben sind ebenfalls in Abb. 62 für verschiedene Werte $\frac{d_1}{d_2}$ schematisch dargestellt.

Die Betrachtung ist unabhängig davon, wie groß die Geschwindigkeit im Saugrohr ist.

Betrachtet man unter dem hier behandelten Gesichtspunkt die im Ventilatorenbau üblichen Konstruktionen, so lassen sich gegen viele Ausführungen trotz einer langjährigen Entwicklung Bedenken nicht unterdrücken. Besonders gilt dies von den sog. Trommelläufern, die auch nach dem Erfinder sehr oft Sirocco-Läufer genannt werden.

36. Günstigster Eintrittsdurchmesser, bester Eintrittschaufelwinkel.

Unter Beachtung der vorhin abgeleiteten Bedingung bleibt noch eine große Auswahl von Laufradformen übrig. Nach welchen Gesichtspunkten soll insbesondere das Durchmesserverhältnis $\frac{d_1}{d_2}$ gewählt werden? Es ist zu vermuten, daß die Laufradverluste von $\frac{d_1}{d_2}$ stark abhängen, wie ja bereits die Berechnungen von S. 55 gezeigt haben.

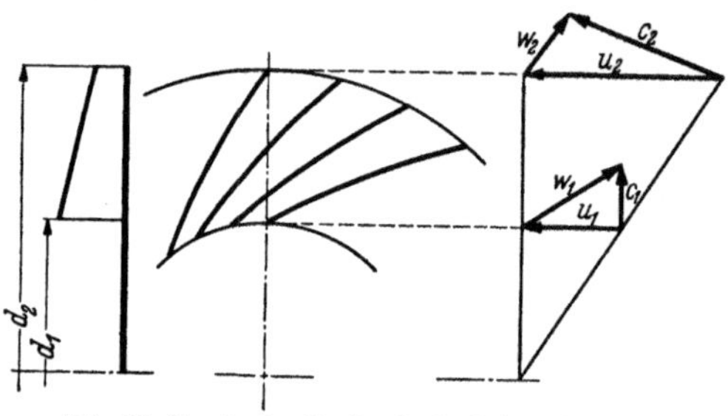

Abb. 63. Laufrad mit Geschwindigkeitsdreiecken.

Da die größte Geschwindigkeit, die im Laufrad überhaupt auftritt, die relative Eintrittsgeschwindigkeit w_1 ist, werden wir dieser Größe die größte Aufmerksamkeit schenken müssen.

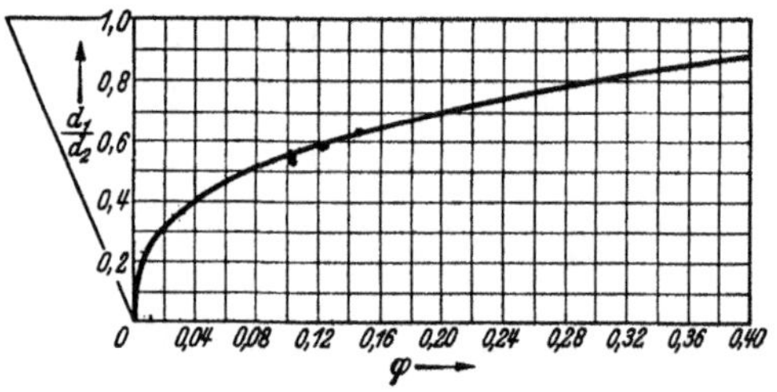

Abb. 64. Bestwerte von $\frac{d_1}{d_2}$ in Abhängigkeit von φ.

Die einfachste Annahme besteht nun darin, daß für w_1 ein möglichst kleiner Wert verlangt wird. Dies bedeutet, daß wir uns bei dieser Betrachtung die Annahme nach Gl. (62) zu eigen machen. Tatsächlich ist nun — wie im folgenden gezeigt wird — ein solches Minimum von w_1 zu finden.

Nach Abb. 63 erhalten wir: $w_1^2 = u_1^2 + c_{1m}^2$. Die Fördermenge V ersetzen wir nach Gl. (51) S. 48 durch: $V = \pi d_1 \cdot b_1 \cdot c_{1m} = \varphi \frac{\pi d_2^2}{4} \cdot u_2$; aus Gl. (83) entnehmen wir noch $b_1 = \frac{d_1}{4,8}$, hieraus entsteht:

$$c_{1m} = u_2 \cdot 1,2 \cdot \varphi \cdot \left(\frac{d_2}{d_1}\right)^2.$$

Gleichzeitig ersetzen wir: $u_1 = u_2 \cdot \frac{d_1}{d_2}$; in w_1^2 setzen wir dann die Werte für u_1 und c_{1m} ein

$$w_1^2 = u_2^2 \left(\frac{d_1}{d_2}\right)^2 + u_2^2 \cdot 1,44 \cdot \varphi^2 \cdot \left(\frac{d_2}{d_1}\right)^4 = u_2^2 \left[1,44 \frac{\varphi^2}{\left(\frac{d_1}{d_2}\right)^4} + \left(\frac{d_1}{d_2}\right)^2\right].$$

Damit kennen wir w_1^2 in Abhängigkeit von $\frac{d_1}{d_2}$. Bei konstantem u_2 und gegebenem φ läßt sich leicht ein Minimum von w_1 finden.

$$\frac{d\,w_1^2}{d\left(\frac{d_1}{d_2}\right)} = u_2^2\left[-\frac{4\cdot 1{,}44\cdot\varphi^2}{\left(\frac{d_1}{d_2}\right)^5} + 2\frac{d_1}{d_2}\right] = 0\,.$$

Hieraus:

$$\left(\frac{d_1}{d_2}\right)^6 = 2{,}88\cdot\varphi^2$$

$$\frac{d_1}{d_2} = 1{,}194\sqrt[3]{\varphi}\,;\qquad \varphi = \frac{1}{1{,}7}\left(\frac{d_1}{d_2}\right)^3 \tag{84}$$

Damit ist eine Beziehung zwischen $\frac{d_1}{d_2}$ und φ gefunden. In Abb. 64 ist Gl. (84) schaubildlich dargestellt; ebenfalls nach Gl. (83) die zugehörige Laufradbreite $b_1 = \frac{d_1}{4{,}8}$.

Auch der zugehörige Schaufelwinkel β_1 ist nun leicht zu ermitteln. Wir erhalten für: $u_1 = u_2\cdot\frac{d_1}{d_2} = u_2\cdot 1{,}194\sqrt[3]{\varphi}$; Gl. (84) setzen wir in

$$c_{1m} = u_2\,1{,}2\cdot\varphi\left(\frac{d_2}{d_1}\right)^2$$

ein.

$$\left.\begin{aligned} c_{1m} &= 1{,}2\cdot u_2\cdot\varphi\,\frac{1}{\sqrt[3]{2{,}88}\cdot\varphi^{2/3}} = \frac{1{,}2}{\sqrt[3]{2{,}88}}\cdot u_2\cdot\sqrt[3]{\varphi}\\ \operatorname{tg}\beta_1 &= \frac{c_{1m}}{u_1} = \frac{1}{\sqrt{2}}\,;\qquad \beta_1 = 35{,}4^\circ. \end{aligned}\right\} \tag{84a}$$

Der beste Eintrittswinkel β_1 ist somit unabhängig von $\frac{d_1}{d_2}$ und φ und gilt für alle Laufräder.

Die genauere Betrachtung der Laufradverluste nach Gl. (64) zeigte bereits, daß dieselben außer von w_1 noch von $\frac{l}{4\frac{F}{u}}$ und damit von $\frac{d_1}{d_2}$ abhängen. Mit kleiner werdendem $\frac{d_1}{d_2}$ wurde $\frac{l}{4\frac{F}{u}}$ größer. Dies ist verständlich, da bei kleiner werdendem $\frac{d_1}{d_2}$ die Schaufelkanäle enger und länger werden. Die Nichtbeachtung dieser Abhängigkeit beeinflußt das Resultat in dem Sinne, daß Gl. (84) einen etwas zu kleinen Wert von $\frac{d_1}{d_2}$ angibt, während gleichzeitig der Winkel β_1 nach Gl. (84a) etwas zu groß ist. In jedem Falle ergibt die vorliegende Berechnung eine untere Grenze für $\frac{d_1}{d_2}$ an und einen Größtwert von β_1. Die Gl. (84) und (84a) werden deshalb zweckmäßig durch folgende Empfehlung ersetzt:

$$\beta_1 \leqq 35{,}4^\circ. \tag{85}$$

$$\frac{d_1}{d_2} \geqq 1{,}194\sqrt[3]{\varphi}\,. \tag{86}$$

Bemerkenswert ist auch der größte φ-Wert, der bei einem Radialrad erreicht werden kann. Setzen wir bei einem sog. Trommelläufer bei extrem vielen, kleinen Schaufeln: $\frac{d_1}{d_2} \sim 1$, so entsteht:

$$\varphi_{\max} = \frac{1}{1{,}194^3} = 0{,}588 \sim \underline{0{,}6}\,.$$

Anmerkung: Die Verengung der Schaufelkanäle durch die Schaufelstärke bedingt eine Erhöhung von w_1 gegenüber unserer Rechnung nach den Ausführungen von S. 54; da sich diese Verengung besonders bei kleinen Werten von $\frac{d_1}{d_2}$ bemerkbar macht, ist das Ungleichheitszeichen nach Gl. (86) durchaus angebracht. Eine entgegengesetzte Tendenz tritt auf, wenn bei abweichender Fördermenge die Stoßverluste, die nach Gl. (67) proportional $\left(\frac{d_1}{d_2}\right)^2$ sind, möglichst gering sein sollen. Diese Forderung, die gleichbedeutend mit der Forderung einer flachen Wirkungsgradkurve ist, kann eventuell die obigen Forderungen nach Vergrößerung von $\frac{d_1}{d_2}$ kompensieren, so daß oft die Gl. (84a) ohne Vergrößerung von β_1 am Platze sein dürfte.

37. Minimum der Gesamtverluste.

Alle Verluste, die im Gebläse auftreten, interessieren eigentlich nur entsprechend ihrem Gewicht am „Gesamthaushalt" der Maschine. Es ist weniger wichtig, daß diese oder jene Verlustquellen geringer gehalten werden; viel wesentlicher ist es, daß die Gesamtverluste möglichst klein werden. Denn es kann sehr wohl sein, daß durch eine Maßnahme ein Verlust sehr klein wird, dafür aber eine andere Verlustquelle, die prozentual wichtiger ist, bedeutend zunimmt, so daß die Maßnahme keine Verbesserung, sondern eine Verschlechterung bedeutet.

Wenn wir im folgenden unsere Betrachtungen nur auf die Laufradverluste und die Leitkanalverluste ausdehnen, so erlauben wir uns Vernachlässigungen, die gerade bei Ventilatoren durchaus angebracht sind. Denn die Betrachtungen nach S. 50 und 58 haben gezeigt, daß die Spaltverluste und die Radreibungsverluste — kleine Werte von $\frac{d_1}{d_2}$ ausgenommen — im allgemeinen nur eine untergeordnete Rolle spielen.

Noch eine weitere Einschränkung wollen wir uns erlauben. Die Ergebnisse des letzten Abschnittes, in dem durch einige vereinfachende Annahmen die Abhängigkeit $\frac{d_1}{d_2} = f(\varphi)$ gefunden wurde, wollen wir als zahlenmäßig richtig voraussetzen. Dann bleibt eigentlich nur noch der Wert $\psi = \frac{\Delta p}{\frac{\varrho}{2} u_2^2}$ frei wählbar. In Anbetracht der nur ungenauen Kenntnis des λ-Wertes nach Gl. (63) dürfte unsere Annahme in etwa vertretbar sein; wir erreichen gleichzeitig, daß für unsere Rechnung die Anzahl der Parameter sich so verkleinert, daß eine Minimumberechnung tatsächlich durchführbar ist.

Die Laufradverluste waren bereits in Gl. (64) ermittelt worden zu

$$\varDelta p_1 = 1{,}8 \cdot \lambda \frac{1}{\frac{d_1}{d_2}} \left[1{,}675 - 1{,}5 \cdot \frac{d_1}{d_2}\right] \frac{\varrho}{2} w_1^2 .$$

w_1 ersetzen wir durch

$$w_1 = \frac{u_1}{\cos \beta_1} = \frac{u_2}{\cos \beta_1} \cdot \frac{d_1}{d_2} = \sqrt{1{,}5} \cdot u_2 \cdot \frac{d_1}{d_2} .$$

Setzen wir gleichzeitig gemäß den Erwägungen von S. 55 $\lambda = 0{,}06$, so ergibt sich:

$$\varDelta p_1 = 0{,}162 \left[1{,}675 \frac{d_1}{d_2} - 1{,}5 \left(\frac{d_1}{d_2}\right)^2\right] \frac{\varrho}{2} u_2^2 .$$

Ersetzen wir $\frac{\varrho}{2} u_2^2 = \frac{\varDelta p}{\psi}$ und beziehen den Laufradverlust wieder auf den Gesamtdruck $\varDelta p$, so ergibt sich:

$$\frac{\varDelta p_1}{\varDelta p} = \frac{0{,}162}{\psi} \left[1{,}675 \frac{d_1}{d_2} - 1{,}5 \left(\frac{d_1}{d_2}\right)^2\right]. \tag{87}$$

Die Gl. (87) zeigt sehr deutlich, wie die Laufradverluste sich mit $\frac{d_1}{d_2}$ bei konstantem u_2 ändern. Mit größerem $\frac{d_1}{d_2}$ wachsen dieselben. Während der Wert $\frac{l}{4 \frac{F}{u}}$ mit wachsendem $\frac{d_1}{d_2}$ kleiner wurde, nimmt der Gesamtverlust zu, da in Gl. (64) der Wert w_1^2, der sehr stark mit $\frac{d_1}{d_2}$ zunimmt, überwiegt. Betrachten wir somit das Laufrad für sich allein, so ist unbedingt ein möglichst kleines $\frac{d_1}{d_2}$ anzustreben.

Die Leitkanalverluste ergeben sich nach Gl. (71) zu:

$$\frac{\varDelta p_4}{\varDelta p} = \psi \frac{0{,}25}{4 \eta_{\text{hydr}}^2} .$$

Die Summe von Laufrad- und Leitkanalverluste ist nunmehr:

$$\frac{\varDelta p_{\text{Verl}}}{\varDelta p} = \frac{\varDelta p_1 + \varDelta p_4}{\varDelta p} = \frac{0{,}162}{\psi} \left[1{,}675 \cdot \frac{d_1}{d_2} - 1{,}5 \left(\frac{d_1}{d_2}\right)^2\right] + \frac{0{,}25}{4} \frac{\psi}{\eta_{\text{hydr}}^2} .$$

$\frac{d_1}{d_2}$ ersetzen wie nach Gl. (84) durch $\frac{d_1}{d_2} = 1{,}194 \cdot \varphi^{1/3}$

$$\frac{\varDelta p_{\text{Verl}}}{\varDelta p} = \frac{0{,}194}{\psi} [1{,}675 \cdot \varphi^{1/3} - 1{,}79 \, \varphi^{2/3}] + \frac{0{,}25}{4} \frac{\psi}{\eta_{\text{hydr}}^2} .$$

Wir wollen nun die Verluste bei konstanter Kennziffer, d. h. bei konstanter spezifischer Drehzahl betrachten.

Nach Gl. (56) ersetzen wir $\varphi^{1/3} = \sigma^{2/3} \cdot \psi^{1/2}$ und $\varphi^{2/3} = \sigma^{4/3} \cdot \psi$

$$\frac{\Delta p_{\text{Verl}}}{\Delta p} = 0{,}194\,[1{,}675\,\sigma^{2/3} \cdot \psi^{-1/2} - 1{,}79\,\sigma^{4/3}] + \frac{0{,}25}{4}\,\frac{\psi}{\eta^2_{\text{hydr}}}.$$

Bei konstantem σ ergibt sich für ein bestimmtes ψ ein Minimum der Verluste. Wir bilden deshalb

$$\frac{\mathrm{d}\left(\dfrac{\Delta p_{\text{Verl}}}{\Delta p}\right)}{\mathrm{d}\,\psi} = -\,0{,}194 \cdot 1{,}675 \cdot \frac{1}{2}\,\sigma^{2/3} \cdot \psi^{-3/2} + \frac{0{,}25}{4}\,\frac{1}{\eta^2_{\text{hydr}}} = 0\,.$$

Hieraus erhalten wir, wenn wir wieder $\sigma^{2/3} = \dfrac{\varphi^{1/3}}{\psi^{1/2}}$ einsetzen:

$$\frac{\varphi^{1/3}}{\psi^2} = \frac{1}{2{,}6 \cdot \eta^2_{\text{hydr}}}\,; \qquad \varphi^{1/3} = \left(\frac{\psi}{2 \cdot \eta_{\text{hydr}}}\right)^2 \cdot \frac{4}{2{,}6} = \left(\frac{c_{3u}}{u_2}\right)^2 \cdot 1{,}537\,.$$

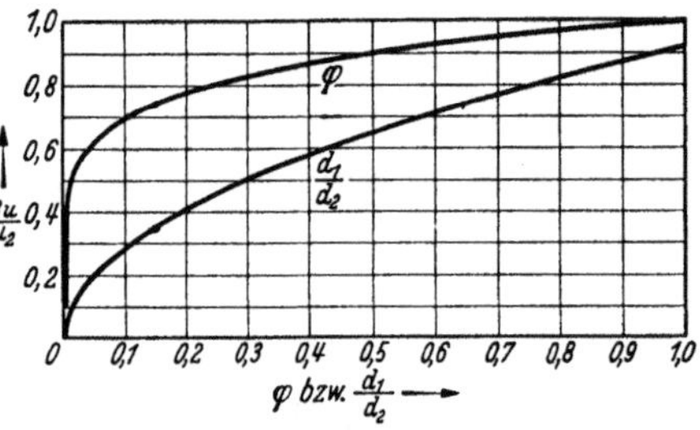

Abb. 65. Bestwerte von $\dfrac{c_{2u}}{u_2}$ und φ in Abhängigkeit von $\dfrac{d_1}{d_2}$.

$$\varphi = 3{,}63\left(\frac{c_{3u}}{u_2}\right)^6. \tag{88}$$

c_{3u} ist nun für den Entwurf weniger wichtig als $c_{2u} = \dfrac{c_{3u}}{\varepsilon}$ wo ε die Minderleistungsziffer infolge endlicher Schaufelzahl bedeutet. Wir wollen einen mittleren Wert $\varepsilon \sim 0{,}8$ einsetzen.

$$\varphi = 0{,}95\left(\frac{c_{2u}}{u_2}\right)^6. \tag{89}$$

Mit großer Annäherung können wir somit schreiben:

$$\varphi \sim \left(\frac{c_{2u}}{u_2}\right)^6. \tag{90}$$

Wir ersetzen φ nach Gl. (84) $\dfrac{d_1}{d_2} = 1{,}194\,\varphi^{1/3}$ und erhalten:

$$\frac{c_{2u}}{u_2} = 0{,}922\sqrt{\frac{d_1}{d_2}}\,. \tag{91}$$

Gl. (89) und (91) ergeben eine Beziehung zwischen $\dfrac{c_{2u}}{u_2}$ bzw. dem φ-Wert und $\dfrac{d_1}{d_2}$. Während im vorigen Abschnitt im wesentlichen das Eintrittsdiagramm festgelegt wurde, ergeben diese Berechnungen die wichtigste Größe des Austrittsdiagramms, nämlich c_{2u} an. Gl. (91) ist in Abb. 65 schaubildlich dargestellt; es ergibt sich eine einfache Parabel. Über $\dfrac{c_{2u}}{u_2}$ ist in Abb. 65 auch der Wert φ gemäß Gl. (89) dargestellt.

Das wichtigste Ergebnis dieser Untersuchungen dürfte die Tatsache sein, daß mit größer werdendem $\dfrac{d_1}{d_2}$, d. h. mit kürzer werdenden

Schaufeln $\frac{c_{2u}}{u_2}$ und damit ψ größer werden muß. Es ist also im Einklang mit diesen Ergebnissen durchaus richtig, wenn im Ventilatorenbau die größten ψ-Werte (über 2) bei Trommelläufern zu finden sind.

Setzen wir nach S. 70 den maximalen φ-Wert in Gl. (89) ein, so erhalten wir $\left(\frac{c_{2u}}{u_2}\right)_{\max} = 0{,}923 \sim 1$. Bei größeren Werten von $\left(\frac{c_{2u}}{u_2}\right)$, d. h. insbesondere bei allen nach vorwärts gekrümmten Schaufeln ist demnach ein Minimum der Verluste nicht mehr möglich. Tatsächlich wachsen nunmehr die Leitkanalverluste wegen der großen ψ-Werte ganz erheblich. Die Wirkungsgrade müssen also kleiner sein, als unterhalb $\frac{c_{2u}}{u_2} \sim 1$, eine Erscheinung, die der Praxis durchaus geläufig ist. In diesem Sinne bilden radial endende Schaufeln die äußerste Möglichkeit, wenn auf guten Wirkungsgrad Wert gelegt wird.

38. Konische oder parallele Deckscheiben?

Es fehlen noch Angaben, nach welchen Gesichtspunkten die Austrittsbreite b_2 bestimmt werden soll. In der Praxis finden sich sowohl Räder, bei denen die Laufradbreite eine merkliche Verjüngung enthält wie solche, bei denen die Deckbleche parallel verlaufen.

Nur im Zusammenhang mit der Schaufelform kann über diese Frage eine Antwort erteilt werden. Maßgebend ist nicht der Meridianquerschnitt, sondern der Schaufelkanal selbst. Im Schaufelkanal verringert sich die Mittelgeschwindigkeit von w_1 auf w_2. Dieser Verzögerung ist beim Entwurf die größte Aufmerksamkeit zuzuwenden. Solange kein zuverlässiges Versuchsmaterial über Ablösungen im rotierenden Diffusorkanal zur Verfügung steht, bleibt nichts anderes übrig, als die bei feststehenden Diffusoren gewonnenen Erkenntnisse sinngemäß zu übertragen. Danach muß dafür gesorgt werden, daß der Erweiterungswinkel 9 bis 12° nicht überschreitet. Trägt man über dem abgewickelten mittleren Stromfaden die Querschnitte bzw. die Durchmesser von Kreisen gleichen Flächeninhaltes auf, so läßt sich diese Erweiterung leicht nachprüfen. Je kürzer die Schaufelkanäle sind, d. h. je größer $\frac{d_1}{d_2}$ ist, um so kleiner wird die Querschnittserweiterung werden. Für allgemeine Aussagen dürfte es deshalb zweckmäßig sein, die zulässige Erweiterung, die durch das Verhältnis $\frac{w_2}{w_1}$ gut gekennzeichnet ist, mit $\frac{d_1}{d_2}$ in Beziehung zu bringen. Als ungefähre Grenze mag folgende Angabe dienen:

$$\frac{w_2}{w_1} \geqq \frac{d_1}{d_2}. \qquad (92)$$

Es soll nachgeprüft werden, welche Laufradformen bei dieser Bedingung unter der Annahme der Ergebnisse nach S. 72 sich ergeben. Wir gehen dabei so vor, daß wir parallele Wände, d. h. $b_1 = b_2$ annehmen und das sich dann ergebende Verhältnis $\frac{w_2}{w_1}$ nachrechnen, um zu sehen, wann die Bedingung nach Gl. (92) nicht erfüllt ist. Aus dem Austrittsdreieck (Abb. 2) erhalten wir $w_2^2 = c_{2m}^2 + (u_2 - c_{2u})^2$, wir setzen hier nach Gl. (91) ein

$$c_{2u} = 0{,}922 \cdot u_2 \sqrt{\frac{d_1}{d_2}},$$

und erinnern uns gleichzeitig nach S. 71 der Beziehung

$$w_1^2 = 1{,}5 \cdot u_2^2 \left(\frac{d_1}{d_2}\right)^2.$$

Dann erhalten wir nach einigen Einsetzungen und Umformungen:

$$\left(\frac{w_2}{w_1}\right)^2 = \frac{1}{3}\left(\frac{d_1}{d_2}\right)^2 + \frac{1}{1{,}5}\,\frac{\left(1 - \sqrt{\frac{d_1}{d_2}} \cdot 0{,}922\right)^2}{\left(\frac{d_1}{d_2}\right)^2}.$$

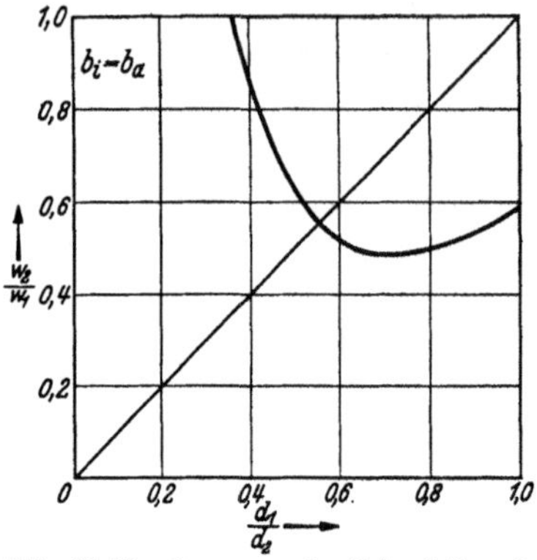

Abb. 66. Verzögerungen im Schaufelkanal bei gleichbleibender Radbreite.

In Abb. 66 ist $\frac{w_2}{w_1}$ in Abhängigkeit von $\frac{d_1}{d_2}$ aufgetragen. Gleichzeitig wurde die Gerade Gl. (92) $\frac{w_2}{w_1} = \frac{d_1}{d_2}$ eingezeichnet. Oberhalb $\frac{d_1}{d_2} = 0{,}56$ ist somit bei parallelen Deckscheiben die Verzögerung zu groß. Von hier ab muß also $b_2 < b_1$ sein, während unterhalb dieses Wertes die Verzögerung nicht zu groß ist, d. h. parallele Deckscheiben würden hier genügen. Abb. 67 zeigt die sich so ergebenden Laufradformen.

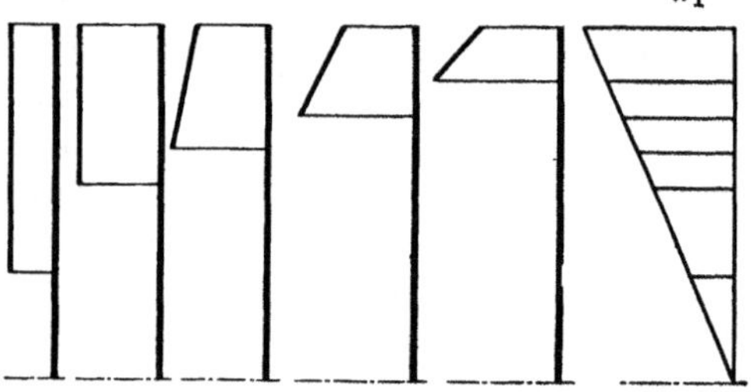

Abb. 67. Laufradformen bei Annahme des Gesetzes $\frac{w_2}{w_1} = \frac{d_1}{d_2}$.

Wie schon früher betont, besitzt die vorher aufgestellte Minimumberechnung nicht den Wert einer zahlenmäßig absolut zu nehmenden Genauigkeit; dafür sind zur Zeit noch zu wenig sichere Unterlagen vorhanden. Das Wertvollste scheint einstweilen die Tendenz zu sein, die in der Rechnung zweifellos zum Ausdruck kommt. In diesem Sinne scheint die Nutzanwendung aus der Rechnung gerechtfertigt, daß das Rad um so mehr konisch auszuführen ist, je größer der Wert $\frac{d_1}{d_2}$ ist. Bei Abweichungen von Gl. (90) und (91) muß selbstverständlich die genaue Durchrechnung des Laufradkanals, insbesondere die Nachprüfung des Wertes $\frac{w_2}{w_1}$ ergeben, in welchem Maße b_2 gegenüber b_1 verkleinert werden muß. Die späteren Zahlenbeispiele zeigen, wie diese Berechnungen durchgeführt werden.

39. Bestimmung der Schaufelform.

Die bisherigen Überlegungen führten zu der Angabe der günstigsten äußeren Laufradformen, sowie des Schaufeleintritts- und Austrittswinkels. Wie soll nun die Verbindung zwischen Eintritt und Austritt gestaltet werden? Bei gegebenen Winkeln β_1 und β_2 besteht noch eine große Auswahl für die Zwischenverbindung.

Die primitivste Methode besteht nun darin, daß man einen Kreisbogen sucht, der auf dem Ein- und Austrittsdurchmesser die gegebenen Winkel β_1 und β_2 gegen den Umfang aufweist. Abb. 68 zeigt eine einfache Konstruktion dieses Kreises[1]. Im Mittelpunkt 0 legt man einen Winkel $\beta_1 + \beta_2$ an. Die Schnittpunkte mit dem inneren und dem äußeren Kreis B und C verbindet man bis A. AB ist dann die Sehne des gesuchten Kreisbogens. Legt man in B noch den Winkel β_2 an, so schneidet der Schenkel dieses Winkels die Mittelsenkrechte der Sehne AB im Punkte P des gesuchten Kreismittelpunktes.

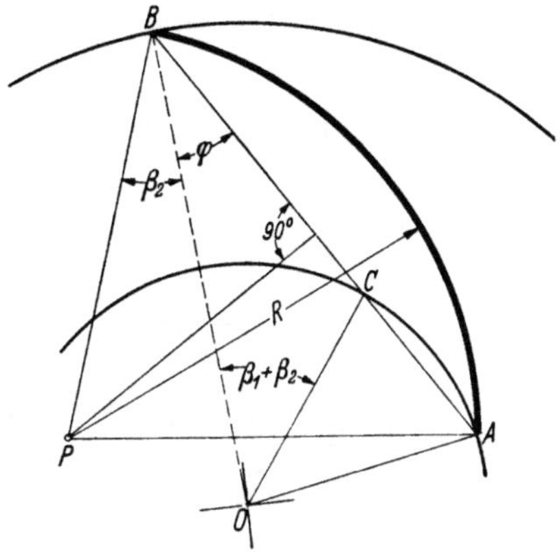

Abb. 68. Konstruktion der Schaufel aus einem Kreisbogen bei gegebenem Ein- und Austrittswinkel.

Der Nachteil der Kreisbogenschaufel besteht darin, daß am Eintritt nicht die Krümmung der wirkungslosen Schaufel vorhanden ist. Die Krümmung ist hier zu klein, womit gleichzeitig ein etwas kurzer Schaufelkanal entsteht. Um dieses zu vermeiden, schlägt Pfleiderer[2] vor, die Schaufel aus einem kleinen und einem größeren Radius zu bilden. Dies hat indes den Nachteil, daß an der Übergangsstelle ein plötzlicher Sprung der Schaufelkrümmung vorhanden ist. Diese unstetige Stelle bedingt eine sprunghafte Änderung der Zentrifugalkräfte und damit der Drücke. Eine Ablösung kann unter Umständen die Folge sein. Vermieden wird dies bei folgendem Verfahren. Den Eintritt bildet man durch einen Kreisbogen wirkungslos aus. Da nach den Ergebnissen von S. 45 die wirkungslose Kurve am besten durch den Krümmungsradius (Mittelpunkt A) der logarithmischen Spirale angenähert wird, wählen wir diesen Kreis bis zum Querschnitt BC (Abb. 69). Von hier ab setzen wir eine Parabel an, die in C den

[1] Quantz: Kreiselpumpen. Berlin: Julius Springer, 2. Aufl., 1930.
[2] Pfleiderer: Kreiselpumpen. Berlin: Julius Springer, 2. Aufl., 1932.

gleichen Krümmungsradius hat. Dies wird am besten durch Probieren mit einem Kurvenlineal ausgeführt. Der so gewonnene Schaufelkanal wird dann weiter untersucht. Durch Einzeichnen von Kreisen findet man einmal die Breite des Strömungsquerschnitts, sowie den Verlauf des mittleren Fadens. Die Querschnitte, die bei konischen Seitenwänden Trapeze sind, erhält man leicht mit den Durchmessern der eingezeichneten Kreise, sowie den mittleren Breiten. Letztere werden dadurch gewonnen, daß man im Seitenriß für die Kreismittelpunkte die zugehörigen Breiten abgreift. Dann trägt man über dem abgewickelten mittleren Schaufelfaden die Querschnitte auf (Abb. 69). Wesentlich ist,

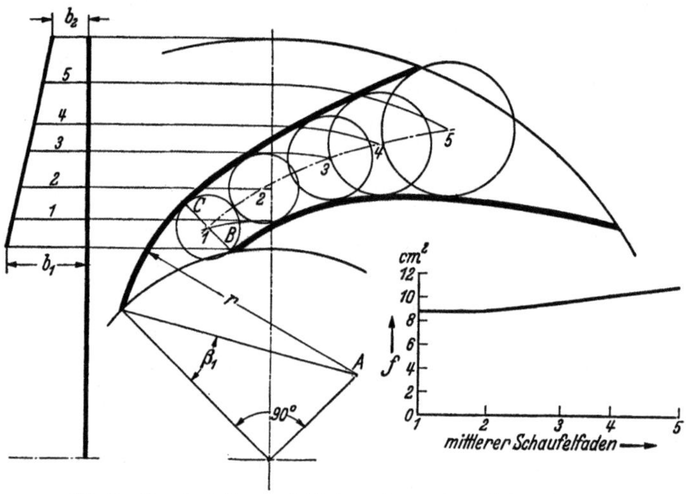

Abb. 69. Konstruktion und Untersuchung eines Schaufelkanales.

daß diese Querschnitte stetig ansteigen. Ist dies nicht der Fall, so muß der Kanal korrigiert werden. Ein starkes Abfallen und nachheriges Wiederansteigen dürfte sehr schädlich sein, da dadurch die Verzögerung an einigen Stellen stärker wird, wie es bei der gegebenen Kanallänge nötig ist. Der Grad der Verzögerung wird am besten dadurch festgestellt, daß man statt der Querschnitte noch die Durchmesser inhaltsgleicher Kreise aufzeichnet und die Neigung dieser Kurve kleiner wie 8 bis 10° gestaltet.

Die Forderung nach stetig sich erweiterndem Querschnitt unter Beachtung der zulässigen Diffusorerweiterung dürfte zur Zeit der einzige sachlich vertretbare Gesichtspunkt für die Dimensionierung der Schaufelkanäle darstellen. Je enger der Schaufelkanal im Verhältnis zur abgewickelten Schaufellänge ist, um so mehr Sorgfalt ist der Kanalgestaltung zu widmen.

Bei wenigen Schaufeln dürften Kreisbogenschaufeln durchaus am Platze sein, da dann die Betrachtungen über den wirkungslosen Eintritt ihren Sinn verlieren. Die Strömungsverhältnisse am Eintritt werden dann immer mehr den Tragflügelströmungen ähnlich.

40. Günstigste Gestaltung von Trommelläufern (Sirocco-Läufern).

Welche größte Luftmenge kann bei gegebenem Raddurchmesser und gegebener Umfangsgeschwindigkeit bei eventuell möglichst großem Überdruck gefördert werden? Im Ventilatorenbau ist diese Frage sehr wichtig, weil es sich oft um Konstruktionen handelt, die nur bei billigem Gestehungspreis verkäuflich sind. Soweit es sich um kleine Leistungen handelt, die, wie z. B. im Lüftungswesen, vielfach nur zeitweise in Betrieb genommen werden, wird man zudem an den Wirkungsgrad nicht die hohen Anforderungen stellen, wie sie sonst im Gebläsebau üblich sind. Aus diesem Grunde ist gerade die obige Frage für den Ventilatorenbau von vitaler Bedeutung. Tatsächlich hat sich die Industrie seit jeher sehr rege mit diesen Grenzkonstruktionen beschäftigt.

Für die größte Ansaugmenge ist nach früheren Ausführungen der Eintrittsdurchmesser entscheidend. Unter Beibehaltung der Forderung nach hinreichender Beschleunigung im Eintrittsquerschnitt (vgl. S. 68) erkennen wir nach Gl. (84) $\frac{d_1}{d_2} = 1{,}194\sqrt[3]{\varphi}$, daß mit wachsendem $\frac{d_1}{d_2}$ der Beiwert φ, der die Fördermenge kennzeichnet, ebenfalls wächst. Die Grenze ist offenbar $\frac{d_1}{d_2} \sim 1$, d. h. der Eintrittsdurchmesser wird hier ungefähr gleich dem Austrittsdurchmesser. Die Anzahl der Schaufeln wird sehr groß sein müssen, um bei der kurzen radialen Erstreckung noch eine gute Führung der Luft zu ermöglichen.

Wie muß nun ein Läufer gestaltet sein, um bei möglichst großem $\frac{d_1}{d_2}$ gute Umsetzungsgrade zu erreichen?

a) Laufradbreite.

Es liegt kein Grund vor, von der Forderung nach Gl. (83) $b_1 = \frac{d_1}{4{,}8}$ abzugehen. Da hier grundsätzlich $b_1 = b_2$ ausgeführt wird, ergibt sich

$$b = \frac{d_2}{4{,}8} \cdot \frac{d_1}{d_2}$$

$$\frac{b}{d_2} = \frac{1}{4{,}8} \cdot \frac{d_1}{d_2}. \quad (93)$$

Nebenstehende Werte können nach dieser Gleichung angegeben werden:

Zahlentafel 2.

$\frac{d_1}{d_2}$	0,8	0,85	0,9	0,95
$\frac{b}{d_2}$	0,1665	0,177	0,1875	0,198

(Oft findet man eine axiale Länge b von $^3/_5$ des Außendurchmessers, d. h. $\frac{b}{d_2} = \frac{3}{5} = 0{,}6$).

Die Nichteinhaltung der vorerwähnten Gesichtspunkte scheint der größte Mangel zu sein, der den meisten der sog. Sirocco-Konstruktionen anhaften dürfte. Abb. 70 zeigt die Gegenüberstellung des nach Gl. (83) entworfenen Läufers mit einer vielfach ausgeführten Konstruktion. Die große Verzögerung bei A verursacht ein Abreißen der Strömung. Es findet eine Rückströmung durch die Laufschaufeln statt. Bei vielen Ausführungen konnten diese Rückströmungen, die den Wirkungsgrad sehr nachteilig beeinflussen, beobachtet werden. Daß man bereits früh diese Erscheinung vermutete, zeigt ein Blick in ältere Patentschriften, wo von positiven und negativen Teilen der Schaufeln die Rede ist[1]. Die Firma Schiele in Eschborn versucht in einer beachtenswerten Konstruktion, den nachteiligen Einfluß zu großer Schaufelbreite durch Schrägstellen zu vermeiden. Es ergeben sich sog. Schrägschaufelgebläse nach Abb. 71. Diese Konstruktion dürfte vielleicht den nachteiligen Einfluß der großen Verzögerung aus verschiedenen Gründen etwas mildern.

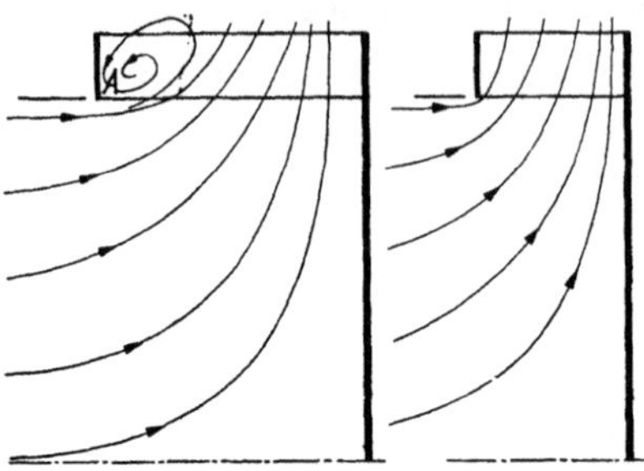

Abb. 70. Gegenüberstellung von zu breitem und richtigem Trommelläufer.

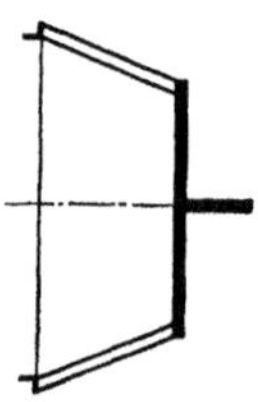

Abb. 71. Schrägschaufelgebläse von Schiele.

Von den zahlreichen Maßnahmen, die zur Abhilfe hier vorgeschlagen und auch teilweise durchgeführt wurden, ist keine vorhanden, die einen grundsätzlichen Erfolg verspricht. Das hier vorliegende Problem: Ablösungsfreie Umlenkung einer verzögerten Strömung um 90° ist erst in jüngster Zeit in wenigen Einzelfällen mit Mitteln der neueren Strömungslehre gelungen. Es wäre nicht reizlos, diese Mittel auf das vorliegende Problem zu übertragen.

b) Schaufelform.

Da der Innendurchmesser des Rades infolge der Forderung eines möglichst großen $\frac{d_1}{d_2}$ in etwa festliegt, verlieren die Betrachtungen nach S. 68, die zur Ermittlung eines günstigsten Schaufelwinkels führten, hier ihren Sinn.

Wir wollen zunächst nach Abb 72 für ein $\frac{d_1}{d_2} = 0{,}85$ bei einem angenommenen Eintrittschaufelwinkel β_1 uns alle möglichen Schaufelkonstruktionen genauer ansehen. Unter der Annahme $b_1 = b_2$ sind in den nebenstehenden Diagrammen die zugehörigen c_u-Werte eingezeichnet.

[1] DRP. 269946.

Da es sich um sehr kurze Schaufeln handelt, wird es kaum möglich sein, in den Schaufelkanälen Verzögerungen der Relativgeschwindigkeit w in nennenswerter Weise zuzulassen. Wir werden deshalb unsere Frage so zu formulieren haben: Welche Schaufelkonstruktionen ermöglichen ein Konstanthalten der Relativgeschwindigkeit w? In Abb. 72 sind die möglichen Fälle untersucht.

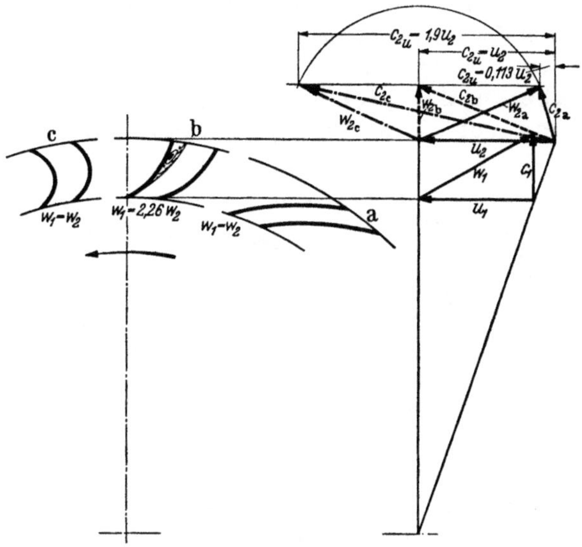

Abb. 72. Untersuchung der verschiedenen Schaufelformen bei Trommelläufern.

1. Rückwärtsgekrümmte Schaufeln (Index a).

Bei $w_1 = w_2$ ergibt sich ein sehr kleines $c_{2u} = 0,113\, u_2$. Eine Verzögerung tritt hier nicht ein; der zugehörige Schaufelkanal ist durchaus in Ordnung. Jedoch ist der erzielbare Druck wegen des kleinen c_u-Wertes so klein, daß diese Aufgabe viel einfacher und besser mit einem Schraubengebläse zu lösen ist.

2. Radial endende Schaufeln (Index b).

Es ergibt sich eine sehr große Verzögerung. Wir erhalten $\frac{w_2}{w_1} = 0,486$, d. h. Werte, die bei Rädern mit kleinstem Innendurchmesser gerade noch möglich wären. Es leuchtet ein, daß diese Ausführungsform hier vollkommen abwegig ist. Die in Abb. 72b angedeutete große Ablösung wird augenscheinlich große Verluste verursachen.

3. Vorwärtsgekrümmte Schaufeln (Index c).

Die Bedingung $w_1 = w_2$ ist hier leicht zu erfüllen. Es ergibt sich eine Schaufelform nach Abb. 72c. Man erhält $c_{2u} \sim 2\, u_2$ d. h. Werte, die eine große Druckumsetzung erwarten lassen. Diese Schaufelform erfüllt deshalb in erfreulicher Weise beide Forderungen, die eingangs gestellt wurden.

In Übereinstimmung mit diesen Überlegungen verwendet die Praxis bei Trommelläufern tatsächlich fast ausschließlich vorwärtsgekrümmte Schaufeln. Es ist der einzige Weg, der hier gangbar ist, weshalb im folgenden nur mehr diese Schaufelform behandelt werden soll.

Wir haben nun die Aufgabe, auf kurzem Wege eine möglichst große Winkeländerung der durchströmenden Luft zu erreichen unter tunlicher Vermeidung von Verzögerungen im Schaufelkanal. Diese Aufgabe liegt beinahe in der gleichen Form bei der Gleichdruckdampfturbine vor. Ein Seitenblick auf dieses Gebiet, wo

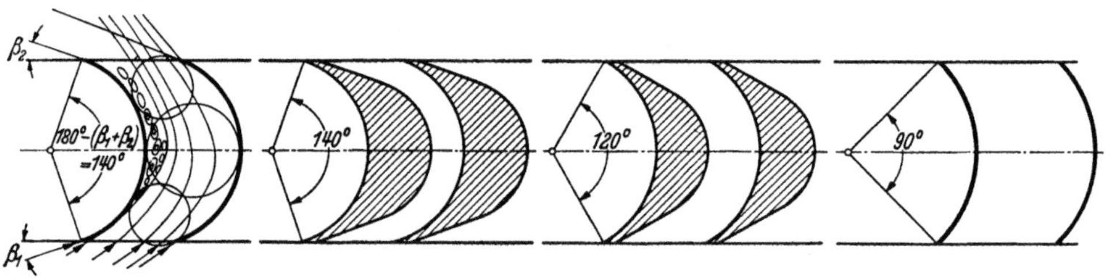

Abb. 73. Gleichdruckdampfturbinen-Schaufeln von verschiedenen Umlenkungswinkeln, profiliert und nichtprofiliert.

ein größeres und zuverlässigeres Maß von Erfahrungen vorliegt, kann deshalb nur von Nutzen sein.

In Abb. 73 sind bewährte Schaufelquerschnitte zusammengestellt, und zwar geordnet nach den Gesamtumlenkungswinkeln $180 - (\beta_1 + \beta_2)$. Je größer dieser Winkel ist, um so mehr muß bekanntlich die Schaufel profiliert werden. Ohne die Verstärkung des Schaufelrückens würde der mittlere Querschnitt des Schaufelkanals eine unzuträgliche Verzögerung und Ablösung nach Abb. 73 links hervorrufen. Je kleiner der Winkel $180 - (\beta_1 + \beta_2)$ wird, um so geringer wird die Querschnittserweiterung, bis schließlich eine Profilierung keinen Zweck mehr hat und einfach gebogene Blechschaufeln genügen. Hier finden wir leicht eine Brücke zu unseren Trommelläufern. Profilierte Schaufeln sind bei Trommelläufern nicht bekannt geworden. Tatsächlich würden solche Schaufeln schon auf Festigkeitsrücksichten gegenüber den üblichen Ausführungen Schwierigkeiten bereiten. (Die Fliehkräfte der langen Schaufeln können selbst bei den jetzigen Blechschaufeln nicht immer in einen einfachen Ring aufgenommen werden, sondern erfordern oft besondere Abstrebungen nach der Nabe hin.) Die Konstruktionen würden wesentlich teurer werden und damit fiele einer der Hauptreize, die zu diesen abnormalen Konstruktionen führen, weg.

Für unsere Anwendungen entsteht somit die Frage: Bis zu welchen Gesamtablenkungswinkeln $180 - (\beta_1 + \beta_2)$ haben sich im Dampfturbinenbau einfach gebogene Schaufeln bewährt? Die Untersuchung einer großen Anzahl von bekannt gewordenen Konstruktionen ergab, daß bei einfachen Blechschaufeln bzw. sehr schwach profilierten Schaufeln der Gesamtablenkungswinkel 90° bei den meisten Ausführungen nicht überstieg.

Es soll deshalb für Trommelläufer folgende Forderung aufgestellt werden:

$$180^\circ - (\beta_1 + \beta_2) < 90^\circ \tag{94}$$

Anmerkung: Zuverlässiges Versuchsmaterial im Sinne der neueren Strömungslehre fehlt leider auch noch im Dampfturbinenbau. In einer interessanten Studie[1] bringt F. Weinig schöne Lösungen für den Fall der reibungsfreien Strömung. Bei Schaufelgittern, die für eine große Winkelablenkung dienen sollen, tritt jedoch, selbst wenn die Mittelgeschwindigkeit nicht beschleunigt ist, an verschiedenen Schaufelstellen eine so starke Verzögerung auf, daß die Reibung sich der Größenordnung nach wesentlich stärker auswirkt, als bei Schaufelgittern mit nur kleiner Ablenkung der Strömung. Im letzteren Fall leistet bekanntlich die Tragflügeltheorie ausgezeichnete Dienste. Nur bei Schraubengebläsen konnten deshalb die Ergebnisse der reibungsfreien Strömung mit Erfolg verwertet werden. Deshalb muß leider gesagt werden, daß bei Schaufelgittern mit so starker Ablenkung wie bei Trommelläufern eine „reibungsfreie Lösung" der Praxis wenig sagen kann und mehr mathematisches Interesse hat.

Es ist sehr zu begrüßen, daß Ackeret[2] in einer höchst interessanten, durch weiten Rückblick und beherrschende Übersicht ausgezeichneten Studie einen neuen Weg zur Untersuchung von Dampfturbinenschaufeln gezeigt hat. Die Schaufeln werden in einem Schaufelgitter so stark vergrößert, daß beim Durchblasen von Luft alle Querschnitte mit Staugeräten leicht ausgemessen werden können. (Tatsächlich ergeben sich bei starker Vergrößerung und Betrieb mit Luft Kennzahlen, die gerade bei den im allgemeinen sehr kleinen Hochdruckschaufeln von Dampfturbinen erreicht werden.) Die Quellen der Verlustbildung können so leicht ermittelt und Abhilfsmaßnahmen bequem studiert werden. Diese neuen Versuchsmethoden, die im Dampfturbinenbau eine neue Entwicklung anzubahnen scheinen, dürften auch im Gebläsebau, wie z. B. bei der Untersuchung von Trommelläuferbeschaufelungen mit Erfolg angewandt werden können.

Unter der Annahme der Gl. (94) sollen die Schaufelwinkel nun berechnet werden. Mit den Bezeichnungen der Abb. 74 berücksichtigen wir zunächst die Kontinuitätsgleichung für Innen- und Außendurchmesser des Läufers. $\pi d_1 \cdot b \cdot w_1 \cdot \sin\beta_1 = \pi d_2 b w_2 \cdot \sin\beta_2$. Lassen wir im Schaufelkanal keine Verzögerung zu, so ergibt sich mit $w_1 = w_2$

$$\sin\beta_2 = \frac{d_1}{d_2} \cdot \sin\beta_1 . \tag{95}$$

Der Austrittswinkel β_2 muß somit etwas kleiner sein, als der Eintrittsschaufelwinkel β_1, wenn wie angenommen keine Verjüngung durch

[1] Weinig, F.: Die Strömung um die Schaufeln von Turbomaschinen. Leipzig: Johann Ambrosius Barth 1935.

[2] Ackeret: Die Verwendung von Luft als Untersuchungsmittel für Probleme des Dampfturbinenbaues. Schweiz. Bauztg. 1934.

konische Deckscheiben vorhanden ist. Bei den verhältnismäßig breiten Schaufeln wird zudem bei der sehr kurzen radialen Tiefe durch eventuelle konische Deckscheiben kaum eine gleichmäßige Beeinflussung der c_m-Komponente zu erwarten sein; tatsächlich besitzen die meisten Ausführungen parallele Begrenzungen.

Unter Berücksichtigung von $\beta_1 + \beta_2 = 90°$ ergibt sich aus Gl. (95)

$$\operatorname{tg}\beta_2 = \frac{d_1}{d_2} \quad \text{und} \quad \operatorname{tg}\beta_1 = \frac{d_2}{d_1}.$$

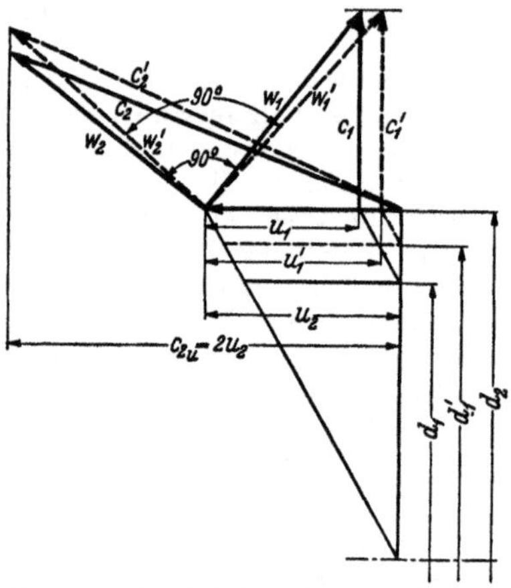

Abb. 74. Geschwindigkeitsdiagramme für zwei Durchmesserverhältnisse bei Annahme von 90° Zentriwinkel für die Schaufeln.

Zur Berechnung von c_{2u} berücksichtigen wir

$$\operatorname{tg}\beta_2 = \frac{c_{2m}}{c_{2u} - u_2} = \frac{d_1}{d_2},$$

hieraus

$$\frac{c_{2u}}{u_2} = 1 + \frac{c_{2m}}{u_2} \frac{1}{\frac{d_1}{d_2}}.$$

Ersetzen wir noch $c_{2m} = c_{1m} \cdot \frac{d_1}{d_2}$ und $u_2 = u_1 \cdot \frac{d_2}{d_1}$ so ergibt sich:

$$\left.\begin{aligned} \frac{c_{2u}}{u_2} &= 1 + \frac{c_{1m}}{u_1} \cdot \frac{d_1}{d_2} = 1 + \\ &+ \operatorname{tg}\beta_1 \cdot \frac{d_1}{d_2} = 1 + \frac{d_2}{d_1} \cdot \frac{d_1}{d_2} = \underline{\underline{2}} \end{aligned}\right\} \qquad (96)$$

d. h. für alle Werte von $\frac{d_1}{d_2}$ ist c_{2u} doppelt so groß wie u_2. Hiermit ist die Konstruktion der Geschwindigkeitsdreiecke sehr einfach, wenn wir noch feststellen, daß $c_{1m} = u_1 \cdot \operatorname{tg}\beta_1 = u_1 \cdot \frac{d_2}{d_1} = u_2$ d. h. konstant und unabhängig von $\frac{d_1}{d_2}$ ist. In Abb. 74 ist das Eintrittsgeschwindigkeitsdiagramm auf einer Grundlinie mit dem Austrittsdiagramm gezeichnet. Es ergibt sich eine einfache geometrische Konstruktion, die in Abb. 74 für zwei beliebige d_1 durchgeführt ist.

c) Schaufelzahl.

Es kann hier nichts besseres getan werden, als die Erfahrungen des Dampfturbinenbaues heranzuziehen. Da die Schaufelzahl als solche nicht das Wesentliche ist, sondern der Schaufelkanal, zieht man zur Beurteilung besser die Teilung heran $t = \frac{\pi d_2}{z}$ und betrachtet ihr Verhältnis zum Krümmungsradius der Schaufel. Stodola gibt $t = 0{,}7\,r$ an, während sich auch andere Empfehlungen, z. B. $t = 1{,}3\,r$ vorfinden. Wir wollen $t = 0{,}7\,r$ hier wählen und als größte Teilung aus verschiedenen Gründen nur $t = r$ zulassen. Mit diesen Angaben läßt sich die Schaufelzahl ausrechnen. Nach Abb. 75 ergibt sich: $r_2 - r_1 = \Delta r = r \cdot \sqrt{2}$ (r ohne Index Schaufelkrümmungsradius)

$$r = \frac{\Delta r}{\sqrt{2}} = \frac{d_2 - d_1}{2\sqrt{2}}; \quad t = 0{,}7 \cdot r = \frac{0{,}7}{2 \cdot \sqrt{2}} (d_2 - d_1); \quad z = \frac{\pi d_2}{t}$$

$$z = \frac{\pi \cdot 2 \cdot \sqrt{2}}{0{,}7} \frac{d_2}{d_2 - d_1} = 12{,}7 \frac{1}{1 - \frac{d_1}{d_2}} \quad (97)$$

für $t = 0{,}7 r$,

$$z = 8{,}88 \frac{1}{1 - \frac{d_1}{d_2}} \quad \text{für } t = r. \quad (98)$$

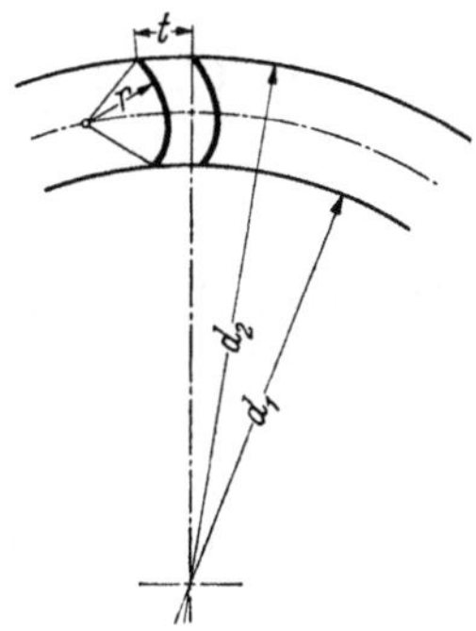

Abb. 75.

Für übliche Verhältnisse $\frac{d_1}{d_2}$ sind die Schaufelzahlen, die sich nach Gl. (96) und (97) ergeben, in folgender Zahlentafel 3 zusammengestellt:

Zahlentafel 3.

	$\frac{d_1}{d_2}$	0,8	0,85	0,9	0,95
$t = 0{,}7 \cdot r$	z	64	85	127	254
$t = r$	z	44	60	89	178

Man findet oft als Regel angegeben, daß die radiale Tiefe der Schaufeln $^1/_{16}$ des Durchmessers betragen soll. Hierfür wird $\frac{d_1}{d_2} = 0{,}875$. Gegen diesen Wert dürfte nichts einzuwenden sein.

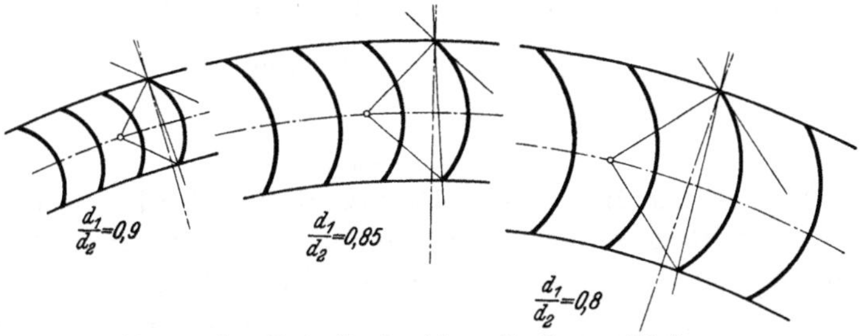

Abb. 76. Günstigste Beschaufelung für Trommelläufer.

In Abb. 76 sind für die Durchmesserverhältnisse 0,8, 0,85 und 0,9 die Schaufeln gezeichnet, die nach den vorherigen Erwägungen empfohlen werden können.

d) Reaktionsgrad.

Nach der Gl. (5)

$$\Delta p = \frac{\varrho}{2}(c_2^2 - c_1^2) + \frac{\varrho}{2}(u_2^2 - u_1^2) + \frac{\varrho}{2}(w_1^2 - w_2^2)$$

kann der statische und dynamische Anteil der Energieübertragung leicht verfolgt werden. Da hier $w_1 = w_2$ ist, fällt ein Glied weg, so daß der erzeugte statische Druck

$$\Delta p_{\text{stat}} = \frac{\varrho}{2}(u_2^2 - u_1^2) = \frac{\varrho}{2} u_2^2 \left[1 - \left(\frac{d_1}{d_2}\right)^2\right]$$

ist. Mit $\Delta p = \psi \frac{\varrho}{2} u_2^2$ ergibt sich der Reaktionsgrad

$$\varkappa = \frac{\Delta p_{\text{stat}}}{\Delta p_{\text{ges}}} = \frac{1}{\psi}\left[1 - \left(\frac{d_1}{d_2}\right)^2\right].$$

Da nach S. 85 ψ-Werte von der Größenordnung ~ 2 erreicht werden, ergibt sich

$$\varkappa = \frac{1}{2}\left[1 - \left(\frac{d_1}{d_2}\right)^2\right].$$

Die folgende Zahlentafel 4 zeigt diese $\varkappa$-Werte für die üblichen $\frac{d_1}{d_2}$-Werte, woraus man erkennt, daß der Reaktionsgrad zwischen $\frac{d_1}{d_2} = 0{,}85$ und 0,9, d. h. den Werten, die meist vorkommen, nur rd. 10 vH beträgt.

Zahlentafel 4.

$\frac{d_1}{d_2}$	0,8	0,85	0,9	0,95
$\varkappa$	0,18	0,139	0,095	0,049

e) Erreichbare ψ- und φ-Werte.

Nach Gl. (10) erhält man ψ aus der Beziehung:

$$\Delta p = \varrho\, u_2\, c_{2u} \cdot \varepsilon \cdot \eta_{\text{hydr}} = \psi \frac{\varrho}{2} u_2^2.$$

Da bei Trommelläufern nach vorhergehendem $c_{2u} = 2\,u_2$ ist, folgt:

$$2\,\varrho\, u_2^2 \cdot \varepsilon \cdot \eta_{\text{hydr}} = \psi \cdot \frac{\varrho}{2} u_2^2,$$

d. h.

$$\psi = 4 \cdot \varepsilon \cdot \eta_{\text{hydr}}. \tag{99}$$

Der Einfluß der endlichen Schaufelzahl, der durch ε festgelegt ist, muß noch ermittelt werden. Wir benutzen hierzu die früher abgeleitete Gl. (36). Setzen wir β_2 näherungsweise gleich 45° (die Abweichungen sind nach S. 82 sehr gering), so ergeben sich nebenstehende Werte für die Fälle $t = 0{,}7 \cdot r$ und $t = r$.

Zahlentafel 5.

$\frac{d_1}{d_2}$	0,8	0,185	0,9	0,95
$\varepsilon_{(t=0{,}7\cdot r)}$	0,911	0,914	0,917	0,918
$\varepsilon_{(t=r)}$	0,878	0,882	0,885	0,885
φ	0,533	0,602	0,675	0,752

Da die Minderleistungsberechnung keine Feinheiten zum Ausdruck bringt, dürfte es im Hinblick auf Zahlentafel 5 genügen, wenn wir $\varepsilon \sim 0{,}9$ ansetzen.

Der hydraulische Wirkungsgrad von Trommelläufern ist notgedrungen schlechter als bei normalen Ausführungen, da der Reaktionsgrad sehr klein ist. Setzen wir die Größenordnung des erreichbaren Wirkungsgrades vorsichtig mit $\eta_{ges} \sim 0,6$ an, so ergeben sich nach Gl. (99) folgende Werte:

$$\psi = 4 \cdot 0,9 \cdot 0,6 = 2,25.$$

Wie bereits angedeutet, sind dies die größten ψ-Werte, die mit Gebläsen überhaupt erreicht werden können.

Sehr leicht lassen sich die erreichbaren φ-Werte noch ausrechnen. Wir wählen $b = \frac{d_1}{4,8}$; gleichzeitig entnehmen wir den Berechnungen von S. 82 $c_{1m} = u_2$. Setzen wir dies in die Bestimmungsgleichung für φ

$$V = \pi\, b \cdot d_1 \cdot c_{1m} = \frac{\pi\, d_2^2}{4} \cdot u_2 \cdot \varphi\,,$$

ein, so erhalten wir:

$$\varphi = \left(\frac{d_1}{d_2}\right)^2 \frac{1}{1,2}. \qquad (100)$$

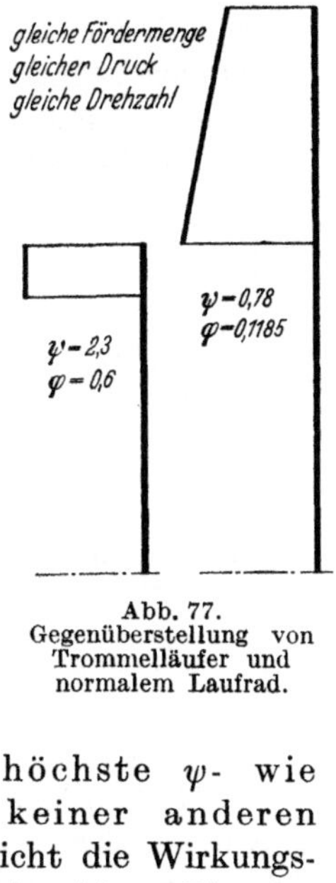

Abb. 77. Gegenüberstellung von Trommelläufer und normalem Laufrad.

In Zahlentafel 5 sind die φ-Werte, die sich nach dieser Gleichung ergeben, zusammengestellt. Man sieht, daß im Mittel φ-Werte von rd. 0,6 erreicht werden können. Da selbst bei einem Schraubengebläse solche Werte kaum erzielt werden, ist es nicht von der Hand zu weisen, daß die Trommelläufer eine Konstruktionsmöglichkeit darstellen, um mit kleinsten Ausmessungen und gleichzeitig kleinsten Drehzahlen gleichzeitig höchste ψ- wie höchste φ-Werte zu erreichen, die mit keiner anderen Konstruktion zu erhalten sind. Wenn auch nicht die Wirkungsgrade normaler Gebläse erreicht werden, so sind die obigen Vorzüge gerade bei den Anwendungen von Ventilatoren oft ausschlaggebend. Es ist also nicht zu verwundern, daß diese Ausführungsart sich bis heute zäh behaupten konnte.

Eine anschauliche Vorstellung gewinnt man auch durch folgenden Vergleich. Bei der gleichen Drehzahl, demselben Druck und der gleichen Fördermenge wollen wir die Abmessungen eines Trommelläufers mit der normalen Ausführung (nach rückwärts gekrümmte Schaufeln) vergleichen. Abb. 77 zeigt diese Gegenüberstellung. Dabei wurde für den Wirkungsgrad des Trommelläufers 0,6 und für die Normalausführung 0,7 gewählt, wodurch ungefähr die Unterschiede in den Wirkungsgraden mitberücksichtigt sind. Man erkennt, daß die Unterschiede ganz erheblich sind. Da der Durchmesser des Laufrades in etwa proportional dem Preis der Maschine ist, ist der Trommelläufer besonders in dieser

Hinsicht anderen Konstruktionen überlegen. Ebenso ist dort, wo die Platzfrage entscheidend ist, z. B. bei den Kühlgebläsen von mantelluftgekühlten Verbrennungsmotoren, die Überlegenheit des Trommelläufers eindeutig.

Wenn Kraftbedarf und Wirkungsgrad hingegen im Vordergrund stehen, wird man tunlich diese Konstruktion vermeiden.

VIII. Betriebseigenschaften von Radialgebläsen.

Wie ändert sich bei einem Gebläse der Druck, wenn die geförderte Luftmenge geändert wird? Diese Frage ist für das Betriebsverhalten sehr wichtig. In den meisten Fällen werden die Gebläse von Motoren angetrieben, die mit konstanter bzw. sich nur wenig verändernder Drehzahl laufen. Am meisten wird deshalb die Frage interessieren, wie sich bei konstanter Drehzahl der Druck in Abhängigkeit von der Fördermenge ändert.

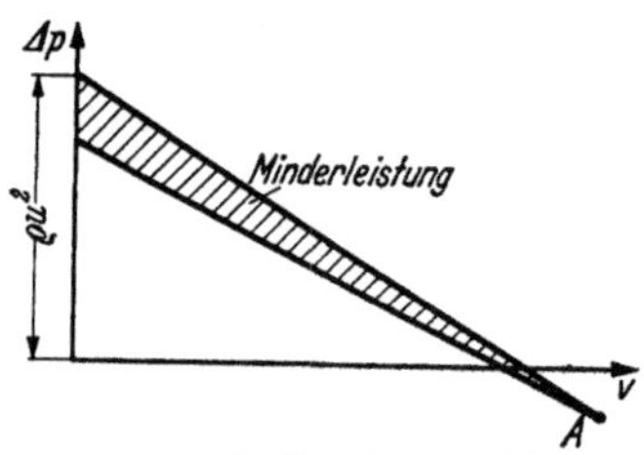

Abb. 78. Einfluß der endlichen Schaufelzahl auf die Kennlinie.

41. Einfluß der endlichen Schaufelzahl auf die Kennlinie.

Obschon der Einfluß der Reibung auf die Druckvolumenkurve, meist Kennlinie genannt, ein sehr großer ist, lohnt es sich doch, um einen Vergleichsmaßstab zu gewinnen, die Kennlinie der reibungslosen Bewegung kennenzulernen.

Für unendliche Schaufelzahl war bereits S. 9 die Abhängigkeit $\Delta p = f(V)$ festgestellt worden. Es ergeben sich gerade Linien, die für $V = 0$ bei $\Delta p = \varrho u^2$ beginnen. Δp nimmt bei rückwärtsgekrümmten Schaufeln mit steigender Fördermenge ab, bleibt konstant bei radial endenden Schaufeln, während vorwärtsgekrümmte Schaufeln ein Steigen von Δp verursachen.

Wie ist nun — immer noch bei reibungsloser Bewegung — der Einfluß der endlichen Schaufelzahl auf die Kennlinie? Verfasser[1] konnte nachweisen, daß auch in diesem Falle die Kennlinien linear bleiben. Von Schultz[2] wurde für besondere Formen von rückwärtsgekrümmten Schaufeln die genaue Lage gefunden. Er fand, daß die Kennlinien für endliche und unendliche Schaufelzahlen sich in einem Punkt A unterhalb der V-Achse schneiden. Abb. 78 zeigt die dann entstehende Kennlinie für rückwärtsgekrümmte Schaufeln.

[1] Eck: Beitrag zur Turbinentheorie, Werft, Reederei, Hafen, 1925.

[2] Schultz: Das Förderhöhenverhältnis radialer Kreiselpumpen. Z. angew. Math. Mech. 1927.

42. Beeinflussung der Kennlinie durch die Reibung.

a) Reibung im Schaufelkanal.

Die Reibungsverluste im Laufrad und die Stoßverluste beeinflussen die Kennlinie am meisten. Die ersteren sind nach S. 54 in erster Näherung proportional w_1^2. Der Wert w_1 stellt hier die mittlere relative Eintrittsgeschwindigkeit dar, die ihrerseits proportional der Fördermenge V ist. Für die reinen Reibungsverluste kann somit angesetzt werden:

$$\Delta p' = C \cdot V^2.$$

Da insbesondere bei Fördermengen, die von der stoßfreien abweichen, Ablösungen und Rückströmungen die Reibung beeinflussen, ist der Ansatz nicht für genaue zahlenmäßige Rechnungen geeignet. Wir dürfen deshalb nur ein ungefähres Bild aus diesen theoretischen Betrachtungen erwarten. In Abb. 79 ist die Parabel nach der vorhergehenden Gleichung eingezeichnet. Zieht man die Werte $\Delta p'$ von dem theoretischen Δp ab, so erscheint jetzt schon eine parabelförmige Kennlinie, die weit vor der geraden Kennlinie die V-Achse schneidet. Da hier der Druckumsatz gleich Null ist, ist dies zunächst die größte Fördermenge des Gebläses. Man hat hierfür den Ausdruck „Schluckfähigkeit" eingeführt.

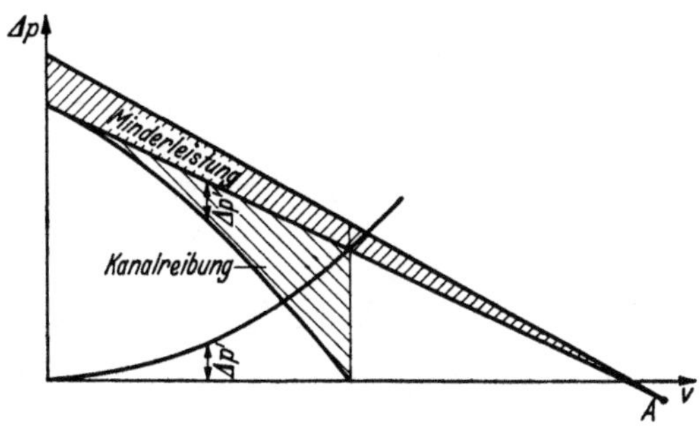

Abb. 79. Beeinflussung der Kennlinie durch die Kanalreibung.

b) Stoßverluste.

Genauer sind die Stoßverluste zu ermitteln, da diese ja gerade für abweichende Fördermenge V_x in Gl. (66) berechnet wurden.

$$\Delta p'' = \mu \cdot \frac{\varrho}{2} u_2^2 \left(\frac{d_1}{d_2}\right)^2 \left[\frac{V_x}{V} - 1\right]^2.$$

Es handelt sich hier um eine Parabel, die ihren Scheitel im Punkte der stoßfreien Fördermenge hat. Zeichnen wir in Abb. 80 diese Parabel noch ein, so entsteht bereits eine Kennlinie, die den Versuchskurven nicht unähnlich ist. Die Reibungsverluste und Stoßverluste in den Leitvorrichtungen wirken in der gleichen Weise wie die entsprechenden Laufradverluste, so daß hierdurch das Bild zunächst nicht wesentlich geändert wird.

Wegen der Unmöglichkeit, die Kanalreibung bei Fördermengen, die von der stoßfreien abweichen, zahlenmäßig einigermaßen zuverlässig zu ermitteln, ist eine zahlenmäßig sichere Vorausberechnung der Kennlinie nicht möglich. Trotzdem ist es möglich, wenigstens qualitativ den Einfluß verschiedener konstruktiver Maßnahmen auf die Kennlinien anzugeben. Die praktisch verwertbaren Schlüsse sollen im folgenden zusammengestellt werden.

1. Der Punkt des besten Wirkungsgrades fällt nicht mit dem Punkt stoßfreien Eintrittes zusammen. Da die Reibungsverluste links vom Punkte A kleiner sind als rechts (Abb. 80), ist das Minimum der Gesamtverluste etwas links von A zu finden. Für den Konstrukteur folgt hieraus folgendes: Bei der Berechnung des Gebläses wird die Fördermenge zweckmäßig etwas vergrößert.

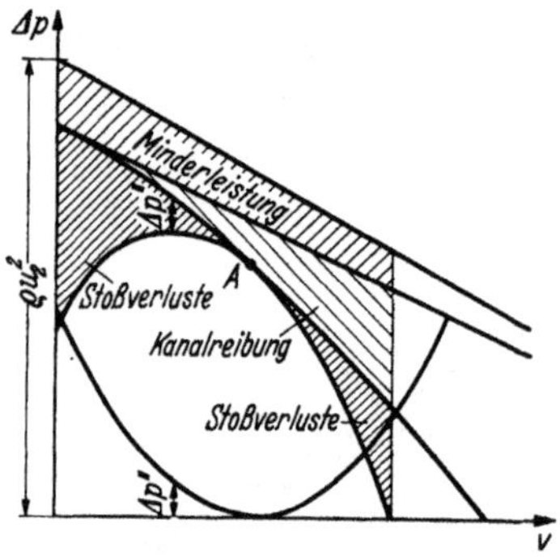

Abb. 80. Beeinflussung der Kennlinie durch Stoßverluste und Kanalreibung.

2. Die Kennlinie ist bei gleichen Schaufelwinkeln und bei gleicher Schaufelzahl um so steiler, je größer vor allem die Stoßverluste sind. Bei Verwendung von Spiralgehäusen bestehen dieselben zum großen Teil nur aus den Stoßverlusten im Laufrad, die in Gl. (66) dargestellt sind. Sie hängen, wie man aus dieser Formel erkennt, bei sonst gleichen Verhältnissen sehr stark von $\frac{d_1}{d_2}$ ab. Mit größer werdendem $\frac{d_1}{d_2}$ werden sie bedeutend größer. Hieraus folgt: Laufräder mit radial sehr kurzen Schaufeln haben steile Kennlinien. Flache Kennlinien können nur mit radial langen Schaufeln, d. h. bei kleinen Werten $\frac{d_1}{d_2}$ erreicht werden.

Unter Benutzung von Gl. (66) sind in Abb. 81 die Kennlinien berechnet für die Durchmesserverhältnisse $\frac{d_1}{d_2} = 0{,}3;\ 0{,}5;\ 0{,}8$. Der sehr starke Einfluß dieser Konstruktionsgröße ist deutlich erkennbar. Da bei den steileren Kennlinien der Schnittpunkt mit der V-Achse früher erreicht wird, sinkt mit kleiner werdender radialer Tiefe der Schaufeln auch die Schluckfähigkeit des Gebläses, d. h. die größe überhaupt mögliche Fördermenge.

3. Bei Verwendung von Leiträdern kommt noch der Stoßverlust nach Gl. (68)

$$\Delta p' = \mu' \frac{1}{\psi} \cdot \Delta p \cdot \left[\frac{V_x}{V} - 1\right]^2$$

hinzu. Da sich ψ mit V_x ändert, handelt es sich hier nicht um eine reine Parabel. Immerhin kann gesagt werden, daß diese Kurve links und rechts des Punktes A „parabelartig“ zunimmt. Durch diese Verluste wird der Abfall der Kennlinie links und rechts noch verstärkt. Es gilt somit:

Alle Gebläse mit Leiträdern haben steilere Kennlinien als Gebläse ohne Leiträder. Bei Verwendung von Spiralgehäusen werden somit die Kennlinien flacher als bei Verwendung von Leiträdern.

Durch Verkleinerung der Eintrittsgeschwindigkeit c_4 in das Leitrad kann der Einfluß der Leitradverluste erheblich vermindert werden. Dies ist möglich, indem man zwischen Lauf- und Leitrad einen größeren Raum frei läßt, einen sog. glatten Leitring. Diese Maßnahme,

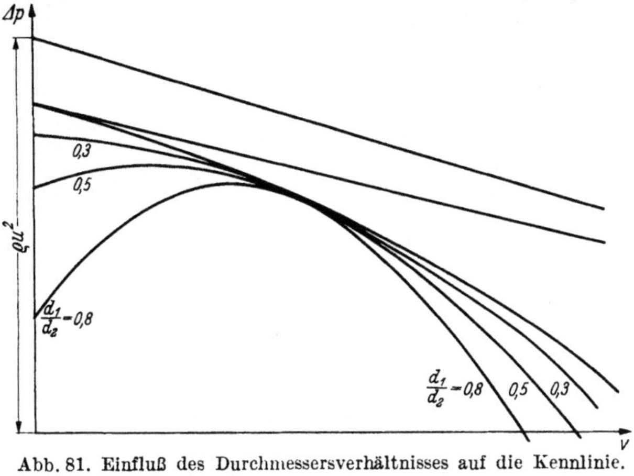

Abb. 81. Einfluß des Durchmessersverhältnisses auf die Kennlinie.

die insbesondere bei Turbokompressoren wegen des Geräusches notwendig ist, wirkt somit im Sinne einer Verflachung der Kennlinie.

4. Bei radialen und vorwärtsgekrümmten Schaufeln ist die Umfangsgeschwindigkeit zur Erreichung desselben Druckes kleiner als vorhin. Die Stoßverluste, die nach Gl. (66) proportional u_2^2 sind, werden somit kleiner bei sonst gleichen Verhältnissen. u_2^2 kann unter Umständen z. B. bei Sirocco-Läufern halb so klein werden, was gleichzeitig eine Halbierung der Stoßverluste bedeutet. Wenn dies auch eine Milderung insbesondere des Abfalles der Kennlinie nach $V = 0$ bedeutet, so dürfte dieser Einfluß dadurch, daß die ganzen Kurven nunmehr von einer schräg nach oben steigenden Linie abgeleitet werden, in etwa ausgeglichen werden. Zunächst ist somit noch kein wesentlich anderes Bild zu erwarten.

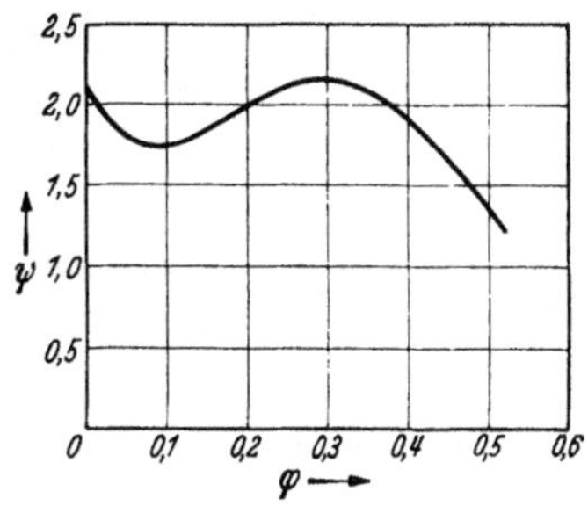

Abb. 82. Kennlinie eines Trommelläufers.

43. Besondere Betrachtungen bei kleinen Fördermengen.

Die letzten Betrachtungen reichen nicht aus, um das Bild der Kennlinien vollständig zu zeichnen. Insbesondere stellt man bei den im Ventilatorenbau beliebten radialen und vorwärtsgekrümmten Schaufeln fest, daß die

Kennlinien zunächst in Übereinstimmung mit Abb. 80 vom Punkte A aus nach links abfallen, dann aber oft bis $V = 0$ wieder etwas ansteigen. Abb. 82 zeigt die Kennlinie eines Sirocco-Läufers, die dies deutlich

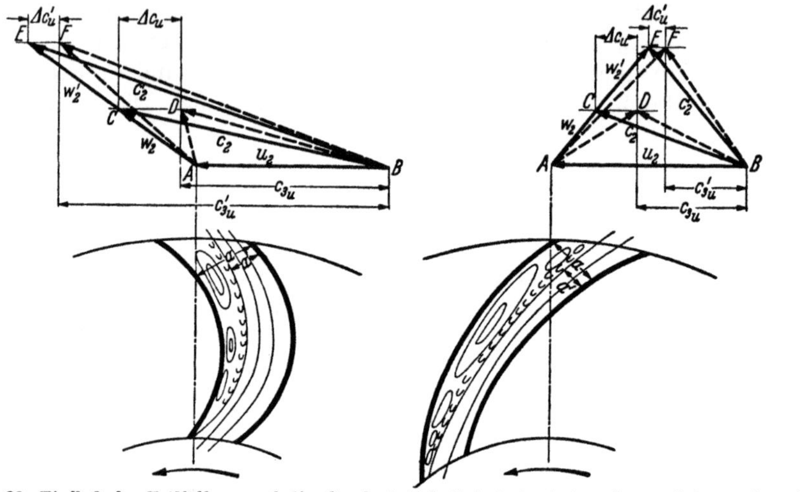

Abb. 83. Einfluß der Teilfüllung auf die Geschwindigkeitsdreiecke bei nach vorwärts- und nach rückwärts gekrümmten Schaufeln.

zum Ausdruck bringt. Auch bei Kreiselpumpen[1] mit vorwärtsgekrümmten Schaufeln hat man dies festgestellt. Woher kommt nun dieses merkwürdige Wiederaufrichten zustande?

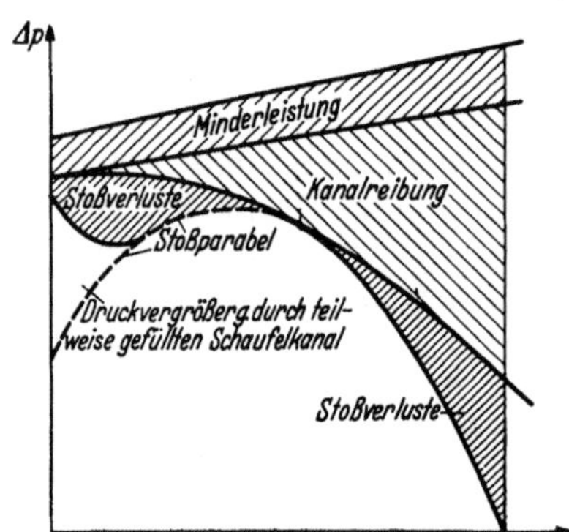

Abb. 84. Änderung der Kennlinie bei kleinen Fördermengen durch teilweise ausgefüllten Kanal.

Verfasser glaubt, diese Erscheinung auf folgendes zurückführen zu müssen: Bei stark unternormalen Fördermengen ist der Schaufelkanal, wie in Kap. 19 angedeutet wurde, nur zu einem Teil mit aktiver Strömung gefüllt. Die Strömung legt sich, wie insbesondere die Versuche von Thoma und Escher Wyss gezeigt haben, an die Druckseite der Schaufel an. In Abb. 83 ist dieser Zustand schematisch für beide Schaufelformen angedeutet. Statt der Kanalbreite a ist nur die Breite a' ausgenutzt, so daß eine wesentliche Erhöhung der Relativgeschwindigkeit gegenüber dem ganz ausgefüllten Kanal eintritt. Es ergibt sich ein größeres $w_2' = \frac{a}{a'} \cdot w_2$. Dadurch ändert sich das Austrittsdiagramm erheblich. In Abb. 83 bedeutet ABC das Geschwindigkeitsdreieck bei voller Ausnutzung des Kanals. In ABD ist die endliche Schaufelzahl berücksichtigt. Mit w_2' ergibt sich das Dreieck ABE bzw.

[1] Pfleiderer: Kreiselpumpen, 2. Aufl., S. 198. 1932.

A BF bei Berücksichtigung der endlichen Schaufelzahl. Dieser Einfluß, durch *EF* ausgedrückt, ist kleiner als *CD*, da derselbe, wie insbesondere sehr übersichtlich nach der Stodolaschen Anschauung einzusehen ist, kleiner wird mit kleinerer Strahlbreite.

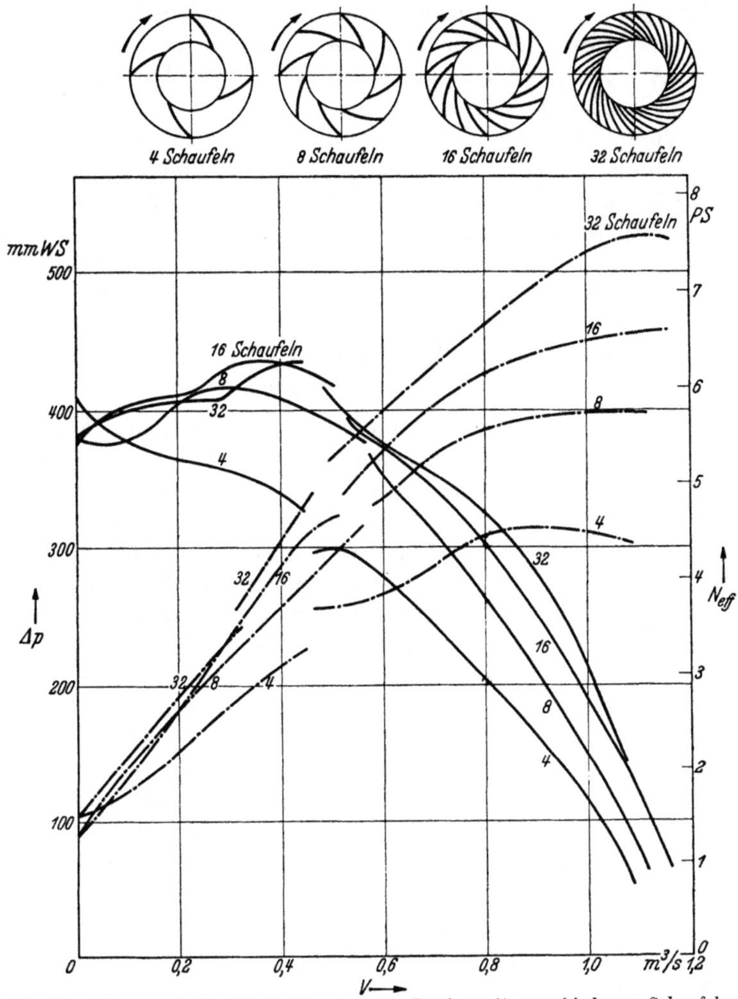

Abb. 85. Kennlinien und Kraftbedarfskurven für Läufer mit verschiedenen Schaufelzahlen.

Man erkennt, daß bei rückwärts gekrümmten Schaufeln der c_{3u}-Wert eine geringe Verkleinerung erfährt, so daß hier die Druckkurve noch etwas mehr fallen muß, wie in Abb. 80 angegeben ist. Anders liegen nun die Verhältnisse bei vorwärts gekrümmten Schaufeln. Hier ergibt sich eine wesentliche Vergrößerung von c_{3u} auf c'_{3u}, so daß bei kleineren Fördermengen zu den Kennlinien von Abb. 80 noch der Betrag $\varrho \cdot u_2 (c'_{3u} - c_{3u})$ hinzuzufügen ist. In Abb. 84 ist diese Änderung in der Kennlinie angedeutet, die dem wirklichen Bild von Abb. 82 schon sehr nahe kommt.

Der Übergang vom teilweise ausgefüllten Schaufelkanal zum wenigstens im Mittel ganz gefüllten Kanal erfolgt oft unstetig. Die Versuche von Kearton zeigen dies sehr deutlich. Abb. 85 zeigt die Kennlinien mit den Kraftbedarfkurven sowie die schematischen Laufradzeichnungen. Bei den Kurven ist ein deutlicher Sprung zu beobachten. Gleichzeitig wurde auch eine unstetige Änderung in der Richtung der absoluten Austrittsgeschwindigkeit festgestellt. In Abb. 38 waren diese Ergebnisse bereits angedeutet worden. Bei kleinen Mengen wurden größere Winkel α_3 festgestellt, was mit den vorherigen Überlegungen auch im Einklang steht, während bei größeren Fördermengen plötzlich kleinere Winkel beobachtet werden, die sich nach Abb. 38 mehr den Werten nähern, die bei unendlicher Schaufelzahl erwartet werden können.

Es liegt bisher zu wenig gesichertes Beobachtungsmaterial vor, als daß über diese Instabilitäten eine sichere Aussage möglich wäre.

44. Anforderungen des Betriebes an die Kennlinien. Regelung bei veränderlicher Fördermenge.

Solange ein Gebläse immer nur eine ganz bestimmte Fördermenge bei einem nicht veränderlichen Gegendruck zu liefern hat, kann es gleichgültig sein, welche Kennlinie das Gebläse aufweist. Da es sich sehr oft um reinen Reibungswiderstand in Rohrleitungen handelt, ist es leicht, die Betriebsverhältnisse anzugeben. Die Gesamtwiderstände in einer Leitung, die aus reinem Reibungswiderstand, Krümmerverlusten, Stoßverlusten usw. bestehen, wachsen ziemlich genau mit dem Quadrat der Luftmenge V. Es kann deshalb die Kennlinie der Rohrleitung durch die Gleichung $\Delta p = C \cdot V^2$ angegeben werden. Dies ist eine Parabel. Der Schnittpunkt dieser Parabel mit der Kennlinie des Gebläses ergibt den Betriebspunkt Abb. 86. Beim Entwurf muß nur darauf geachtet werden, daß dies der Punkt des besten Wirkungsgrades ist. Es ist somit sehr wichtig, diese Widerstände genau zu kennen. Wo dies nicht möglich, muß eine Anpassungsmöglichkeit, z. B. durch Drehzahländerung, vorgesehen werden.

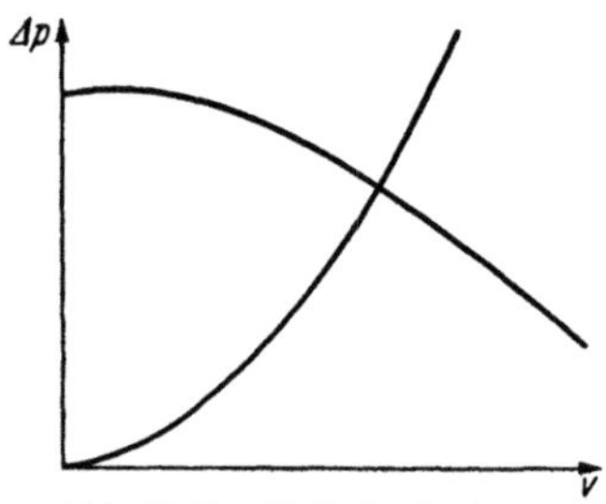

Abb. 86. Kennlinie des Gebläses und Kennlinie eines Leitungssystems.

Besondere Anforderungen müssen an die Kennlinien des Gebläses gestellt werden, wenn 1. die Fördermengen bzw. der Gegendruck während des Betriebes schwanken und 2., wenn mehrere Gebläse auf einer gemeinsame Sammelleitung arbeiten.

Soll z. B. bei Belastung eines Gebläses durch Reibungswiderstand die Fördermenge während des Betriebes weitgehend geändert werden, so gibt es hierfür verschiedene Möglichkeiten. Wie vorhin festgestellt wurde, muß sich dann der Druck nach dem Gesetz $\Delta p = C \cdot V^2$ ändern.

Nach den Ausführungen von S. 99 kann dieses durch Drehzahlregelung genau erreicht werden. Die Leistung ändert sich dann gemäß $L = \Delta p \cdot V = C \cdot V^3$ mit der dritten Potenz der Fördermenge. Bei dieser idealen Regelung arbeitet das Gebläse immer mit dem besten Wirkungsgrad, ohne daß irgendeine Drosselung eintritt. Da indes bei dem fast ausschließlich verwendeten elektrischen Antrieb eine weitgehende Drehzahländerung ein Leonard-Agregat erforderlich macht und somit eine sehr kostspielige Anlage notwendig ist, wird man sich in den meisten Fällen anders helfen. Am einfachsten ist die Drosselregelung bei konstanter Drehzahl. Hierbei geht natürlich ein großer Teil der Antriebsleistung nutzlos verloren. Ein Blick auf die Typenblätter (S. 185) zeigt, daß unterhalb der normalen Fördermenge die Antriebsleistung gut durch eine gerade Linie $L = C_1 + C_2 V$ ersetzt werden kann. Der Unterschied dieser Geraden gegenüber der kubischen Parabel bei Drehzahlregulierung geht verloren, so daß z. B. bei kleinen Mengen die Leistungen in diesen beiden Fällen sich der Größenordnung nach wie 10:1 verhalten können. Deshalb liegt ein großer Bedarf nach Zwischenlösungen vor, so z. B. bei Saugzuggebläsen von Kesselanlagen. Zunächst sind von der elektrischen Seite her einige Kompromißlösungen möglich z. B. durch Anwendung von Zweidrehzahlmotoren, Kommutatormotoren usw. Von der Getriebeseite her ist vor allem an die neuen hydraulischen Kupplungen zu denken. Doch ergeben sich auch von der Gebläseseite her verschiedene brauchbare Wege. Bei Schraubengebläsen kann z. B. durch verstellbare Laufschaufeln, wie auf S. 180 gezeigt wird, eine sehr wirtschaftliche Regelung erzielt werden. Bei Schleudergebläsen können verstellbare Leitschaufeln verwendet werden. Sowohl verstellbare Eintritts- wie Austrittsleiträder, evtl. auch verstellbare Spaltschieber[1], würden eine fühlbare Verminderung der Antriebsleistung ergeben und in vielen Fällen noch billiger werden wie teure Kommutatormotore. Wenn auch derartige Konstruktionen noch nicht bekannt geworden sind, so müssen diese gut wirkenden Maßnahmen trotzdem hier der Vollständigkeit halber angeführt werden.

Hinsichtlich des Kraftbedarfes wären die einzelnen Maßnahmen nach ihrer Güte etwa wie folgt zu ordnen.

1. Drehzahlregulierung mit Leonard-Aggregat.
2. Drehstromkommutatormotor.
3. Eindrehzahlmotor mit hydraulischem Getriebe.
4. Verstellbare Laufschaufeln (bei Schraubengebläsen).
5. Verstellbare Eintritts- und Austrittsleiträder.
6. Verstellbare Eintritts- oder Austrittsleiträder.
7. Spaltschieber.
8. Schleifringankermotor mit Widerstandsregelung.
9. Zweidrehzahlmotor mit gleichzeitiger Drosselregelung.
10. Eindrehzahlmotor mit Drosselregelung.

[1] Forsch.-Arb. Ing.-Wes. Heft 321.

45. Labile Arbeitsbereiche des einzelnen Gebläses.

Die meisten Kennlinien steigen bis zu einem Höchstwert an, um dann stetig zu sinken. Der Abfall vom Höchstdruck bis zur Fördermenge Null ist unter Umständen instabil. Eine Erklärung hierfür ist sehr einfach. Wir wollen uns zunächst vorstellen, daß das Gebläse in einen Druckluftkessel fördert. Beim Aufpumpen arbeitet das Gebläse auf dem von A ansteigenden Ast der Kennlinie (Abb. 87). Der Druck wird steigen, bis der Punkt B erreicht ist, bei dem soviel an Luft entnommen wird, wie gefördert wird. Denken wir uns nun eine kleine Störung. Aus dem Kessel soll plötzlich eine um ΔV größere Fördermenge entnommen werden. Die Folge ist, daß der Druck im Kessel sinkt. Bei der Kennlinie ergibt sich ebenfalls ein Sinken des Druckes bei größerer Menge. Ebenso wie bei einer umgekehrten Störung arbeitet das Gebläse den Anforderungen entsprechend. Es handelt sich um einen stabilen Vorgang.

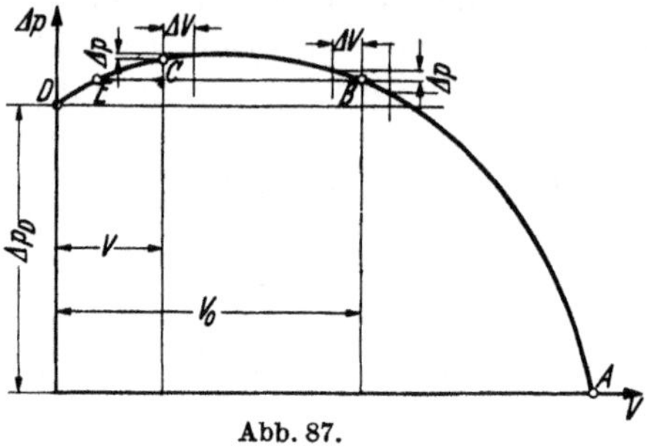

Abb. 87.

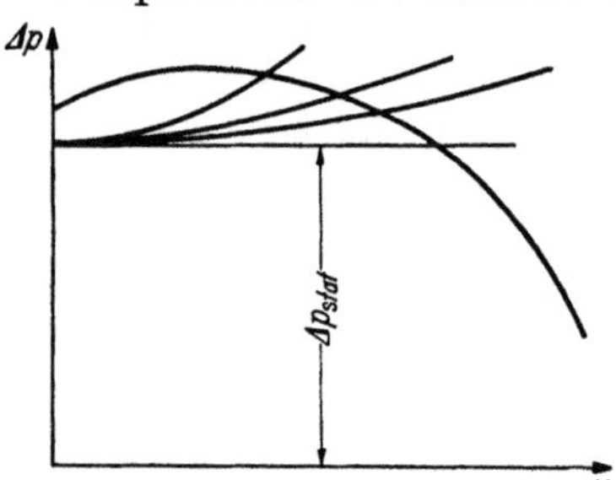

Abb. 88. Kennlinie mit verschiedenen Leitungskennlinien, die einen größeren statischen Anteil aufweisen.

Wir wollen eine gleiche Störung untersuchen, wenn das Gebläse auf Punkt C arbeitet. Die Fördermenge vergrößere sich bei C ebenfalls um ΔV. Das Gebläse muß sich dem sinkenden Kesseldruck wie vorhin anpassen. Das geht aber gemäß der Kennlinie nur, wenn die Fördermenge noch weiter sinkt. Gleichzeitig wird aber auch der Gebläsedruck kleiner, so daß sehr schnell der Punkt D erreicht sein wird, bei dem das Gebläse nicht mehr fördert. Der Kessel entleert sich weiter, bis der Druck noch unter den Leerlaufdruck sinkt. Dann beginnt das Gebläse auf dem Stück AB zu arbeiten. Die Fördermenge ist zu groß, also steigt der Druck wieder, bis Punkt C erreicht ist. Der ganze Vorgang wiederholt sich dann. Bei höheren Drücken kann dieses Pendeln zu sehr gefährlichen Schlägen führen, die unter dem Namen „Pumpen" besonders bei Turbokompressoren bekannt sind.

Ist keine statische Belastung, wie hier beim Windkessel, sondern eine „dynamische" Belastung durch Rohrleitungswiderstände vorhanden, so treten im allgemeinen keine Störungen auf. Es gibt aber viele Fälle, bei denen bei kleinen Reibungswiderständen gleichzeitig größere statische Widerstände zu überwinden sind. Wird — wie z. B. bei vielen chemischen Prozessen — ein Gas durch ein Flüssigkeitsbad gedrückt, so ist zuerst die Druckhöhe $\varDelta h$ des Bades und dann die kleinere Widerstandsparabel nach Abb. 88 als Leitungskennlinie anzusehen. Es kann hier vorkommen, daß die Parabel die Kennlinie zweimal schneidet. Das Gebläse wird dann zwischen diesen Punkten hin- und herpendeln.

46. Zusammenarbeiten mehrerer Gebläse.

Fördern mehrere Gebläse in eine gemeinsame Leitung oder, was dasselbe ist, saugen mehrere Ventilatoren aus einer Leitung, so können je nach den Kennlinien erhebliche Störungen auftreten. Arbeiten z. B. n-Gebläse in eine Leitung, so wird auch bei Ausfall eines Gebläses ein gewisser Druck aufrechterhalten. Dieser Druck gilt als statische Belastung des einzelnen Gebläses. Dazu kommt dann die Widerstandsparabel, so daß nunmehr das Bild nach Abb. 88 erreicht wird. Hat dann diese Parabel zwei Schnittpunkte mit der Kennlinie, so kann — wenn alle Gebläse gleich sind — es vorkommen, daß alle Gebläse zwischen diesen Punkten hin- und herpendeln. Wenn es hierbei im allgemeinen auch möglich ist, einen konstanten mittleren Druck aufrechtzuerhalten, so können hier doch kurzzeitige Druckschwankungen, sowie größere Leistungsaufnahmen störend wirken.

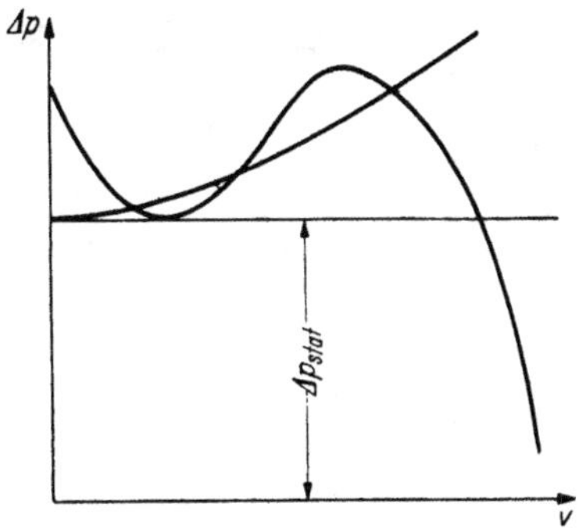

Abb. 89. Kennlinie eines Trommelläufers wird dreimal geschnitten von der Kennlinie eines Leitungssystems.

Bei zwei parallel arbeitenden Gebläsen kann es zudem vorkommen, daß zwei Gebläse weniger schaffen, als ein einziges. Dies ist immer dann der Fall, wenn ein Gebläse auf dem ansteigenden Ast der etwa Kennlinie bei C (Abb. 87) arbeitet. Besonders groß können die Störungen werden, wenn Trommelläufer mit ∼-förmigen Kennlinien benutzt werden. Hier ist es sogar möglich, daß die Leitungsparabel nach Abb. 89 drei Schnittpunkte mit der Kennlinie hat[1]. Ein Gebläse kann also hier zwischen drei Punkten hin- und herpendeln.

Man erkennt, daß beim Zusammenarbeiten mehrerer Gebläse, nur Kennlinien mit stets abfallendem Druck verwendet werden können. Bei Schraubenlüftern wird diese Bedingungen am besten erfüllt. Bei Radialgebläsen ist diese Bedingung nur befriedigend bei stark rückwärtsgebogenen Schaufeln zu erreichen.

47. Beeinflussung der Kennlinie durch Eintrittsleitrad.

Es ist bekannt, daß durch verstellbare Austrittsleitschaufeln das Arbeiten eines Gebläses bei kleineren Fördermengen günstiger gestaltet

[1] Berlowitz: Artschaubilder und Auswahl von Lüftern. Z. VDI 1925. S. 36

werden kann. Die Leitschaufeln werden in die Richtung der jeweiligen absoluten Austrittsgeschwindigkeit gestellt, so daß die sonst bei Teilmengen auftretenden Stoßverluste vermieden werden. Fast nur im Turbokompressorenbau[1] haben diese von *BBC* eingeführten drehbaren Leitschaufeln Eingang gefunden, weil unter anderem die sog. Pumpgrenze durch drehbare Leitschaufeln wesentlich erniedrigt werden kann. Da diese Erscheinung im Ventilatorenbau nicht beobachtet wird, haben sich solche Konstruktionen hier nicht eingeführt.

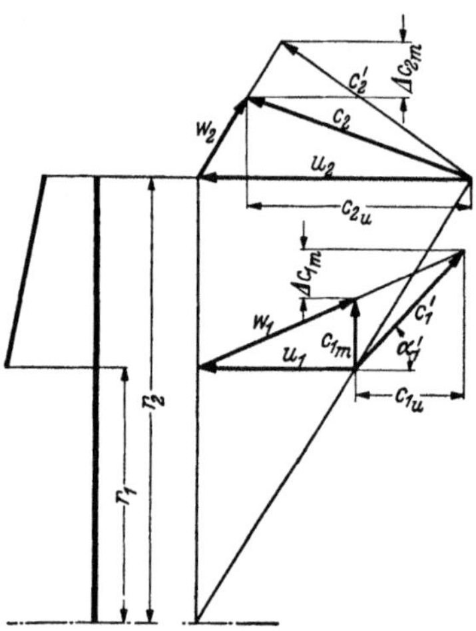

Abb. 90. Geschwindigkeitsdreiecke für normale und übernormale Fördermenge.

Eintrittsleiträder[2] sind ebenfalls im Ventilatorenbau bisher nicht bekannt geworden. Es kann jedoch gezeigt werden, daß diese unter Umständen bestimmte Vorteile bringen und den Arbeitsbereich eines Gebläses erheblich erweitern können. Konstruktionen des Verfassers haben dies bestätigt. Es gelang in mehreren Fällen, größere Gebläse, deren Fördermengen aus irgendwelchen Gründen im Laufe der Zeit vergrößert werden mußten, durch Einbau von Eintrittsleiträdern in einfacher Weise den neuen Betriebsbedingungen anzupassen.

Wenn die Fördermenge größer wie die des stoßfreien Eintrittes ist, entstehen nach Gl. (66) Stoßverluste, die im Verein mit der vergrößerten Kanalreibung den Gebläsedruck erheblich erniedrigen und schließlich der Schluckfähigkeit des Gebläses ein schnelles Ziel setzen. Es leuchtet ein, daß zunächst durch ein Eintrittsleitrad der Stoßverlust vermieden werden kann. Die in Abb. 90 eingezeichneten Geschwindigkeitsdreiecke zeigen schnell, wie die Dinge sich bei größeren Fördermengen ändern. Die Meridiankomponente c_{1m} soll sich z. B. um Δc_{1m} ändern. Ein Stoß würde dann vermieden werden, wenn die Luft in Richtung α_1' mit der negativen c_u-Komponente c_{1u} eintreten würde. Durch ein Eintrittsleitrad ist dieser Zustand ziemlich verlustfrei zu erzielen. Außer der Vermeidung der Stoßkomponente c_{1u} kommt aber noch als wesentliches Moment hinzu, daß infolge der c_u-Komponente nach der Hauptgleichung (4) $\Delta p = \varrho\,[u_2 c_{2u} - u_1 c_{1u}]$ der Druck sich ändert. Da c_{1u} negativ ist,

[1] Eck-Kearton: Turbogebläse und Kompressoren.

[2] Nach Abschluß der vorliegenden Arbeit erschien ein Aufsatz von Werner von der Nüll: Die Gestaltung von Flugmotorenladern. [Luftf.-Forschg. Bd. 14 (1937) S. 244]. In dieser Arbeit wird über Versuche mit verstellbaren Austrittsleitschaufeln und festen Eintrittsleitschaufeln berichtet. Der große Einfluß dieser Maßnahmen auf die Kennlinie ist aus diesen Versuchen deutlich zu erkennen.

tritt eine nicht geringe Druckvergrößerung ein. Ein Eintrittsleitrad ergibt also bei größeren als normalen Fördermengen aus doppelten Gründen eine Druckerhöhung gegenüber der normalen Kennlinie.

Nach (28) ist der Stoßverlust $\mu \cdot \frac{\varrho}{2} c_{1u}^2$, während nach der Hauptgleichung dazu noch $\varrho \cdot u_1 \cdot c_{1u}$ gewonnen wird. Der Gewinn gegenüber der normalen Kennlinie ist somit

$$\Delta p' = \mu \frac{\varrho}{2} c_{1u}^2 + \varrho \cdot u_1 \cdot c_{1u} \cdot \varepsilon .$$

Die Verminderung des zweiten Gliedes infolge der Wirkung der endlichen Schaufelzahl muß hier in gleicher Weise wie beim Austritt durch einen Koeffizienten ε berücksichtigt werden.

Aus Abb. 90 erkennt man leicht $c_{1u} = \frac{\Delta c_{1m}}{c_{1m}} \cdot u_1$; berücksichtigen wir noch $u_1 = u_2 \cdot \frac{d_1}{d_2}$, so ergibt sich:

$$\Delta p' = \mu \frac{\varrho}{2} \left(\frac{\Delta c_{1m}}{c_{1m}}\right)^2 u_2^2 \left(\frac{d_1}{d_2}\right)^2 + \varrho\, u_2^2 \frac{\Delta c_{1m}}{c_{1m}} \left(\frac{d_1}{d_2}\right)^2 \cdot \varepsilon .$$

Bezeichnen wir mit V_0 die Fördermenge des stoßfreien Eintritts und mit ΔV die Änderung gegenüber dieser Menge, so ist: $\frac{\Delta c_{1m}}{c_{1m}} = \frac{\Delta V}{V_0}$.

Hiermit erhalten wir

$$\Delta p' = \frac{\varrho}{2} u_2^2 \left(\frac{d_1}{d_2}\right)^2 \left[\mu \left(\frac{\Delta V}{V_0}\right)^2 + 2 \varepsilon \frac{\Delta V}{V_0}\right].$$

Bezeichnen wir mit $\Delta p = \psi \frac{\varrho}{2} u_2^2$ den Druck bei der normalen Fördermenge, so läßt sich der prozentuale Gewinn leicht angeben.

$$\frac{\Delta p'}{\Delta p} = \frac{1}{\psi} \left(\frac{d_1}{d_2}\right)^2 \left[\mu \left(\frac{\Delta V}{V_0}\right)^2 + 2 \varepsilon \frac{\Delta V}{V_0}\right]. \tag{101}$$

Der mögliche Druckgewinn hängt, wie man aus Gl. (101) erkennt, entscheidend von $\left(\frac{d_1}{d_2}\right)^2$ ab. Eintrittsleiträder werden deshalb vor allem bei Laufrädern mit radial kurzen Schaufeln von Nutzen sein. Dies trifft aber gerade bei den im Ventilatorenbau üblichen Konstruktionen zu. Da ψ nur in der ersten Potenz vorkommt, ist der Einfluß der Druckziffer, wenn auch bemerkbar, so doch weniger entscheidend wie $\frac{d_1}{d_2}$.

An einem Beispiel soll der Einfluß eines Eintrittsleitrades gezeigt werden. Abb. 91 zeigt die Kennlinie für ein Gebläse mit $\frac{d_1}{d_2} = 0{,}7$, das bei V_0 den Wert $\psi = 1$ hat. Die Stoßziffer wurde zu $\mu = 0{,}7$ geschätzt, während sich als Minderleistung nach früheren Berechnungen $\varepsilon = 0{,}75$ ergab. Gl. (101) ergibt dann

$$\frac{\Delta p'}{\Delta p} = 0{,}49 \left[0{,}7 \left(\frac{\Delta V}{V_0}\right)^2 + 1{,}5 \frac{\Delta V}{V_0}\right].$$

In Abb. 91 ist von V_0 ab die Kennlinie nach dieser Gleichung korrigiert. Man erkennt, daß der Arbeitsbereich des Gebläses erheblich erweitert worden ist. Die gleiche Rechnung wurde dann für den Fall durchgeführt, daß das Laufrad bei sonst gleicher Kennlinie ein $\frac{d_1}{d_2} = 0{,}4$ hat. Diese Kurve ist ebenfalls in Abb. 91 eingetragen. Man sieht deutlich, daß bei Rädern mit kleinem Eintrittsdurchmesser nicht viel zu gewinnen ist.

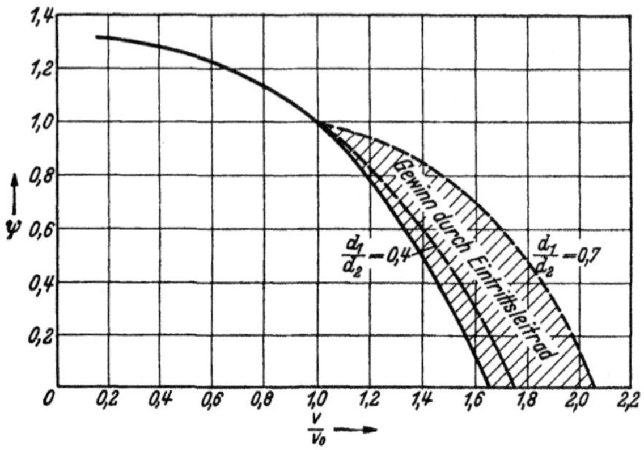

Abb. 91. Erweiterung einer Kennlinie durch ein Eintrittsleitrad.

Wenn das Gebläse nur bei einer vergrößerten Menge arbeiten soll, so genügt ein festes Leitrad. Es ergeben sich hier zwei verschiedene konstruktive Möglichkeiten. Abb. 92 zeigt einen propellerartigen Eintrittsleitapparat, wie er in ähnlicher Form bei Axialgebläsen Verwendung findet (S. 176). Saugt das Gebläse offen an, so läßt sich vorteilhaft ein radialer Leitapparat nach Abb. 92 (rechts) verwenden, der zudem in einfacher Weise verstellbar gemacht werden kann. Man kommt dann zu ähnlichen Konstruktionen, wie sie bei Wasserturbinen bekannt geworden sind.

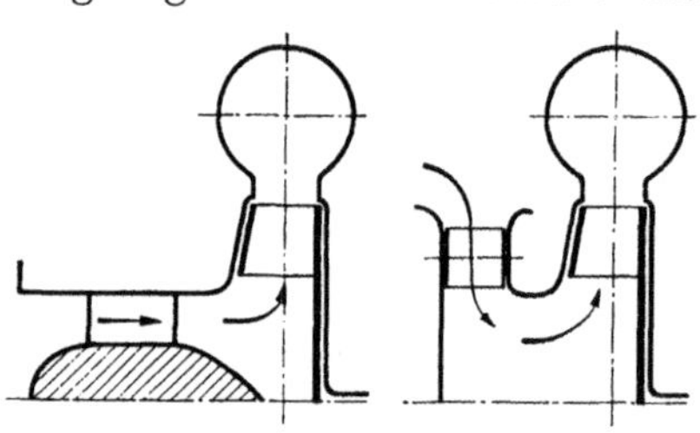

Abb. 92. Axiale und radiale Ausführung eines Eintrittsleitrades.

48. Gleichwertige Düse.

Bei der Beurteilung der Betriebseigenschaften hat sich im Ventilatorenbau der Begriff der sog. „gleichwertigen Düse“ seit langem eingebürgert. Wenn der Druckwiderstand eines Gebläses aus reinem Strömungswiderstand besteht, ist der Druck proportional dem Quadrate der Geschwindigkeit in der Leitung und damit auch proportional dem Quadrate der Fördermenge, so daß die bereits vorhin benutzte Gleichung

$$\Delta p = C \cdot V^2$$

die Kennlinie des Leistungssystems darstellt. Anstatt daß das Gebläse nun den Druckverlust in der Rohrreibung überwinden muß, kann man sich auch die Austrittsöffnung des Gebläses durch eine Düse so verengt denken, daß bei der gleichen Fördermenge der gleiche Überdruck vorhanden ist (Abb. 93). Die Größe dieser Düsenöffnung ist leicht zu ermitteln. Die Austrittsgeschwindigkeit einer Düse ist bekanntlich: $w = \sqrt{2g\frac{\Delta p}{\gamma}}$, wofür bei normalen Barometerständen meist $w = 4\sqrt{\Delta p \text{ mm WS}}$ gesetzt werden kann. Um die Fördermenge V durch diese Düse zu blasen, ist der Querschnitt F_D nötig, der aus $V = F_D \cdot w$ leicht berechnet werden kann.

$$F_D = \frac{V}{\sqrt{2g\frac{\Delta p}{\gamma}}} \sim \frac{V}{4\sqrt{\Delta p \text{ mm WS}}}. \quad (102)$$

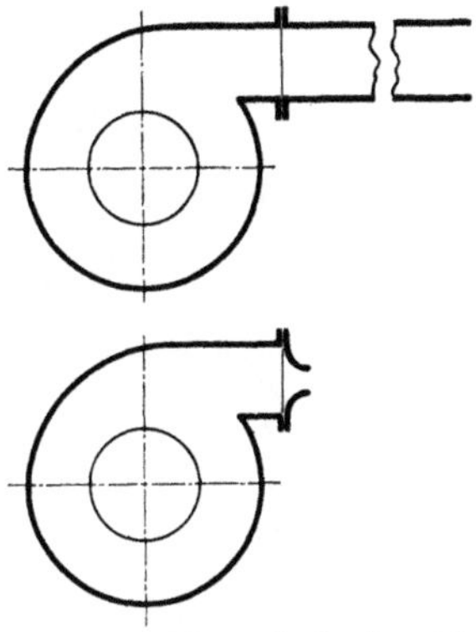

Abb. 93. Schematische Darstellung der gleichwertigen Düse.

F_D nennt man die gleichwertige Öffnung. In der Tat lassen sich so die gesamten Widerstände bezüglich ihrer Wirkung auf das Gebläse sehr gut veranschaulichen. Man bezieht dieses F_D gerne auf den Austrittsquerschnitt des Gebläses und führt das Flächenverhältnis:

$$\vartheta = \frac{F_D}{F} = \frac{\text{Gleichwertiger Düsenquerschnitt *}}{\text{Ausblasequerschnitt}}$$

ein. Vielfach werden von den Lieferfirmen die Kenngrößen, d. h. insbesondere der Druck in Abhängigkeit von ϑ angegeben. Die Größe ϑ hat den Vorteil, daß man bei einfachen Versuchen schnell eine Überprüfung der Gewährleistungen vornehmen kann.

Wo indes der Druckwiderstand nicht allein aus Strömungswiderstand besteht, verliert der Begriff der gleichwertigen Öffnung seinen Sinn. Bei der konstruktiven Gestaltung bietet diese Größe keinen Vorteil.

49. Gesetzmäßigkeiten bei Änderung der Drehzahl.

Wie ändern sich Druck, Fördermenge und Leistung, wenn die Drehzahl geändert wird? Diese Frage interessiert einmal bei Drehzahlregulierung, dann ist man auch bei Versuchen oft gezwungen, eine kleine Drehzahländerung rechnerisch auszugleichen.

Ähnliche Betriebszustände sollen zunächst untersucht werden. Hierunter verstehen wir, daß bei den verschiedenen Drehzahlen ähnliche Geschwindigkeitsdreiecke auftreten. Der prozentuale Einfluß von Stoßverlusten usw. wird dann der gleiche sein. Insbesondere dürften alle Punkte mit stoßfreiem Eintritt ähnliche Geschwindigkeitsdiagramme aufweisen.

Da die Umfangsgeschwindigkeit proportional der Drehzahl ist, und die andern Geschwindigkeiten sich im gleichen Verhältnis ändern, kann

* Regeln für Abnahme- und Leistungsversuche an Verdichtern. Berlin: VDI-Verlag 1934.

man zunächst sagen, daß alle Geschwindigkeiten sich proportional der Drehzahl ändern.

$$\frac{c_{2u}^{I}}{c_{2u}^{II}} = \frac{n_I}{n_{II}} = \frac{c_{2m}^{I}}{c_{2m}^{II}} = \cdots \tag{103}$$

Das geförderte Luftvolumen ist proportional c_{2m}, so daß für die Fördermenge folgende lineare Abhängigkeit von der Drehzahl folgt:

$$\frac{V_I}{V_{II}} = \frac{n_I}{n_{II}}. \tag{104}$$

Ändert sich z. B. die Drehzahl um 2 vH, so ändert sich auch die Fördermenge um 2 vH.

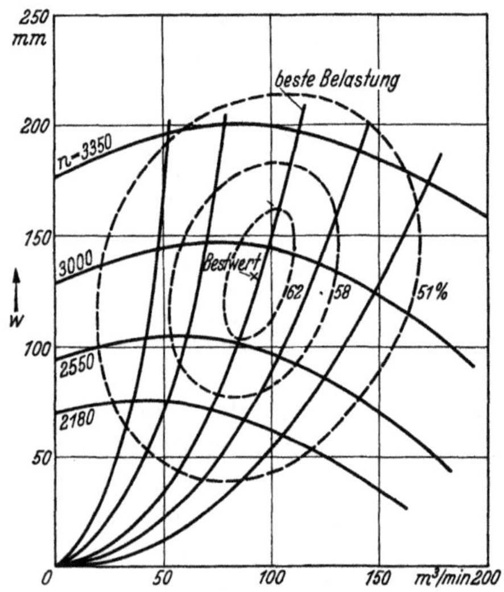

Abb. 94. Kennlinien verschiedener Drehzahl mit Parabeln gleichen Stoßzustandes.

Der Druck ist nach $\Delta p = \psi \frac{\varrho}{2} u_2^2$ proportional dem Quadrat der Umfangsgeschwindigkeit und damit auch der Drehzahl.

$$\frac{\Delta p_I}{\Delta p_{II}} = \left(\frac{n_I}{n_{II}}\right)^2. \tag{105}$$

Ändert sich somit die Drehzahl um 1,5 vH, so ändert sich der Druck bereits um 3 vH.

Nachdem die Änderung von Druck und Menge bekannt ist, kann jeder Punkt einer Kennlinie auf den entsprechenden einer andern Drehzahl übertragen werden. Ist eine Kennlinie bekannt, so kann die Kennlinie für jede andere Drehzahl ausgerechnet werden. (Eine Einschränkung erfährt dieses Gesetz nur dadurch, daß einige Verlustquellen nicht genau mit dem Quadrat der Geschwindigkeit wachsen.)

Setzt man aus Gl. (104) $\frac{n_I}{n_{II}}$ in Gl. (105) ein, so erhält man

$$\frac{\Delta p_I}{\Delta p_{II}} = \left(\frac{V_I}{V_{II}}\right)^2; \qquad \Delta p_I = \Delta p_{II} \left(\frac{V_I}{V_{II}}\right)^2.$$

Durch diese Gleichung sind alle Punkte des gleichen Stoßzustandes, d. h. mit ähnlichen Geschwindigkeitsdreiecken miteinander verbunden. Man erhält eine Parabel. Geht man von einem andern Punkt der Kennlinie aus, so erhält man eine andere Parabel, so daß die umgerechneten Kennlinien und diese Parabelschar ein umfassendes Bild über die Betriebszustände bei allen Drehzahlen darstellen. In Abb. 94 befindet sich ein derartiges Bild. Die Punkte gleichen Wirkungsgrades sind noch durch Kurven verbunden. Es ergeben sich geschlossene sog. Eierkurven, die gewissermaßen die Höhenschichtlinien des „Wirkungsgradgebirges" angeben. Der „höchste" Punkt (in Abb. 94 angedeutet) bedeutet den besten Wirkungsgrad des Gebläses überhaupt. Beobachtet wird auch häufig, daß die Eierkurven nach oben offen bleiben bzw. bei solchen Drehzahlen sich erst zusammenschließen, die praktisch ausscheiden. Der Verlauf dieser Kurven hängt sehr von den Gesetzen ab, nach denen sich die Verluste mit Änderung der Drehzahl ändern. Eine sichere rechnerische Vorausbestimmung des in Abb. 94 dargestellten Bildes ist zur Zeit noch vollkommen unmöglich.

Die Leistung des Gebläses, die proportional der Antriebsleistung ist, kann durch $N = \frac{V \cdot \Delta p}{75}$ [PS] dargestellt werden. Da sich V mit der ersten und Δp mit der zweiten Potenz der Drehzahl ändert, muß sich N mit der dritten Potenz der Drehzahl ändern.

$$\frac{N_I}{N_{II}} = \left(\frac{n_I}{n_{II}}\right)^3. \tag{106}$$

Wenn sich z. B. die Drehzahl um 2 vH ändert, so ändert sich die Antriebleistung bereits um 6 vH. Durch die starke Steigerung der Antriebleistung mit der Drehzahl ist einerseits beim Antrieb durch Hauptschlußmotoren ein Durchgehen der Maschine unmöglich, andererseits wird bei kleinen Drehzahlen die Leistung außerordentlich gering sein, so daß für die Antriebsmaschinen von Gebläsen nur sehr günstige Bedingungen vorliegen.

IX. Leitvorrichtungen.

50. Leitschaufeln.

Obschon Leitschaufeln bei einstufigen Gebläsen fast eine Ausnahme darstellen, sollen wenigstens die Hauptgesichtspunkte zu ihrer Gestaltung hier zusammengestellt werden. Aufgabe der Leitvorrichtung ist es, die hohe absolute Austrittsgeschwindigkeit c_3 mit möglichst wenig Verlusten in Druck umzusetzen. Stellt man die Aufgabe so, daß auf einem möglichst kleinen Außendurchmesser diese Aufgabe erreicht sein soll, so sind Leitschaufeln in der Tat unvermeidlich. Bei verschiedenen Anwendungen, wo es kein Nachteil ist, daß der Austrittsquerschnitt ringförmig ist, kann eine solche Anwendung vorkommen (z. B. Flugmotorenlader).

Nach Verlassen des Laufrades hat die Luft eine Absolutgeschwindigkeit c_3 unter einem Winkel α_3 gegen den Umfang. Die Zerlegung in $c_3^2 = c_{3u}^2 + c_{2m}^2$ ist deshalb zweckmäßig, weil nach dem Drallsatz und nach der Stetigkeitsgleichung leicht die Änderung dieser Komponenten mit r angegeben werden kann.

$$c_u = \frac{c_{3u} \cdot r_3}{r}; \qquad c_m = \frac{c_{2m} \cdot r_3}{r}.$$

Bildet man somit

$$\operatorname{tg} \alpha = \frac{c_m}{c_u} = \frac{c_{2m}}{c_{3u}} = \text{konst.},$$

so erkennt man, daß dieser Winkel konstant ist. Die Luft bewegt sich somit in logarithmischen Spiralen. Die Gleichung dieser Spirale lautet

$$\varphi \cdot \operatorname{tg} \alpha = \ln \frac{r}{r_3}. \tag{107}$$

Die Leitschaufeln müssen somit ebenfalls mit logarithmischen Spiralen beginnen, wenigstens bis zum Querschnitt A —·— B', sofern der Eintritt wirkungslos sein soll. Statt dessen wählt man meist bei großen Schaufelzahlen den zugehörigen Krümmungsradius, dessen Konstruktion aus Abb. 95 leicht erkennbar ist; er hat den Wert:

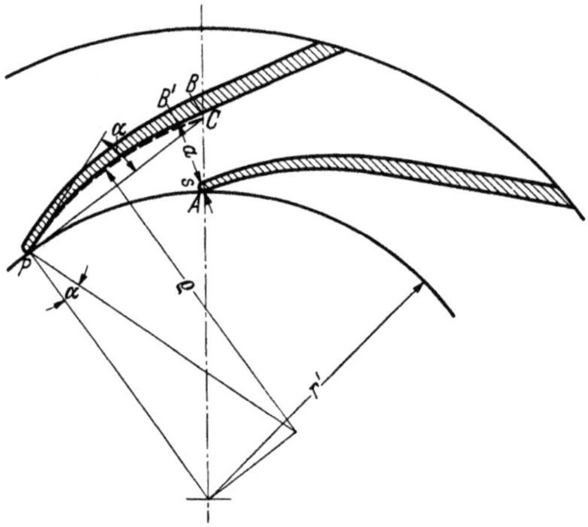

Abb. 95. Leitschaufelanfang durch logarithmische Spirale und ihren Krümmungsradius ausgeführt.

$$\varrho = \frac{r}{\cos \alpha}.$$

Bei nur wenigen Schaufeln, d. h. wenn die bekannten Ausführungen aus dem Kreiselpumpenbau übernommen werden, ergibt allerdings ein einziger Krümmungsradius einen zu kleinen Querschnitt im engsten Leitschaufelquerschnitt. Abb. 95 zeigt die Verhältnisse für 10 Leitschaufeln und $\alpha_4 = 20°$. Der Krümmungskreis, der bei P beginnt, ist gestrichelt eingezeichnet, während der Punkt B nach der Gleichung $\varphi \cdot \operatorname{tg} \alpha = \ln \frac{r}{r_3}$ genau berechnet wurde.

Aus dieser Gleichung kann auch die Kanalbreite $(a + s)$ leicht berechnet werden. Mit $AB = r - r'$ wird $a + s = (r - r') \cdot \cos \alpha$. In erster Näherung kann man setzen:

$$\ln \frac{r}{r'} \sim \frac{r - r'}{r}.$$

Da φ der Schaufelleitung entspricht, ergibt sich $\varphi = \frac{2\pi}{z}$. Setzt man dies in Gl. (107) ein, so ergibt sich

$$\frac{2\pi}{z} \cdot \operatorname{tg} \alpha = \frac{a + s}{r'} \cdot \frac{1}{\cos \alpha},$$

hieraus

$$a + s = r' \cdot \frac{2\pi}{z} \cdot \sin \alpha = t \cdot \sin \alpha \tag{108}$$

(t = Schaufelteilung).

Indem wir noch die Schaufelteilung eingeführt haben, erhält Gl. (108) eine einfache Deutung.

Zur Berücksichtigung der Verengung durch die endliche Schaufeldicke wird ebenso wie bei den Laufschaufeln (S. 46) eine Aufwinkelung vorgenommen nach der Gleichung

$$\operatorname{tg} \alpha_4 = \operatorname{tg} \alpha_3 \frac{t_3}{t_3 - \sigma_3} \left[\sigma_3 = \frac{s}{\sin \alpha_3} \right].$$

Vom Querschnitt AB' an ist die Luft in einem geschlossenen Kanal erfaßt. Von hier aus kann somit die höchstzulässige Verzögerung vorgenommen werden, die bei Diffusoren angewandt werden. Es ergeben sich dann die aus Abb. 95 ersichtlichen Formen, die aus dem Kreiselpumpenbau her bekannt sind.

Sehr selten werden im Gebläsebau diese Formen gewählt. Die Baustoffe bedingen hier oft einen Unterschied. Während man im Kreiselpumpenbau fast ausschließlich Gußformen wählt, finden sich im Gebläsebau auch schmiedeeiserne Gestaltungen, die zu andern Formen führen. Aus diesem und andern Gründen finden sich im Gebläsebau oft gerade Leitschaufeln. Die Anzahl der Schaufeln ergibt sich hier von selbst, wenn man in den Kanälen keine unzulässige Erweiterung duldet. Läßt man maximal für den Erweiterungswinkel 14° zu[1], so ergibt sich $z = \frac{360}{14} \sim 25$ als kleinste Schaufelzahl. Eine bekannte Ausführungsform ist aus Abb. 96 zu erkennen.

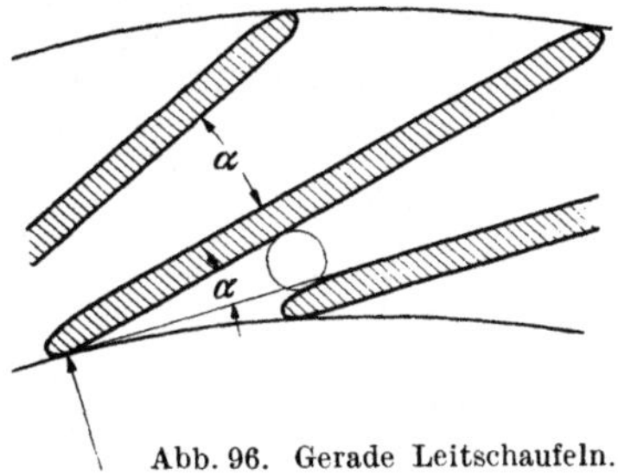

Abb. 96. Gerade Leitschaufeln.

Bei Berechnung dieser Leitschaufeln, deren Grundform auch bei drehbaren Leitschaufeln vorhanden ist, spielt der engste Querschnitt eine größere Rolle wie der Schaufelwinkel. Die engsten Querschnitte müssen so bemessen sein, daß keine bzw. nur eine sehr kleine Beschleunigung auftritt. Die eingehende Behandlung dieser Dinge gehört in das Gebiet der Turbokompressoren.

51. Spiralgehäuse[2].

Bei einstufigen Gebläsen, insbesondere bei allen Ventilatoren, ist das Spiralgehäuse die fast ausschließlich vorkommende Leitvorrichtung. Diese Form der Leitvorrichtung ist in ihrem Aufbau so einfach und zudem so wirksam, daß kaum etwas besseres an

[1] Diese größeren Werte können hier zugelassen werden, weil die starke Turbulenz, die die Luft hinter dem Laufrad besitzt, ablösungsverhindernd wirkt.

[2] Dieses Kapitel bildet im wesentlichen eine Übertragung einer früheren Arbeit des Verfassers „Theorie und Konstruktion von Spiralgehäusen" 1930, Werft Reed. Hafen, Heft 14. Die Grundzüge der dort ausführlich behandelten Reibung in Spiralgehäusen befinden sich bereits in Eck-Kearton: Turbogebläse und Kompressoren. Berlin: Julius Springer 1929.

diese Stelle gesetzt werden könnte. Es ist deshalb notwendig, die Besprechung dieser Dinge in einem weiteren Rahmen vorzunehmen.

a) Grundsätzliches.

Um die Strömungsverhältnisse in einer Spirale zu erfassen, geht man zweckmäßig von einer einfachen achsensymmetrischen Strömung aus. Ein für die vorliegenden Verhältnisse sehr wichtiger Idealfall ist z. B. die Vereinigung eines isolierten Wirbels mit einer Quelle. Bei parallelen Seitenwänden erhält man hier als Stromlinien logarithmische Spiralen (Abb. 97). Ein Kreiselrad, dessen Durchmesser d_0 sein soll, kann bekanntlich in bezug auf seine Gesamtwirkung durch ein derartiges Gebilde ersetzt werden. Für irgendeinen außerhalb des Kreiselrades liegenden Punkt mit dem Radius r erhält man die Umfangsgeschwindigkeit c_u aus der Bedingung, daß der sog. Drall konstant bleiben muß, d. h. $r \cdot c_u =$ konst. (Dieser Satz gilt praktisch mit der Einschränkung, daß man sich so weit von dem Rade entfernen muß, daß die durch die endliche Schaufelzahl bedingten Abweichungen abgeklungen sind.) Dieses Gesetz bildet die Grundlage für die Dimensionierung einer Spirale bei Vernachlässigung der Reibung.

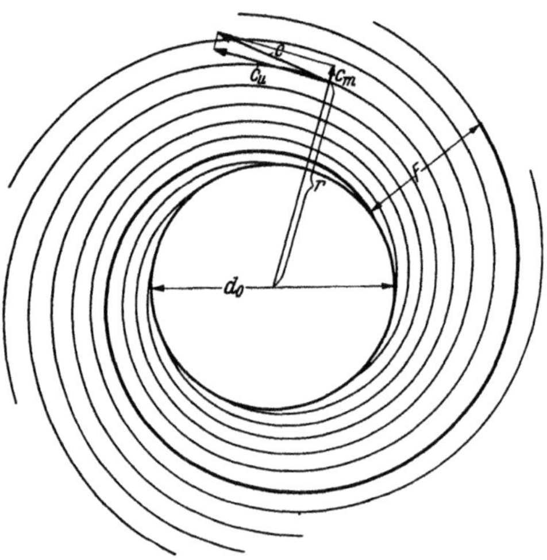

Abb. 97. Entstehung eines Spiralgehäuses aus den Stromlinien einer achsensymmetrischen Strömung.

Wie man von Abb. 97 zu einer Spirale kommt, ist leicht zu erkennen. Ersetzt man z. B. irgendeine Stromlinie (in Abb. 97 stark ausgezogen) durch eine feste Wand, so wird diese nach einer vollen Umdrehung das ganze Fördervolumen in dem Endquerschnitt F fassen, so daß dort leicht der Übergang in einen Rohrquerschnitt vollzogen werden kann. Da nun der Auslauf gerade sein muß und den Spiralen nicht mehr folgt, sind hierdurch Abweichungen von obiger Strömung bedingt. Diese werden indes meist unbedeutend sein, weil man für einen möglichst stetigen Übergang schon aus Konstruktionsrücksichten Sorge tragen muß.

Als notwendige Voraussetzung obigen Gesetzes sei noch erwähnt, daß die Seitenwände des Gehäuses achsensymmetrisch sein müssen. Beachtet man diese Bedingung bei der Formgebung der Spirale nicht, wie z. B. beim Kreisquerschnitt (s. S. 109), so ist auch die Strömung nicht mehr exakt achsensymmetrisch. Insbesondere sind die Umfangsgeschwindigkeiten am Umfange eines Kreises nicht mehr konstant, so daß das Gesetz $r \cdot c_u = \text{konst.}$ keine Gültigkeit mehr hat. Im hydrodynamischen Sinne ist die Strömung trotzdem noch wirbelfrei. Kleinere Abweichungen vom Rotationskörper können natürlich keine großen Veränderungen hervorrufen. Nur in diesem Sinne ist es gestattet, bei den folgenden Berechnungen obiges Gesetz als gültig anzusehen.

b) Konstruktion von Spiralen ohne Berücksichtigung der Reibung.

Für die meisten vorkommenden Grundformen läßt sich die äußere Begrenzungskurve der Spirale mathematisch berechnen. Wo dies nicht möglich ist, helfen leichte graphische Verfahren aus.

α) **Parallele Seitenwände.** Die Geschwindigkeit c an einer beliebigen Stelle kann aus ihren Komponenten c_u und c_m berechnet werden. Nach obigem folgt[1]

$$c_u = \frac{c_{u_0} r_0}{r}.$$

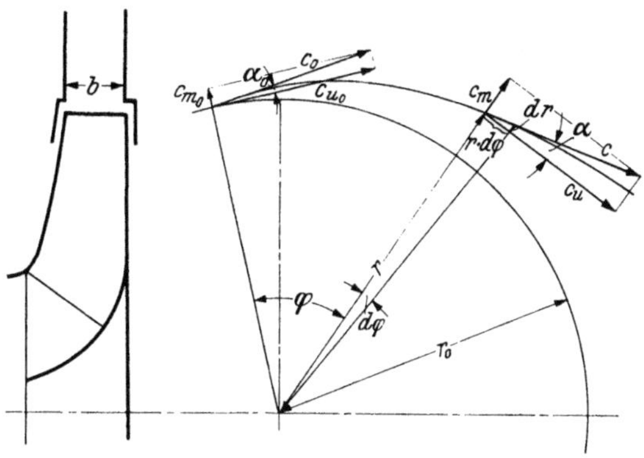

Abb. 98. Spiralraum mit parallelen Seitenwänden (Bezeichnungen).

Die Bedingung, daß durch alle Kreise dieselbe Fördermenge strömen muß (Kontinuitätsgleichung), ergibt die Beziehung

$$c_m \cdot 2\, r\, \pi\, b = c_{m_0} \cdot 2\, r_0\, \pi\, b;$$

hieraus folgt (Abb. 98):

$$c_m = \frac{c_{m_0} r_0}{r}.$$

Die Richtung einer Stromlinie erhält man aus

$$\operatorname{tg} \alpha = \frac{c_m}{c_u} = \frac{c_{m_0}}{c_{u_0}} = \operatorname{tg} \alpha_0,$$

d. h. der Neigungswinkel gegen die Umfangsrichtung ist konstant. Da

$$\operatorname{tg} \alpha = \frac{\mathrm{d}r}{r\,\mathrm{d}\varphi} = \frac{c_{m_0}}{c_{u_0}} \tag{109}$$

ist, ergibt sich die Gleichung

$$\ln \frac{r}{r_0} = \varphi \frac{c_{m_0}}{c_{u_0}}. \tag{110}$$

Dies ist bekanntlich die Gleichung einer logarithmischen Spirale, die somit als äußere Begrenzungskurve für die Spirale anzunehmen ist.

[1] Im folgenden wird der Grundkreis der Spirale immer mit dem Index 0 bezeichnet.

β) Parallele Seitenwände, die breiter als das Laufrad sind. Bei den meisten Ventilatoren ist dies der normale Fall. Die Berechnung ist sehr leicht. Bezeichnen wir mit b die konstante Breite des Gehäuses, so lautet die Kontinuitätsgleichung für den Zylinderdurchschnitt r:

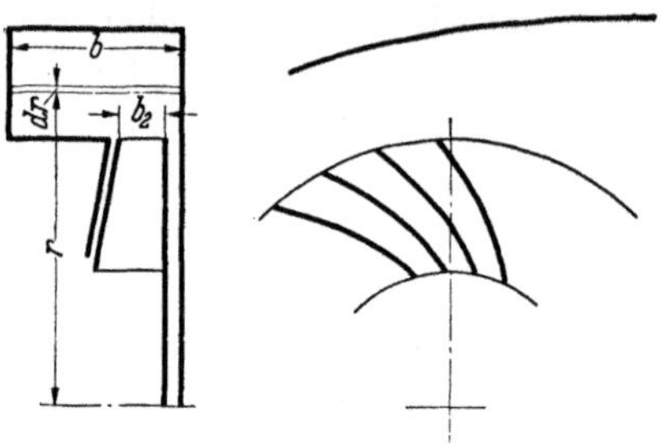

Abb. 99. Rechteck von gleicher Breite als Grundform der Spirale.

$$2\,r\,\pi\,b\,c_m = 2\,r_0\,\pi\,b_0 \cdot c_{0\,m},$$

hieraus:

$$c_m = c_{0\,m} \cdot \frac{r_0 \cdot b_0}{r \cdot b}.$$

Für c_u gilt dasselbe Gesetz wie vorhin

$$c_u = \frac{c_{0\,u} \cdot r_0}{r}.$$

Wir erhalten somit folgende Neigung α der Stromlinien

$$\operatorname{tg}\alpha = \frac{c_m}{c_u} = \frac{c_{0\,m}}{c_{0\,u}} \cdot \frac{b_0}{b} = (\operatorname{tg}\alpha_0) \cdot \frac{b_0}{b}.$$

Da wir wieder eine Stromlinie als Begrenzung der Spirale herausgreifen können, ergibt sich

$$\operatorname{tg}\alpha = \frac{\mathrm{d}r}{r\,\mathrm{d}\varphi}; \qquad \frac{\mathrm{d}r}{r} = \mathrm{d}\varphi \cdot \operatorname{tg}\alpha = \mathrm{d}\varphi\,(\operatorname{tg}\alpha_0) \cdot \frac{b_0}{b}.$$

Die Lösung lautet:

$$\ln\frac{r}{r_0} = \varphi \cdot (\operatorname{tg}\alpha_0)\,\frac{b_0}{b} = \varphi \cdot \frac{c_{0\,m}}{c_{0\,u}} \cdot \frac{b_0}{b} = 2{,}302 \cdot \lg\frac{r}{r_0}. \qquad (111)$$

Der einzige Unterschied gegenüber dem ersten Fall besteht somit nur in dem Faktor $\frac{b_0}{b}$.

Zahlenbeispiel: Für ein Gebläserad von 60 mm Außenbreite; $r_0 = 200$ mm; $c_{0\,u} = 15$ m/s und $c_{0\,m} = 5$ m/s soll das Spiralgehäuse berechnet werden. Für b werde 150 mm gewählt. Wir lösen am besten Gl. (111) nach φ auf:

$$\varphi = 2{,}302 \cdot \frac{b}{b_0} \cdot \frac{c_{0\,u}}{c_{0\,m}}\left(\lg\frac{r}{r_0}\right) = 2{,}302 \cdot \frac{150}{60} \cdot \frac{15}{5}\lg\frac{r}{r_2} = 17{,}3 \cdot \lg\frac{r}{r_2}$$

$$\varphi^0 = 57{,}3 \cdot \breve{\varphi} = 990 \cdot \lg\frac{r}{r_2}.$$

Die folgende Zahlentafel 6 zeigt die Ausrechnung, nach der die Spirale leicht aufgezeichnet werden kann:

Zahlentafel 6.

$\frac{r}{r_2}$	2,307	2	1,8	1,4	1,4	1,3	1,2	1,1	1,05
φ^0	360	298	250	218	145	113	78,3	40,8	21
r[mm]	461,4	400	360	320	280	260	240	220	210

In den meisten Fällen wird man fordern, daß der Austrittsquerschnitt quadratisch ist. Durch eine Integration im Austrittsquerschnitt kann die notwendige Breite des Spiralgehäuses berechnet werden. Nehmen wir auch hier die Geschwindigkeitsverteilung $c \sim c_u = \frac{c_{0u}\, r_0}{r}$ an, so ergibt sich für das gesamte austretende Luftvolumen:

$$V = \int_{r_0}^{r_0+b} b \cdot \mathrm{d}r \, \frac{c_{0u} \cdot r_0}{r} = b \cdot c_{0u} \cdot r_0 \cdot \ln \frac{r_0 + b}{r_0}.$$

Da diese Formel zur Berechnung von b reichlich unbequem ist, wollen wir in erster Näherung annehmen, daß die Geschwindigkeit im Schwerpunkt der Austrittsfläche gleich der mittleren Geschwindigkeit ist

$$c = \frac{c_{0u} \cdot r_0}{r_0 + \frac{b}{2}}$$

Dann ergibt sich für den Austrittsquerschnitt der Spirale:

$$V = \frac{b^2 \cdot c_{0u} \cdot r_0}{r_0 + \frac{b}{2}}.$$

Ersetzen wir andererseits $V = 2\, r_0 \pi\, b_0 \cdot c_{0m}$, so ergibt sich eine quadratische Bestimmungsgleichung für b:

$$b = \frac{\pi}{2}\, b_0 \frac{c_{0m}}{c_{0u}} + \sqrt{\left(\frac{\pi}{2}\, b_0 \frac{c_{0m}}{c_{0u}}\right)^2 + 2\, r_2 \pi\, b_2 \frac{c_{0m}}{c_{0u}}}. \qquad (112)$$

Für das letzte Beispiel erhalten wir mit dieser Formel $b = 200$ mm.

γ) **Konische Seitenwände**[1]. Für c_u gilt dasselbe wie oben. c_m ist aber hier wegen der veränderlichen Breite (Abb. 100)

$$c_m = \frac{c_{m_0}\, r_0\, b_0}{r\, b}.$$

Für b ergibt sich mit den Bezeichnungen der Abb. 100

$$b = b_0 + 2\,(r - r_0)\,\mathrm{tg}\,\delta.$$

Setzt man dieses ein, so entsteht

$$c_m = \frac{c_{m_0}\, r_0\, b_0}{[b_0 + 2\,(r - r_0)\,\mathrm{tg}\,\delta]\, r}; \qquad c_u = \frac{c_{u_0}\, r_0}{r}$$

$$\mathrm{tg}\,\alpha = \frac{c_m}{c_u} = \frac{\mathrm{d}r}{r\, \mathrm{d}\varphi} = \frac{c_{m_0}\, b_0}{c_{u_0}\,[b_0 + 2\,(r - r_0)\,\mathrm{tg}\,\delta]}.$$

Die Lösung dieser Differentialgleichung ist

$$\varphi = \frac{1}{\mathrm{tg}\,\alpha_0}\left[\left(1 - 2\,\frac{r_0}{b_0}\,\mathrm{tg}\,\delta\right)\ln\frac{r}{r_0} + 2\,\frac{r_0}{b_0}\left(\frac{r}{r_0} - 1\right)\mathrm{tg}\,\delta\right]. \qquad (113)$$

Durch Einsetzen beliebiger Werte von r gewinnt man

$$\varphi = f(r).$$

[1] Zahlenbeispiele für konische Seitenwände und Kreisquerschnitt befinden sich weiter unten.

Die Gleichung besteht aus einem logarithmischen und einem linearen Teil. Ersterer verschwindet für

$$1-2\frac{r_0}{b_0}\operatorname{tg}\delta=0, \quad \text{d. h.} \quad \operatorname{tg}\delta=\frac{b_0}{2r_0}.$$

Wie man aus Abb. 100 erkennt, ist das dann der Fall, wenn die Spitzen der konischen Seitenwände sich im Wellenmittel berühren. Obige Gleichung ändert sich für diesen Fall in

$$\left.\begin{aligned}\varphi=\frac{1}{\operatorname{tg}\alpha_0}\left(\frac{r}{r_0}-1\right)=\frac{1}{\operatorname{tg}\alpha}\cdot\frac{\Delta r}{r_0};\\ (\Delta r=r-r_0).\end{aligned}\right\}\quad (114)$$

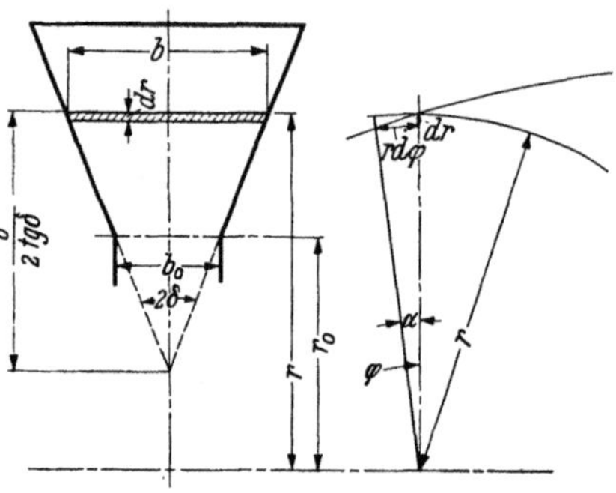

Abb. 100. Spirale mit konischen Seitenwänden. Trapezförmige Grundform des Querschnittes.

Diese Gleichung besagt, daß die äußere Berandung proportional dem Beaufschlagungsbogen wächst. Diese Beziehung, die bisher noch nicht bekannt zu sein scheint, bietet bei gewissen Konstruktionen, die einen derartigen Winkel zulassen, eine bedeutende Vereinfachung für den ersten Entwurf.

Für die Wahl von δ ist die Ablösungsgefahr der Strömung maßgebend. Man muß untersuchen, wie groß der tatsächliche Erweiterungswinkel in Richtung der Absolutströmung ist. Letzterer darf die bewährten Werte 8 bis 12° nicht überschreiten. Es ist indes anzunehmen, daß bei Nichtbeachtung dieser Forderung keine größeren Verluste eintreten, da hauptsächlich die Umsetzung der Meridiangeschwindigkeit, die verhältnismäßig klein ist, hierdurch in Frage gestellt wird.

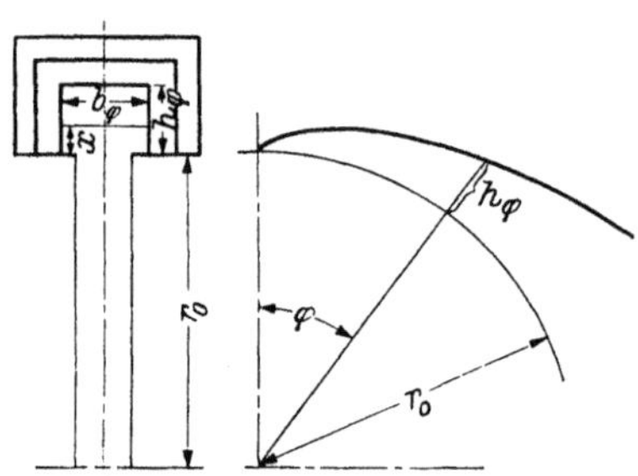

Abb. 101. Spirale mit rechteckigem Querschnitt (Querschnitte geometrisch ähnlich).

d) Rechteckige Querschnitte. Die einzelnen Querschnitte, deren Grundform das Rechteck ist, sollen sich radial und axial so vergrößern, daß ähnliche Flächen entstehen. Diese Konstruktionen ergeben natürlich keinen Rotationskörper in bezug auf die Seitenwände, so daß geringe Abweichungen von dem Gesetz $r\,c_u=$ konst. zu erwarten sind.

Ist die radiale Ausdehnung nicht groß im Verhältnis zum Radius, so dürfte die folgende Rechnung eine gute Näherung darstellen. Mit den Bezeichnungen der Abb. 101 setzen wir $\frac{h}{b}=C$ (konstant). An der Stelle x ist

$$c_u=\frac{c_{u_0}\,r_0}{r_0+x};$$

bei dem Winkel φ strömt die Menge $\frac{\varphi^0}{360} V$ durch den Querschnitt $b_\varphi\, h_\varphi$. Mithin ist

$$\frac{\varphi^0}{360} V = \int_0^h \frac{c_{u_0} r_0}{r_0 + x} \cdot \frac{h}{C} \, \mathrm{d} x .$$

Hieraus ergibt sich die Bestimmungsgleichung

$$\varphi = \frac{360 \, c_{u0} r_0 h}{V C} \ln\left(1 + \frac{h}{r_0}\right). \tag{115}$$

Dieses ist ebenfalls eine logarithmische Spirale.

ε) Kreisförmiger Querschnitt. Auch hier ist eine genaue Berechnung möglich. Es ergibt sich[1]

$$\frac{d}{2} = \sqrt{\varphi \frac{\left(r_0 + \frac{d}{2}\right) V}{360 \pi c_{u_0} r_0} - \varphi^2 \left(\frac{V}{720 \pi c_{u_0} r_0}\right)^2} . \tag{116}$$

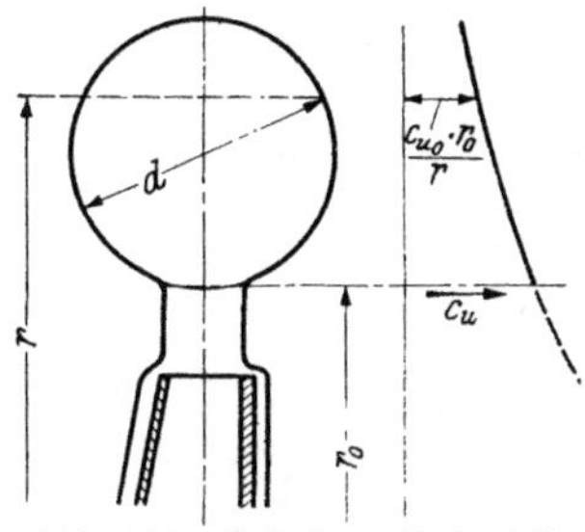

Abb. 102. Spirale mit kreisförmigem Querschnitt (rechts Verlauf der Umfangskomponente der Absolutgeschwindigkeit).

Die wegen ihrer Umständlichkeit für praktische Berechnungen nicht in Frage kommende Formel kann in den meisten Fällen durch eine einfache Näherungsformel ersetzt werden. Die Änderung von c_u in radialer Richtung ist nach

$$c_u = \frac{c_{u_0} r_0}{r}$$

hyperbolisch (in Abb. 102 aufgetragen). Wenn der Durchmesser d des Spiralenquerschnittes nicht zu groß ist im Verhältnis zum Gesamtgehäusedurchmesser, so ist der Hyperbelverlauf über dem Kreisquerschnitt sehr flach. Wäre der Verlauf geradlinig, so würde die Mittelgeschwindigkeit gleich der Geschwindigkeit im Schwerpunkt der Fläche sein, d. h.

$$c_{\text{mitt}} = \frac{c_{u_0} r_0}{r_0 + \frac{d}{2}} .$$

Diese Annahme dürfte in den meisten Fällen genügen. Hiermit erhält man

$$V \frac{\varphi^0}{360} = \frac{\pi}{4} d^2 c_{\text{mitt}} = \frac{\pi d^2}{4} \cdot \frac{c_{u_0} r_0}{r_0 + \frac{d}{2}} .$$

Hieraus

$$d = \sqrt{\frac{\varphi^0 \left(r_0 + \frac{d}{2}\right)}{c_{u_0} r_0} \cdot \frac{V}{90 \pi}} . \tag{117}$$

Die äußere Berandung d wächst also proportional mit

$$\sqrt{\varphi^0 \left(r_0 + \frac{d}{2}\right)} .$$

[1] Eck-Kearton: Turbogebläse und Turbokompressoren, S. 159. Berlin: Julius Springer 1929.

Da d^2 proportional dem Querschnitt ist, wächst letzterer nicht proportional dem Beaufschlagungsbogen, was bei konstanter Geschwindigkeit in der Spirale der Fall wäre, sondern erheblich stärker, nämlich

$$\text{prop}\ \varphi^0 \left(r_0 + \frac{d}{2}\right).$$

Die Verwendung dieser Formel setzt die Kenntnis von d voraus. Am besten wählt man zuerst d ungefähr, indem man die Querschnitte berechnet, die sich bei konstanter Geschwindigkeit c in der ganzen Spirale ergeben. In diesem Falle wachsen die Querschnitte proportional dem Beaufschlagungsbogen. Eine nochmalige Berechnung mit dem dann nach der obigen Formel korrigierten d ist meist unnötig, da das Verfahren sehr scharf konvergiert.

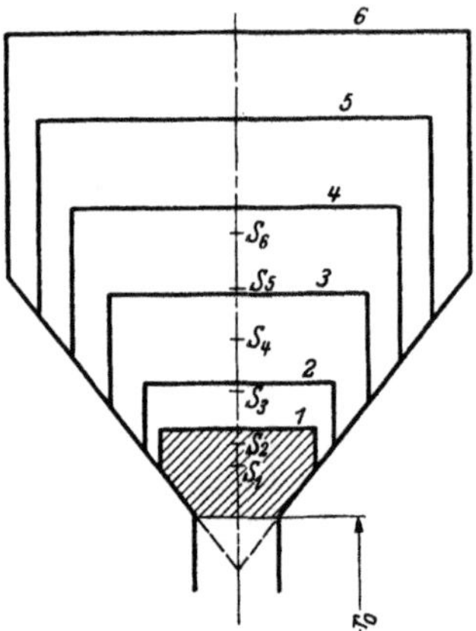

Abb. 103. Spiralquerschnitt, bestehend aus einem Trapez und einem Rechteck von gleicher Höhe.

ζ) Graphische Verfahren. Für viele bei Spiralen angewandte Querschnittsformen wird die rein rechnerische Bestimmung sehr umständlich. Im folgenden sollen zwei Verfahren angegeben werden, die sich wegen ihrer Einfachheit für den praktischen Gebrauch eignen.

α) Exaktes Verfahren. Das Bildungsgesetz des Querschnittes sei bekannt. Derselbe soll z. B. aus einem Rechteck und einem Trapez so konstruiert werden, daß beide Höhen gleich sind (Abb. 103). Man ist so in der Lage, irgendeinen Querschnitt mit vorgeschriebener Gesamthöhe h anzugeben. Unbekannt ist die Lage des Querschnittes auf dem Kreisumfang. Wenn die Lage durch den Beaufschlagungsbogen φ angegeben wird, so strömt durch den betrachteten Querschnitt das Volumen $V \frac{\varphi^0}{360}$; dies ist gleich

$$\int_0^h c\,\mathrm{d}F = \int_0^h c\,b\,\mathrm{d}r.$$

Die Geschwindigkeit c ergibt sich aus der Gleichung

$$c \sim c_u = \frac{c_{u_0} r_0}{r}.$$

Definiert man eine mittlere Geschwindigkeit c_{mitt}, so ist

$$\frac{V\varphi^0}{360} = c_{\text{mitt}} F = \int c\,b\,\mathrm{d}r; \qquad c_{\text{mitt}} = \frac{1}{F}\, b_{\max} \int_0^h c\,\frac{b}{b_{\max}}\,\mathrm{d}r.$$

c_{mitt} soll zuerst ermittelt werden. Zu diesem Zwecke trägt man zunächst c über der radialen Ausdehnung des Querschnittes auf, d. h. eine Hyperbel.

Dann verkleinert man c im Verhältnis $\frac{b}{b_{\max}}$ und bestimmt den Inhalt der neuen Kurve. Nach Berechnung des Inhaltes F des Querschnittes ergibt sich dann nach der letzten Formel c_{mitt}. Dann erhält man den zugehörigen Winkel aus der Gleichung

$$\varphi^0 = \frac{360}{V} c_{\text{mitt}} F .$$

Dieses Verfahren führt man für so viele Punkte aus, daß der Kurvenzug der Spirale bequem gezeichnet werden kann.

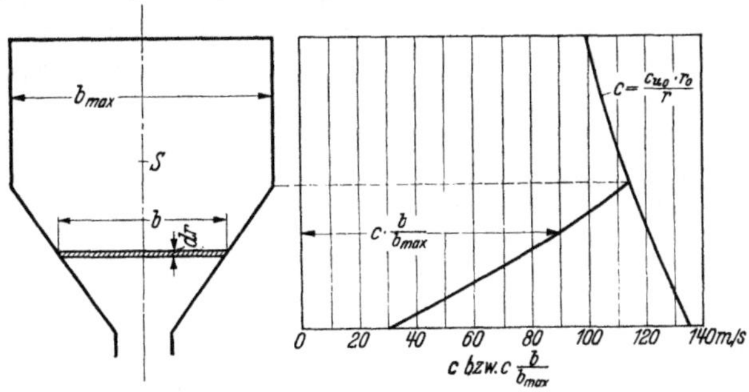

Abb. 104. Graphisches Verfahren zur Bestimmung einer Spirale von beliebigem Querschnitt.

Zahlenbeispiel. In Abb. 104 ist das Verfahren für folgende Annahmen durchgeführt:

Durchmesser am Beginn der Spirale $2\,r_0 = 535$ mm,

Umfangskomponente am Beginn der Spirale $c_{u_0} = 136$ m/s,

Fördermenge, bezogen auf Ansaugezustand 4000 m³/h,

Verringerung des Volumens in der Spirale infolge statischer Druckerhöhung im Laufrad 1,22,

Tatsächliche Fördermenge in der Spirale $V = \frac{4000}{1{,}22 \cdot 3600} = 0{,}91$ m³/s,

Druckerhöhung des ganzen Gebläses 0,4 atü.

Es ergibt sich hier z. B. für den in Abb. 104 angegebenen Querschnitt

$$\int c_m \frac{b}{b_{\max}} \,\mathrm{d}r = 90{,}65;$$

$$c_{\text{mitt}} = \frac{b_{\max}}{F} \int c_u \frac{b}{b_{\max}} \,\mathrm{d}r = 113 \text{ m/s};$$

$$\varphi = \frac{360}{V} c_{\text{mitt}} F = \frac{360}{0{,}91} \cdot 113 \cdot 74{,}7 \cdot 10^{-4} = 334^\circ .$$

Bei Neuentwürfen wird man oft keinen Anhalt für die Querschnitte haben, die man als Ausgangspunkt für das Verfahren annehmen soll. Es empfiehlt sich dann, zuerst den ungefähren Endquerschnitt ($\varphi = 360^\circ$) dadurch zu ermitteln, daß man Kreisquerschnitt und konstante Geschwindigkeit $c = c_{u_0}$ voraussetzt.

Hieraus erhält man die erste Näherung

$$F_{360} \sim \frac{V}{c_{u_0}} .$$

b) Näherungsverfahren. Ein einfacheres Verfahren besteht darin, daß man die graphische Integration durch die Annahme ersetzt, daß die Mittelgeschwindigkeit c_{mitt} im Schwerpunkt der Fläche vorhanden sei. Dies wurde bereits oben bei der Berechnung der Kreisquerschnitte empfohlen. Diese Annahme wäre richtig, wenn die Geschwindigkeit sich nach einer geraden Linie veränderte. Bei großen Spiralquerschnitten ergibt diese Annahme Abweichungen, deren Berücksichtigung zweckmäßig ist.

Zahlentafel 7. Graphische Ermittlung einer Spirale ohne Berücksichtigung der Reibung. (Querschnitt der Spirale nach Abb. 103.) s bedeutet den Abstand des Schwerpunktes von dem Grundkreis $2r_0$ der Spirale.

Nr.	F cm²	s	$r_0 + s$	φ	h
1	93	6,4	33,15	405	110
2	65,25	5,2	31,95	294	90
3	43,4	4,0	30,75	204	70
4	25	2,88	29,65	121,5	50
5	11,3	1,6	28,35	57,5	30
6	7,4	1,2	27,95	38,1	20

$$\varphi^0 = \frac{360}{V} \cdot \frac{c_{u_0} r_0}{r_0 + s} F .$$

Man geht nun so vor, daß man zunächst Schwerpunkt und Größe der Fläche bestimmt; dann greift man zweckmäßig (s. Abb. 103 und 104 und Zahlentafel 7) in der unten gezeichneten Geschwindigkeitskurve die Geschwindigkeit ab. Den zugehörigen Winkel φ findet man dann wieder aus der Gleichung

$$\varphi = \frac{360}{V} F c .$$

Hat man, vom Endquerschnitt ausgehend, so etwa 4 bis 8 Querschnitte ermittelt, so ergibt sich die äußere Begrenzung durch einen leicht zu ziehenden Kurvenzug. Die Aufteilung der Querschnitte ist in Abb. 103 durchgeführt.

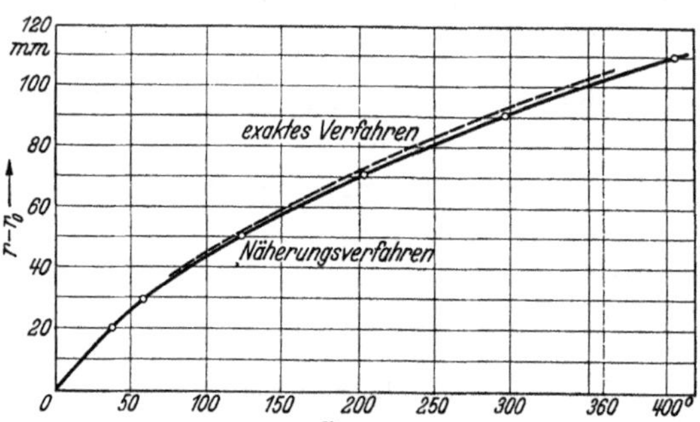

Abb. 105. Verlauf einer Spirale, ermittelt nach zwei verschiedenen graphischen Verfahren.

Für obiges Beispiel wurde das Verfahren in Abb. 103 und 104 ausgeführt. Das Ergebnis befindet sich in Abb. 105. Zum Vergleich wurde für den nach obigem Verfahren ermittelten Querschnitt mit der wirklichen Mittelgeschwindigkeit $c = 113$ m/s die Geschwindigkeit im Schwerpunkt bestimmt. Es ergab sich $c = 112$ m/s, d. h. ein unbedingt zu vernachlässigender Fehler.

Nach der genauen Berechnung wird somit die äußere Begrenzung etwas größer. Da im Hinblick auf die noch vorzunehmende Reibungskorrektur eine exakte Bestimmung des Querschnittes für Reibungslosigkeit nicht nötig ist, dürfte das zuletzt angegebene Verfahren für praktische Belange vollkommen genügen.

c) Einfluß der Reibung in Spiralen auf den Gesamtenergieumsatz.

Bei oberflächlicher Betrachtung ist man leicht geneigt, die Größenordnung des Einflusses der Reibung in der Spirale zu unterschätzen. Da im Leitrad bzw. der Spirale mit Ausnahme von Gebläsen mit vorwärtsgekrümmten Schaufeln nur etwa $^1/_3$ der gesamten Druckenergie einer Stufe eines Kreiselrades durch Umsetzung der absoluten Austrittsgeschwindigkeit aus dem Laufrad im Druck gewonnen wird, schätzt man den prozentualen Reibungsverlust bei einem Diffusorwirkungsgrad von etwa 70 vH zu $\frac{30}{3} = 10$ vH. Dies ist zweifellos richtig, doch verursacht gleichzeitig die Reibung in der Spirale eine indirekte schädliche Beeinflussung des Laufrades, an die man meist nicht denkt.

Der Entwurf von Lauf- und Leitrad setzt bekanntlich voraus, daß am Laufradumfang der Druck konstant ist. Dies verhindert nun eine Spirale, bei der der Einfluß der Reibung nicht berücksichtigt wird. Gerade die Abweichungen des Druckes am Umfange, die Verfasser bei vielen Versuchen feststellte, machten erst auf das hier behandelte Problem aufmerksam[1]. Bei nach bekannten Grundsätzen gebauten Gebläsen wichen die statischen Drücke am Laufradumfang verschiedentlich zu etwa 60 bis 70 vH voneinander ab.

Daß bei Fördermengen, die von der normalen abweichen, der Druck am Laufradumfang bei einem Spiralgebläse nicht konstant bleibt, ist weiter nicht verwunderlich. Es zeigte sich jedoch, daß auf der ganzen Kennlinie kein Punkt vorhanden war, der einen konstanten Druck am Laufradumfang aufwies. Da für ein gegebenes Laufrad die Abhängigkeit des Druckes von der Fördermenge eindeutig festliegt (sog. Kennlinie), bedingt ein ungleicher Druck am Umfange auch eine ungleiche Teilförderung, bezogen auf die Längeneinheit des Bogens. Man sagt, das Laufrad ist ungleichmäßig beaufschlagt. Ist die Gesamtfördermenge nun die normale, und ist dies gleichzeitig der Punkt des besten Gesamtwirkungsgrades, so arbeitet bei nichtkonstantem Druck am Umfang nur ein Teil des Laufrades mit dem bestem Wirkungsgrad, während alle anderen Teile des Laufrades, die kleinere oder größere Fördermengen aufweisen, mit kleinerem Wirkungsgrad arbeiten. Somit ist klar, daß der Gesamtwirkungsgrad bei ungleichmäßiger Beaufschlagung in jedem Falle sinken muß, um so mehr, je ungleichmäßiger der Druck am Laufradumfang verteilt ist.

Diese Überlegung bedarf jedoch noch einer wesentlichen Ergänzung. Die Kennlinie gilt nur für stationäre Zustände im Laufrad, d. h. für einen beliebigen Punkt des Laufrades dürfen Druck und Geschwindigkeit keine zeitliche Veränderung erfahren. Im obigen Falle ist aber die Druckverteilung auf dem Laufradumfange durch die Spirale erzwungen, d. h. stationär in bezug auf das feststehende Spiralgehäuse. Für den mit dem Laufrade mitfahrenden Beobachter wechselt die Druckverteilung mit der Frequenz der Drehzahl. Das bedingt aber für jeden Schaufelkanal des Laufrades einen Wechsel von Beschleunigung und Verzögerung mit der Drehzahl. Da der absolute Weg eines Luftteilchens im Laufrad bei normalen Konstruktionen etwa $^1/_3$ des Umfanges ist, erhalten einige Kanäle eine Beschleunigung, andere eine Verzögerung. Nun ist aber schon die normale stationäre Bewegung im Schaufelkanal verzögert, da die Kanäle sich erweitern. Wie sich nun die Verluste ändern, wenn einer derartigen Diffusorströmung

[1] Eck-Kearton: Turbogebläse und Turbokompressoren. S. 168f.

eine weitere Verzögerung bzw. Beschleunigung auferlegt wird, kann nur qualitativ angegeben werden, da dahingehende Versuche selbst an einfachen feststehenden Diffusoren noch nicht vorliegen. Aus dem bisher bekanntgewordenen Versuchsmaterial über das Verhalten der Grenzschicht darf allgemein geschlossen werden, daß bei Beschleunigung eine Verbesserung, bei Verzögerung eine Verschlechterung des Energieumsatzes eintritt. Nimmt der Druck am Laufradumfang gleichmäßig ab (dies tritt ein bei größeren als normalen Fördermengen, vorausgesetzt, daß bei der normalen Fördermenge der Druck am Umfang konstant ist), so nimmt die Fördermenge entsprechend zu. Dies entspricht aber einer Beschleunigung für die rotierenden Schaufelkanäle. Es dürften also hier größere Wirkungsgrade zu erwarten sein als solche, die durch einfache Integration der stationären Wirkungsgradkurve des Laufrades entstehen würden. Ist die Fördermenge kleiner als die normale, so ist das umgekehrte der Fall. Es wird ein Abfall des Gesamtwirkungsgrades eintreten.

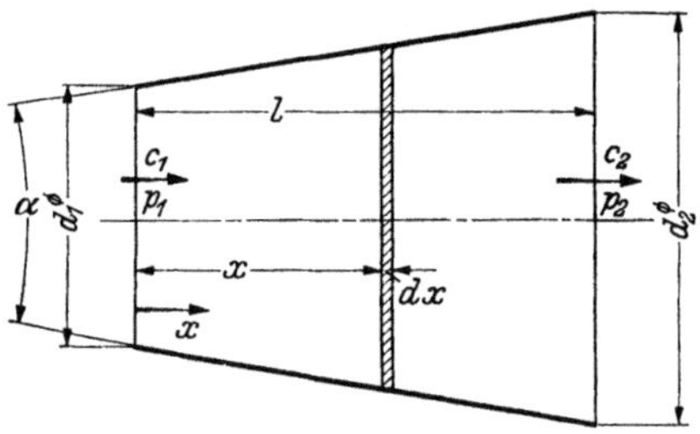

Abb. 106. Konisch erweitertes Rohr (Bezeichnungen).

Man erkennt somit, daß die Reibung in der Spirale einen direkten und einen indirekten Einfluß hat. Die hierdurch entstehenden Leistungsverluste können unter Umständen unzulässig hoch und untragbar werden. Dies ist immer dann der Fall, wenn die Spirale verhältnismäßig klein und die Geschwindigkeit entsprechend groß ist.

Es läßt sich nun leicht zeigen, daß der Einfluß der Reibung, soweit er die indirekte Beeinflussung des Laufrades anbelangt, durch größere Dimensionierung der Spirale aufgehoben werden kann.

Wir betrachten ein Kreisrohr von gleichem Durchmesser. Der beim Durchströmen auftretende Druckverlust wächst proportional der Rohrlänge. Der statische Druck wird also mit der Rohrlänge stetig fallen. Nun kann man aber trotz der Reibung auch hier den Druck konstant halten durch eine konische Erweiterung des Rohres. Die Erweiterung muß so groß sein, daß die Druckabnahme infolge der Reibung gleich der Druckzunahme infolge der Verzögerung ist.

Für ein geradliniges Rohr läßt sich die Berechnung einfach durchführen. Mit den Bezeichnungen der Abb. 106 erkennt man

$$c_1 d_1^2 = c_2 d_2^2 = c\, d^2\,; \qquad c = c_1\left(\frac{d_1}{d}\right)^2;$$

ferner

$$d = d_1 + 2\,x \operatorname{tg}\frac{\alpha}{2}\,.$$

Der Reibungsverlust auf der Länge $\mathrm{d}x$ ist:

$$\mathrm{d}H_r = \lambda\,\frac{c^2}{2\,g}\cdot\frac{\mathrm{d}x}{d}\,.$$

Setzt man

$$c = c_1\left(\frac{d_1}{d}\right)^2$$

ein, so entsteht

$$H_r = \int_0^l \frac{\lambda\, c_1^2\, d_1^4}{2\,g\,d^5}\,\mathrm{d}x = \frac{\lambda\, c_1^2\, d_1^4}{2\,g}\int_0^l \frac{\mathrm{d}x}{\left(d_1 + 2\,x \operatorname{tg}\frac{a}{2}\right)^5}\,.$$

Die Lösung lautet:

$$H_r = \frac{\lambda c_1^2 d_1^4}{2g} \cdot \frac{1}{8 \operatorname{tg} \frac{\alpha}{2}} \cdot \left(\frac{1}{d_1^4} - \frac{1}{d_2^4}\right). \tag{118}$$

Diese durch die Reibung entstandene Druckabnahme soll wieder ausgeglichen werden durch die Druckzunahme infolge Querschnittserweiterung. Letztere ist aber nach dem Bernoullischen Satz

$$\frac{p_2}{\gamma} - \frac{p_1}{\gamma} = \frac{c_1^2 - c_2^2}{2g} = \Delta H;$$

$$\Delta H = \frac{c_1^2 - c_2^2}{2g} = \frac{c_1^2}{2g}\left[1 - \left(\frac{d_1}{d_2}\right)^4\right]. \tag{119}$$

Setzt man $H_r = \Delta H$, so entsteht $\operatorname{tg}\frac{\alpha}{2} = \frac{\lambda}{8}$. Bei kleineren Winkeln ist $\operatorname{tg}\alpha \sim \alpha$, so daß $\alpha = \frac{\lambda}{4}$ ist. Setzt man z. B. $\lambda = 0{,}04$, so ergibt sich ein Erweiterungswinkel

$$\alpha^\circ = \frac{0{,}04}{4} \cdot \frac{180}{\pi} = 0{,}573^\circ,$$

d. h. etwa $^1/_2$°. Diese Rechnung ist natürlich nur bei kleinen Erweiterungswinkeln (bis zu etwa 8°) erlaubt, da der Reibungskoeffizient λ bei größeren Winkeln infolge der Ablösung der Strömung erheblich steigt.

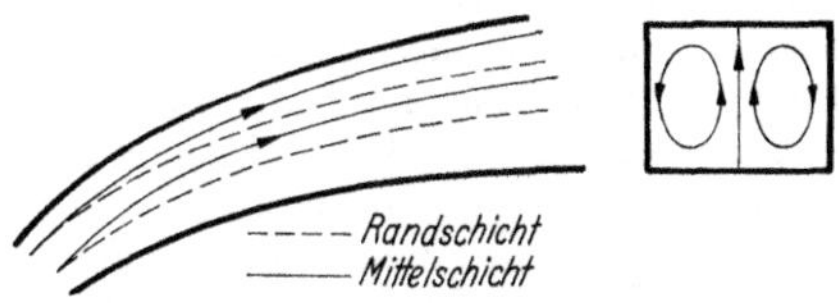

Abb. 107. Sekundärströmung bei einer gekrümmten Kanalströmung.

In ähnlicher Weise kann man auch bei einer Spirale durch Querschnittserweiterung den Druckverlust infolge der Reibung ausgleichen, so daß der Druck am Laufradumfang konstant bleibt. Die Berechnung ist hier natürlich erheblich verwickelter, da dem Spiralquerschnitt stetig neue Mengen zufließen und die Geschwindigkeitsverteilung im Querschnitt nach anderen Gesetzen erfolgt.

Vor der Übertragung auf die Spirale bedarf das hier entworfene Bild noch einer Ergänzung. In der Spirale ist die Strömung nicht nur verzögert, sondern außerdem gekrümmt. Wir müssen also auch dem Diffusor nach Abb. 106 noch eine Krümmung erteilen (Abb. 107). Durch diese Krümmung tritt nun sofort eine weitere Störung ein. In der Strömungslehre gilt nämlich folgender Satz: Jede gekrümmte verzögerte Strömung in geschlossenen Kanälen besitzt Sekundärströmungen. Dies ist leicht einzusehen. Da die Luftteilchen in dem mittleren Querschnitt eine größere Geschwindigkeit haben, wie die an der Wand durch die Reibung verzögerten, wird im mittleren Schnitt somit auch die Zentrifugalkraft größer sein als an den Seitenwänden. Diese Teilchen werden also mehr nach außen gedrängt werden. Im Austrittsquerschnitt erscheint ein sog. Doppelwirbel, der sich der Hauptbewegung überlagert, eine Erscheinung, die insbesondere von Krümmern her bekannt ist. Die Stromlinien des Mittelschnittes werden steiler verlaufen als am Rande (Abb. 107). Infolge dieser Sekundärbewegung wird nun einmal der Reibungsweg jedes Teilchens größer sein, außerdem hat jedes Teilchen im Mittel eine größere Geschwindigkeit wie ohne Sekundärbewegung. Die Folge ist deshalb, daß der Einfluß der Reibung noch größer ist als vorhin angegeben wurde, wenn wir — was der einzig mögliche Weg ist — weiter nur mit den mittleren Geschwindigkeiten rechnen.

Da nach neueren Versuchen[1] durch den Doppelwirbel insbesondere das Einströmen in den Austrittsquerschnitt eine starke Ablösung der Mittelschicht nach

[1] Kranz: Strömung in Spiralgehäusen. Forschungsheft 370.

Abb. 108 bedingt, schlägt neuerdings Oesterlen[1] vor, den Doppelwirbel dadurch in einen einfachen Stabwirbel zu verwandeln, daß man die Spirale unsymmetrisch nach außen verlegt (Abb. 109). Dieser sehr beachtenswerte Vorschlag hat nach neueren Versuchen[2] Erfolg gebracht. Es ergab sich eine Spiralströmung mit Stabwirbel, bei der die Verluste bedeutend geringer wurden. Die nachteiligen Ablösungen an der Zunge wurden vermieden. Die Entstehung dieses Stabwirbels dürfte ähnlich zu erklären sein wie die bei Doppelkrümmern[3] beobachteten Stabwirbel.

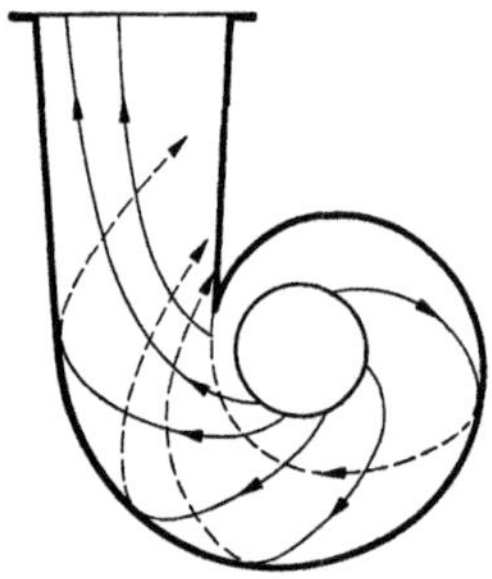

Abb. 108. Wirklicher Strömungsverlauf in einer Spirale nach Versuchen von Kranz.

Anmerkung: In der bereits vorhin angeführten Forschungsarbeit von Kranz wird über eine sehr interessante Versuchsarbeit über Spiralen berichtet, deren Ergebnis keine Stütze für die vom Verfasser entwickelte Reibungstheorie bieten soll. Im Gegenteil wird dort in einer Schlußbetrachtung die Ansicht vertreten, daß es genügt, die Spiralen einfach nach dem Flächensatz zu dimensionieren. So erfreulich es wäre, wenn eine immerhin zeitraubende Berücksichtigung der Reibung nicht notwendig wäre, so wenig ist es möglich, diesen Schlußfolgerungen beizustimmen. Zunächst stehen diese Empfehlungen nicht im Einklang mit der Erfahrung. Die Kranzschen Versuche wurden ohne Laufrad jedoch mit festem Leitrad als Ersatz für das Laufrad durchgeführt, nachdem Versuche mit einem Propellerrad keine Beeinflussung durch das Laufrad erkennen ließen. Da jedoch zwischen Spirale und Propellerrad ein großer Ausgleichraum vorhanden ist, dürfte hier auch keine große Beeinflussung zu erwarten sein. Zudem sind die Kennlinien von Propellerrädern meist so steil, daß bei kleinen Änderungen des statischen Druckes keine sehr große Änderung der Teilfördermenge zu erwarten ist. Bei Radialrädern liegen die Verhältnisse ganz anders. Einmal beginnt die Spirale hier sofort hinter dem Laufrad, so daß kein Zwischenraum für einen Druckausgleich vorhanden ist, dann ergeben hier schon kleine Änderungen des statischen Druckes (Spaltdruckes) große Änderungen in der Fördermenge. Verwiesen sei hier auf Versuche des Verfassers (Eck-Kearton: Turbogebläse, Abb. 141). Gerade bei diesem Versuch ist deutlich zu erkennen, daß die Kennlinie des statischen Druckes, die für eine Stelle des Umfanges gilt, viel flacher verläuft wie die Hauptkennlinie. Bei kleinen Änderungen des Druckes müssen hier schon große Mengenänderungen und damit Teilbeaufschlagungen auftreten, die mit einem Wirkungsgradabfall verbunden sein dürften. Je nach der Schaufelbauart und dem Verlauf des Reaktionsgrades in Abhängigkeit von der Fördermenge kann der zu erwartende Einfluß sich in großen Grenzen ändern.

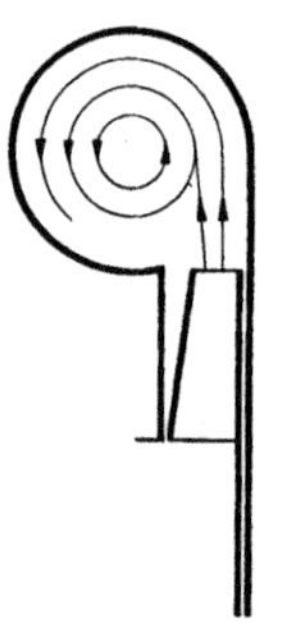

Abb. 109. Unsymmetrische Spirale nach Oesterlen.

Wenn Kranz von dem Einfluß der Reibung in dem vom Verfasser angegebenen Sinne nichts feststellen konnte, so dürfte dies auf folgendes zurückzuführen sein. Der Austrittsquerschnitt der Spirale ist bei den Versuchen im Verhältnis zum Radius des Spiralgrundkreises so groß, daß die Störung der Spiralströmung durch den geradlinigen Ausfluß sich erheblich bemerkbar macht. Die ganzen Versuchen werden tatsächlich von diesem großen Einfluß „überschattet“. Da dieser Einfluß in bezug auf ungleiche Druckverteilung bei den Kranzschen Versuchen wesentlich größer ist als der Einfluß der Reibung,

[1] Oesterlen: Dtsch. Wasserwirtsch. 1935 S. 41.

[2] Broer: Pumpen-Spiralgehäuse mit Drallströmung. Z. VDI Bd. 37 S. 391.

[3] Eck: Strömungslehre II, S. 56. Berlin: Julius Springer 1936.

ist es nicht zu verwundern, daß Kranz für die vom Verfasser angenommene Druck- und Geschwindigkeitsverteilung keine Bestätigung finden konnte. Der Einfluß der Reibung ist nach S. 120 in erster Nähe von der Größenordnung

$$\frac{r_0}{d_a} = \frac{\text{Grundkreisradius der Spirale}}{\text{Durchmesser des Austrittsquerschnittes der Spirale}}.$$

Bei den vom Verfasser behandelten Fällen, z. B. Abb. 113 ist diese Zahl 2,63, während bei den Kranzschen Versuchen diese Zahl nur 0,5 ist, d. h. der Unterschied in in der Größenordnung ist offensichtlich!

Der Grundgedanke der Berücksichtigung der Reibung stützt sich auf die bekannte bisher unumstrittene Tatsache, daß bei einer gekrümmten mäßig verzögerten Diffusor- bzw. Krümmerbewegung, bei der die Strömung nicht abgerissen ist, durch Querschnittsänderungen eine Druckbeeinflussung möglich ist.

Nach den Kranzschen Versuchen scheint zunächst nur insofern eine Ergänzung notwendig zu sein, als bei relativ weiten Spiralquerschnitten der rückwirkende Einfluß des Auslaufes so groß ist, daß eine Reibungsberücksichtigung zwecklos erscheint. Für relativ enge Spiralen, wie sie gerade im Gebläse- und Kreiselpumpenbau häufig vorkommen, liegt zunächst kein Grund vor, von der Berücksichtigung der Reibung Abstand zu nehmen. Dringend notwendig wären genaue Versuche mit verschiedenen radialen Laufrädern, um zahlenmäßig die Wirkungsgradbeeinflussung des Laufrades übersehen zu können.

α) **Reibung in einer kreisförmigen Spirale.** Für den Kreisquerschnitt läßt sich die durch die Reibung notwendige Erweiterung bei gewissen vereinfachenden Annahmen hinreichend genau ermitteln. Wir betrachten für ein Element ds der Spirale die Geschwindigkeitsänderung. Es ergibt sich ein Reibungsverlust

$$\mathrm{d}H_r = \lambda \frac{\mathrm{d}s}{d} \cdot \frac{c^2}{2g} \,*.$$

Dies bedingt einen Verlust an kinetischer Energie

$$\frac{\mathrm{d}c^2}{2g} = \frac{c\,\mathrm{d}c}{g}$$

für den Fall, daß der Energieverlust nicht auf Kosten des statischen Druckes ersetzt werden soll. Durch Gleichsetzen entsteht

$$\lambda \frac{\mathrm{d}s}{d} \cdot \frac{c^2}{2} = \frac{c\,\mathrm{d}c}{g}; \quad \text{hieraus} \quad \mathrm{d}c_1 = c\frac{\lambda}{2} \cdot \frac{\mathrm{d}s}{d}.$$

dc ist somit die Geschwindigkeitsabnahme infolge Reibung.

Es entsteht nun die Frage, welche Geschwindigkeit c man hier einsetzen soll. In radialer Richtung ändert sich die Geschwindigkeit hyperbolisch, d. h.

$$c = \frac{c_{u_0} r_0}{r}.$$

Mithin ist die Geschwindigkeit im Schwerpunkt des Kreises

$$c_{\text{mitt}} = \frac{c_{u_0} r_0}{r_0 + \frac{d}{2}}.$$

Letzteres ist nun nicht die wahre Mittelgeschwindigkeit und würde es auch dann nicht sein, wenn die Geschwindigkeitsänderung linear wäre. Es ist nämlich zu bedenken, daß die Reibung proportional dem Quadrate der Geschwindigkeit ist,

* Bezüglich der hier verwendeten Bezeichnungen sei auf die voraufgehenden Abbildungen verwiesen.

und daß hierdurch die bei Reibungslosigkeit ermittelte Geschwindigkeitsverteilung geändert wird.

Handelt es sich hingegen um parallele Seitenwände, so ist die richtige Mittelgeschwindigkeit leicht zu berechnen. Man rechnet die Mittelwerte der Quadrate der Geschwindigkeiten $c = \frac{c_{u_0} r_0}{r}$ und erhält für den tatsächlichen Mittelwert

$$c'_{\text{mitt}} = c_{\text{mitt}} \frac{r_0 + \frac{d}{2}}{\sqrt{r_0 (r_0 + d)}}.$$

Hier ist c_{mitt} die Geschwindigkeit im Schwerpunkt des Querschnittes. Die Formel sagt aus, daß sich letztere im Verhältnis des arithmetischen zum geometrischen Mittelwert des äußeren und inneren Radius ändert. Die Korrektur beträgt z. B. für das unten behandelte Beispiel nur 2,5 vH. Bei den meisten vorkommenden Spiralquerschnitten tritt keine wesentliche Verschiebung in der Größenordnung dieses Fehlers auf. Die Vernachlässigung desselben ist mithin gerechtfertigt. In diesem Sinne soll bei allen folgenden Berechnungen die Mittelgeschwindigkeit des Spiralquerschnittes gleich der Geschwindigkeit im Schwerpunkt der Fläche genommen werden.

Außer der Geschwindigkeitsverminderung $\mathrm{d}c_1$ infolge der Reibung entsteht noch eine statische Verminderung der Geschwindigkeit infolge des Gesetzes $r c_u =$ konst. Dieselbe beträgt

$$\mathrm{d}c_2 = \frac{1}{2} \cdot \frac{c_{u_0} r_0}{\left(r_0 + \frac{d}{2}\right)^2} \mathrm{d}d.$$

Die gesamte Geschwindigkeitsabnahme ist somit

$$\mathrm{d}c = \mathrm{d}c_1 + \mathrm{d}c_2 = c \frac{\lambda}{2} \cdot \frac{\mathrm{d}s}{d} + \mathrm{d}c_2.$$

Wird diese Abnahme entlang der ganzen Spirale integriert, so erhält man die Gesamtverminderung der Geschwindigkeit infolge Reibung zusätzlich der bekannten statischen Verminderung.

Ist die radiale Ausdehnung der Spirale im Verhältnis zum Radius nicht zu groß, so kann man als Reibungsweg den inneren Umfang einsetzen, d. h.

$$\mathrm{d}s = r_0 \, \mathrm{d}\check{\varphi}.$$

Wo dies nicht möglich ist, empfiehlt es sich, das Endergebnis im Verhältnis des inneren Umfanges zum tatsächlichen Reibungsweg (d. h. den Weg des Schwerpunktes) zu erweitern. Da die Reibung linear mit dem Weg zunimmt, ist diese Korrektur statthaft.

Setzt man $\mathrm{d}s = r_0 \, \mathrm{d}\varphi^0 \frac{\pi}{180}$ in $\mathrm{d}c_1$ ein, so entsteht

$$\mathrm{d}c_1 = \frac{\lambda}{2} \cdot \frac{r_0 \pi}{180} \cdot \frac{\mathrm{d}\varphi^0 \cdot c}{d}.$$

c und d beziehen sich auf den Querschnitt, der ohne Berücksichtigung der Reibung ermittelt wird. Hierfür wurde beim Kreisquerschnitt die Formel gewonnen:

$$d = A \sqrt{\frac{\left(r_0 + \frac{d}{2}\right)\varphi^0}{c_{u_0} r_0}} \qquad A^2 = \frac{4\,V}{\pi \cdot 360}.$$

Hieraus ergibt sich

$$\varphi^0 = \frac{c_{u_0} r_0}{A^2} \cdot \frac{d^2}{r_0 + \frac{d}{2}};$$

durch Differentiation erhält man

$$\mathrm{d}\varphi = \mathrm{d}d\,\frac{c_{u_0} r_0}{A^2} \cdot \frac{2 r_0 + \frac{d}{2}}{\left(r_0 + \frac{d}{2}\right)^2}\, d;$$

unter Berücksichtigung von $c = \dfrac{c_{u_0} r_0}{r_0 + \frac{\mathrm{d}}{2}}$ ergibt sich

$$\frac{\mathrm{d}\varphi \cdot c}{d} = \mathrm{d}d \left(\frac{c_{u_0} r_0}{A}\right)^2 \frac{2 r_0 + \frac{d}{2}}{\left(r_0 + \frac{d}{2}\right)^3}.$$

Diesen Wert setzt man in obige Formel für $\mathrm{d}c_1$ ein und erhält

$$\mathrm{d}c_1 = \mathrm{d}d\,\frac{\lambda}{2} \cdot \frac{r_0 \pi}{180} \cdot \frac{(c_{u_0} r_0)^2}{A^2} \cdot \frac{\left(2 r_0 + \frac{d}{2}\right)}{\left(r_0 + \frac{d}{2}\right)^3}.$$

Durch eine einfache Integration entsteht

$$\Delta c_1 = \int_0^d \mathrm{d}\, c_1 = \frac{\lambda \pi}{180} \cdot \left(\frac{c_{u_0} r_0}{A}\right)^2 \cdot \frac{2 d \left(r_0 + \frac{3}{8} d\right)}{\left(r_0 + \frac{d}{2}\right)^2}.$$

Dies ist die Verminderung der mittleren Geschwindigkeit infolge der Reibung in Abhängigkeit vom Durchmesser d des Spiralquerschnittes. Würde der Querschnitt so bleiben, wie er sich bei Vernachlässigung der Reibung ergibt, so könnte die Verminderung der Geschwindigkeit Δc_1 gar nicht auftreten. Der Energieverlust ginge dann auf Kosten des Druckes. Letzterer würde vermindert um $\dfrac{\Delta c_1^2}{2g}\gamma$. Da man das aber gerade mit Rücksicht auf die Verhältnisse im Laufrad vermeiden will, muß der Querschnitt so vergrößert werden, daß die errechnete Geschwindigkeitsverminderung sich auch tatsächlich ausbilden kann.

Da die Geschwindigkeit bei gleichbleibender Durchflußmenge umgekehrt proportional dem Querschnitt ist, erhält man für die verhältnismäßige Vergrößerung $\dfrac{\Delta F}{F} = \dfrac{\Delta c}{c}$; mit $c = \dfrac{c_{u_0} r_0}{r_0 + \frac{d}{2}}$ ergibt sich

$$\frac{\Delta F}{F} = \frac{\lambda \pi}{180} \cdot \frac{c_{u_0} r_0}{A^2} \cdot \frac{r_0 + \frac{3}{8} d}{r_0 + \frac{4}{8} d}\, d; \tag{120}$$

setzt man $A^2 = \dfrac{4\,V}{\pi \cdot 360}$ wieder ein, so ergibt sich:

$$\frac{\Delta F}{F} = \frac{\lambda \pi^2}{2} \cdot \frac{c_{u_0} r_0}{V}\, d\, \frac{r_0 + \frac{3}{8} d}{r_0 + \frac{d}{2}} \sim \frac{\lambda \pi^2}{2} \cdot \frac{c_{u_0} r_0}{V}\, d. \tag{121}$$

Die letzte Vereinfachung

$$\frac{r_0 + \frac{3}{8} d}{r_0 + \frac{d}{2}} \sim 1$$

ist hier statthaft, da die Reibung nur bei solchen Spiralen eine Rolle spielt, wo $\frac{d}{r_0}$ klein ist.

Um die Größenordnung der Korrektur abzuschätzen, setzen wir näherungsweise

$$V \sim c_{u0} \cdot \frac{\pi d_a^2}{4}$$

[d_a Durchmesser des Spiralendquerschnittes], damit erhalten wir

$$\frac{\Delta F}{F} \sim \frac{\lambda \cdot \pi^2}{2} \frac{c_{u0} \cdot r_0 \cdot 4}{c_{u0} \cdot \pi d_a} = \frac{r_0}{d_a} \cdot 2 \lambda \pi,$$

mit $\lambda \sim 0{,}025$ ergibt sich

$$\frac{\Delta F}{F} \sim \frac{1}{7} \frac{r_0}{d_a}.$$

Der Einfluß hängt also in erster Näherung nur von $\frac{r_0}{d_a}$ ab. Er wird also nur dort eine merkliche Rolle spielen, wo d_a klein gegen r_0 ist. Ist r_0 von der gleichen Größenordnung wie d_a, so überwiegt nach den Kranzschen Versuchen die Rückwirkung des geraden Ausflusses.

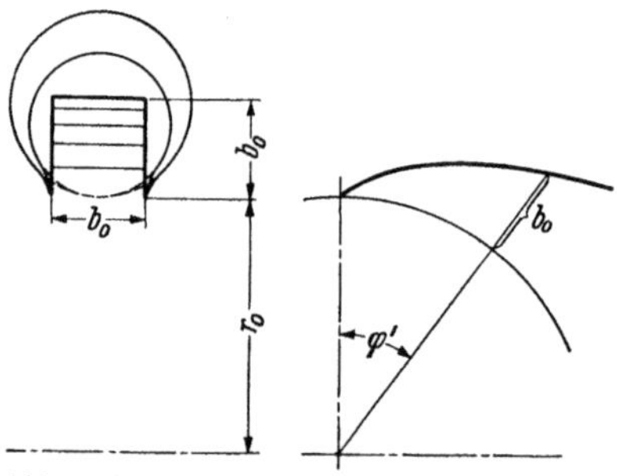

Abb. 110. Ersatz des Kreisquerschnittes durch ein Rechteck an der Zunge der Spirale.

Der Gl. (121) entnimmt man, daß die notwendige Vergrößerung der Querschnitte proportional ist dem jeweiligen Durchmesser d, der bei reibungsloser Strömung ausgeführt werden müßte. Sind diese Querschnitte bekannt, so ist mit Hilfe dieser Formel die Vergrößerung der Querschnitte in einfacher Weise rechnerisch auszuführen.

β) **Zungenkorrektur.** Die vorhin angegebene Lösung steht nicht ganz mit den physikalischen Bedingungen der Spirale in Einklang; denn die Verhältnisse am Anfang der Spirale, der sog. Zunge, werden durch die vorhergehende Rechnung falsch wiedergegeben. Aus

$$d c_1 = c \frac{\lambda}{2} \cdot \frac{ds}{d}$$

erkennt man, daß bei $d \sim 0$ Störungen auftreten. Da d proportional $\sqrt{s}$ ist[1], bleibt zwar das Integral $\int dc$ endlich, doch erhält man Werte, die die Randbedingungen der Strömung außer acht lassen; denn in Wirklichkeit steht der Kreisquerschnitt nicht isoliert da, sondern hat eine offene Seite nach dem Laufrad hin. Zudem ist es aus gußtechnischen Rücksichten gar nicht möglich, den Kreisquerschnitt bis zum Anfang der Spirale beizubehalten. Hieraus folgt, daß die angegebene Berechnung in der Nähe der Zunge gar keinen Sinn hat. Verantwortlich für die Geschwindigkeitsverminderung ist an dieser Stelle der Kanal, der durch die beiden Diffusorwände gebildet wird und die Breite b_0 hat. Deshalb wollen wir annehmen, daß der Querschnitt, wie in Abb. 110 angedeutet ist, so lange rechtwinklig

[1] Diese Bezeichnung folgt aus der Gleichung

$$\frac{\pi d^2}{4} c = \frac{V \varphi}{360} = \frac{V}{2 \pi r_0} s.$$

Ist nun c konstant, eine Annahme, die für den Beginn der Spirale ohne weiteres erlaubt ist, so ergibt sich

$$d^2 \operatorname{prop} s, \quad \text{d. h.} \quad d \operatorname{prop} \sqrt{s}.$$

bleibt, bis der Durchmesser $d = b_0$ erreicht ist. Dies stimmt mit den tatsächlichen Strömungsverhältnissen in etwa überein. Läßt man jedoch diesen rechteckigen Querschnitt bis zur Zunge auf 0 abnehmen, so wird obiges Integral unendlich, weil ja bei der Fläche 0 noch eine endliche Fläche bleibt im Gegensatz zum Kreis. Diese rein mathematische Schwierigkeit kann man dadurch umgehen, daß man von $\varphi = 0$ bis zu dem Werte φ', wo $b_0 = d$ erreicht werden sollte, den konstanten Querschnitt b annimmt. Man rechnet dann so, als ob von $\varphi = 0$ bis φ' die Fördermenge, die dem Winkel φ' entspricht, vorhanden wäre. Diese Annahme dürfte der Wirklichkeit sehr nahe kommen, da dies ja tatsächlich der engste Querschnitt ist, der in der Spirale auftritt. Selbst in den Fällen, wo die Spirale ohne Zwischenschaltung eines Diffusors direkt hinter dem Laufrad beginnt, rechnet man zweckmäßig mit dieser Vereinfachung, da in jedem Falle die Querschnittsabnahme des Spiralquerschnittes bis zu 0 eine unendlich große Reibung bedingt, die sich so auswirkt, daß der Beginn der Spirale den Eintritt des Fördervolumens quasi verhindert. Die Förderung wird dann erst etwas weiter auf dem Umfange beginnen, so daß der ganze Effekt darauf hinausläuft, daß die Spirale in Wirklichkeit etwas versetzt wirkt.

Die Berechnung der Reibung in dem nun angenommenen rechteckigen Querschnitt bei Beginn der Spirale kann mit Hilfe des hydraulischen Radius $a = \frac{d}{4}$ geschehen. $\left(\text{Unter hydraulischem Radius versteht man das Verhältnis } \frac{\text{Querschnittsfläche}}{\text{Umfang}}\right)$. Es ist

$$a = \frac{b_0^2}{3\,b_0} = \frac{b_0}{3},$$

da eine Seite offen ist; für $d c_1$ erhält man jetzt

$$d c_1 = c\,\frac{\lambda}{8} \cdot \frac{\Delta s}{a}.$$

Um Δs bzw. φ' zu erhalten, berechnen wir die Fördermenge, die bei dem Winkel φ' durch b_0 strömt. Es ist

$$b_0^2\, c = \frac{\varphi'}{2\pi}\, V.$$

Hieraus entsteht

$$\varphi' = \frac{2\pi\, c\, b_0^2}{V};$$

ersetzt man noch $\Delta s = r_0\, \varphi'$, so ergibt sich

$$\Delta c_1 = \frac{3}{8}\,\lambda\, \frac{c_{u_0}^2\, b_0\, r_0\, 2\pi}{V}.$$

Die Mittelgeschwindigkeit im quadratischen Querschnitt wurde hier gleich c_{u_0} gesetzt. Dies ist zulässig, weil im Anfang der Spirale die radiale Ausdehnung im Verhältnis zum Durchmesser des Laufrades vernachlässigbar klein ist. Um nun die von uns benötigte Formel für $\frac{\Delta F}{F}$ zu erhalten, ersetzen wir die Geschwindigkeit c durch die Formel

$$c = \frac{c_{u_0}\, r_0}{r_0 + \frac{b_0}{2}}.$$

Mit dieser Einsetzung entsteht dann

$$\frac{\Delta F'}{F} = \frac{\Delta c}{c} = \frac{3}{4}\,\lambda\pi\, \frac{b_0\, r_0}{V} \cdot \frac{c_{u_0}\, r_0}{r_0 + \frac{b_0}{2}} \cdot \frac{r_0 + \frac{d}{2}}{r_0} = \frac{3}{4}\,\lambda\pi\, \frac{b_0}{r_0} \cdot \frac{r_0 + \frac{d}{2}}{r_0 + \frac{b_0}{2}} \cdot \frac{c_{u_0}\, r_0}{V}. \quad (122)$$

Diese Querschnittsvergrößerung an der Stelle φ' entspricht den tatsächlichen Verhältnissen. Von φ' an kann man die Integration weiter nach obigem Verfahren durchführen. Wir berücksichtigen dies dadurch, daß wir von dem oben gewonnenen Integral $\Delta c_1 = \int_0^d d c_1$ das Integral $\int_0^{b_0} \ldots\ldots$ abziehen und zu dem dann sich ergebenden Wert $\frac{\Delta F}{F}$ den Wert $\frac{\Delta F'}{F}$ hinzuzählen. Es ergibt sich für $\int_0^{b_0} \ldots$:

$$\Delta c_1 = \frac{\lambda \pi}{180} \cdot \left(\frac{c_{u_0} r_0}{A}\right)^2 \cdot \frac{b_0}{r_0 + \frac{b_0}{2}},$$

indem auch hier

$$\frac{r_0 + \frac{3}{8} b_0}{r_0 + \frac{4}{8} \cdot b_0} \sim 1$$

gesetzt wurde. Hieraus entsteht

$$\frac{\Delta F}{F} = \frac{\Delta c_1}{c} = \frac{\lambda \pi}{180} \cdot \frac{c_{u_0} r_0}{A^2} \cdot \frac{r_0 + \frac{d}{2}}{r_0 + \frac{b_0}{2}} b_0 = \frac{\lambda \pi^2}{2} \cdot \frac{c_{u_0} r_0}{V} b_0 \frac{r_0 + \frac{d}{2}}{r_0 + \frac{b_0}{2}}.$$

Diesen Wert muß man nun von dem ursprünglichen Werte $\frac{\Delta F}{F}$ abziehen und $\frac{\Delta F'}{F}$ hinzuzählen. Hiermit erhält man als endgültiges Ergebnis:

$$\frac{\Delta F}{F} = \frac{\lambda \pi^2}{2} \cdot \frac{c_{u_0} r_0}{V} d \frac{r_0 + \frac{3}{8} d}{r_0 + \frac{d}{2}} - \frac{\lambda \pi^2}{2} \cdot \frac{c_{u_0} r_0}{V} b_0 \frac{r_0 + \frac{d}{2}}{r_0 + \frac{b_0}{2}} + \frac{3}{4} \lambda \pi \left(r_0 + \frac{d}{2}\right) \cdot \frac{b_0}{V} \cdot \frac{c_{u_0} r_0}{r_0 + \frac{b_0}{2}},$$

$$= \frac{\lambda \pi^3}{2} \cdot \frac{c_{u_0} r_0}{V} d \left[\frac{r_0 + \frac{3}{8} d}{r_0 + \frac{d}{2}} - \frac{b_0}{d} \frac{r_0 + \frac{d}{2}}{r_0 + \frac{b_0}{2}} \left(1 - \frac{1,5}{\pi}\right)\right],$$

$$\frac{\Delta F}{F} \sim \frac{\lambda \pi^2}{2} \cdot \frac{c_{u_0} r_0}{V} d \left[1 - \frac{b_0}{d} \cdot \frac{r_0 + \frac{d}{2}}{r_0 + \frac{b_0}{2}} \left(1 - \frac{1,5}{\pi}\right)\right]. \tag{123}$$

Die so ermittelte Korrektur ist, wie man aus der Formel erkennt, am Anfang der Spirale ziemlich beträchtlich und klingt gegen Ende derselben schnell mit $\frac{b_0}{d}$ ab.

Aus der nun bekannten Querschnittsvergrößerung errechnet sich für den Kreis die notwendige Durchmesservergrößerung aus

$$\Delta d = d \sqrt{\frac{\Delta F}{F}}.$$

Ergeben sich aus dieser Formel größere Korrekturen, so ist diese einfache Berechnung nicht genau genug; denn in dem neu errechneten Querschnitt ist ja schon eine statische Verringerung der Mittelgeschwindigkeit infolge des Gesetzes $r_0 c_{u0} =$ konst. vorhanden, die noch nicht berücksichtigt ist. Ist der Radius des ursprünglichen

Kreises ϱ_1 und der des neu berechneten ϱ_2, so entsteht ganz unabhängig von der Reibung eine statische Verminderung der Geschwindigkeiten im Verhältnis

$$\frac{r_0 + \varrho_1}{r_0 + \varrho_2} .$$

In diesem Verhältnis muß man nun den neuen Querschnitt nochmals vergrößern (Abb. 111). Genau genommen müßte auch hier wieder eine Korrektur vorgenommen werden, die um so größer ist, je mehr letzteres Verhältnis von 1 abweicht. Dies wird jedoch fast nie notwendig sein, weil die Konvergenz des Verfahrens so scharf ist, daß die erste Berücksichtigung praktisch genügt.

γ) **Wahl des Reibungskoeffizienten.** Die Größe der Reibung in der Spirale hängt sehr von der Güte der Oberfläche, der Geschwindigkeit und den absoluten Maßen der Querschnitte ab. Letztere beiden Einflüsse werden strömungstechnisch durch die sog. Reynoldssche Zahl $\frac{w \cdot d}{\nu} = R$ erfaßt. Bei sonst gleichen Verhältnissen kann man mit der ersten Annäherung sagen, daß der Reibungskoeffizient in weiten Grenzen praktisch unabhängig von der Geschwindigkeit ist. Wegen den überaus verschiedenen Verhältnissen, die bei Spiralgehäusen anzutreffen sind, ist es unmöglich, genau feststehende Zahlenwerte anzugeben. Die Art der Ausführung, ob Gußeisen, Schweißkonstruktion usw., wird die Reibung erheblich beeinflussen. Bezüglich des Einflusses der Wandrauhigkeit kann gesagt werden, daß bei kleineren Querschnitten, bei denen die Größe

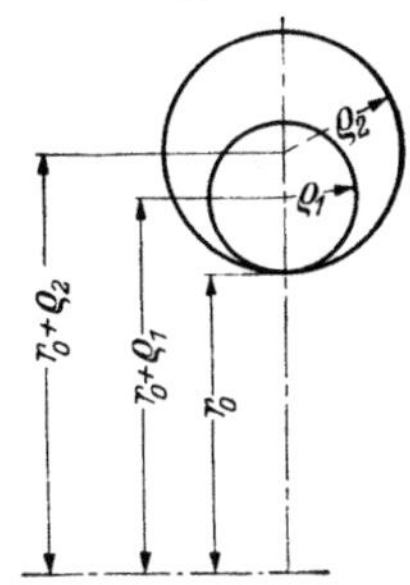

Abb. 111.

$$\frac{\text{größte Wanderhebung}}{\text{Durchmesser des Querschnittes}}$$

meist beträchtlich wächst, der Reibungskoeffizient größer ist als bei größeren Abmessungen. Als rohe Anhaltszahlen sollen die Werte $\lambda = 0{,}025 - 0{,}05$ genannt werden. Dies dürfte ungefähr den Verhältnissen bei Kreiselpumpen und Gebläsen entsprechen.

Es sei noch erwähnt, daß der Reibungskoeffizient nicht direkt verglichen werden kann mit den aus der Literatur bekannten Werten. Diese Werte sind gewonnen aus Versuchen mit Rohrströmungen. Die Geschwindigkeiten sind hier in jedem Querschnitte dieselben. Untersucht man jedoch Rohrströmungen, die beschleunigt sind oder verzögert werden, so ändern sich diese Werte; diese Änderung geht in dem Sinne vor sich, daß bei verzögerten Bewegungen die Reibung vergrößert und bei beschleunigten Bewegungen verkleinert wird. Dies drückt sich in der jedem Ingenieur bekannten Tatsache aus, daß der Wirkungsgrad einer Düse bedeutend größer ist als der eines Diffusors. Bei Gebläsen und Kreiselpumpen ist nun eine verzögerte Bewegung in der Spirale vorhanden. Mithin werden hier die Reibungskoeffizienten etwas größer ausfallen als bei Rohrströmungen. $\lambda = 0{,}02$ dürfte die untere Grenze sein. Umgekehrt ist es bei Wasserturbinen. Das Wasser strömt hier von außen nach dem Laufrad zu; die Bewegung in der Spirale ist somit beschleunigt. Hier sind also kleinere Reibungskoeffizienten einzusetzen. Als überschlägige Werte seien angegeben $\lambda = 0{,}01 - 0{,}02$.

Nach den Kranzschen Versuchen wurden in einer Pumpenspirale etwa 3mal größere Verluste festgestellt, als wenn die gleiche Spirale als Turbinenspirale verwendet wird.

Hieraus folgt, daß bei Wasserturbinen die Reibung in der Spirale bei weitem nicht den Einfluß hat wie bei Kreiselpumpen und Gebläsen. Die Nichtberücksichtigung derselben dürfte deshalb hier auch in vielen Fällen keine merklich nachteiligen Folgen haben, obschon auch hier Fälle bekannt geworden sind, daß die nach den bisher üblichen Methoden berechnete Spirale zu geringe Wassermengen schluckte.

δ) Zahlenbeispiel. Für ein Gebläse mit gegebenem Laufrad soll die Spirale berechnet werden. Folgende Verhältnisse sollen vorliegen:

Durchmesser am Beginn der Spirale: $2\,r_0 = 535$ mm;

Umfangskomponente am Beginn der Spirale: $c_{u_0} = 136$ m/s;

Fördermenge bezogen auf Ansaugezustand: 4000 m³/h;

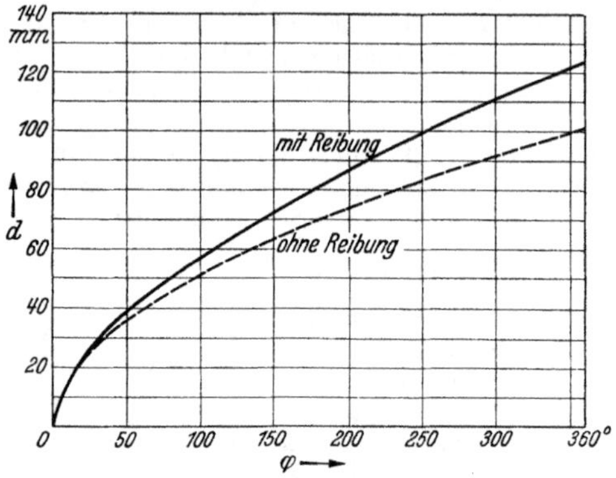

Abb. 112. Spirale mit kreisförmigem Querschnitt mit und ohne Reibung berechnet.

Verringerung des Volumens in der Spirale infolge statischer Druckerhöhung im Laufrad 1,22.

Tatsächliche Fördermenge in der Spirale: $V = \frac{4000}{1{,}22 \cdot 3600} =$ 0,91 m³/s;

Drall am Anfangsdurchmesser der Spirale: $c_{u_0} r_0 = 36{,}4$ m²/s.

Zunächst wird eine Spirale entworfen, die der reibungsfreien Strömung entspricht. Hierzu wird die Formel

$$d = \sqrt{\frac{\left(r_0 + \frac{d}{2}\right)}{c_{u_0} r_0}} \cdot \sqrt{\frac{4}{\pi} \cdot \frac{V}{360}}$$

benutzt. Das unter der Wurzel vorkommende d wird zweckmäßig zuerst geschätzt. Es empfiehlt sich, das d einzusetzen, das dem proportionalen Anwachsen des Querschnittes mit dem Bogen entspricht. In Zahlentafel 8 ist diese Ausrechnung durch geführt. In Abb. 112 ist der Durchmesser in Abhängigkeit vom Beaufschlagungsbogen aufgezeichnet.

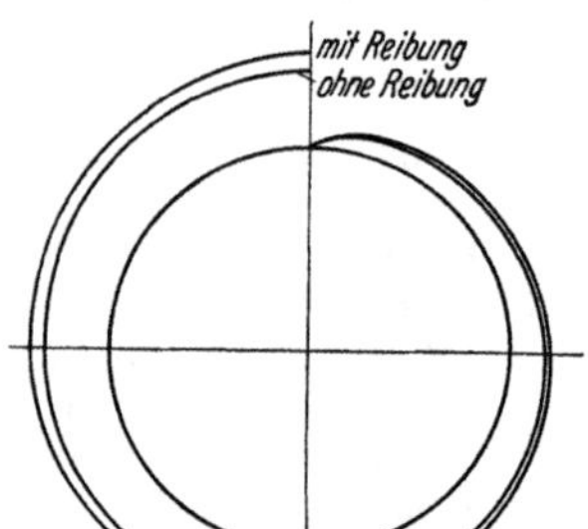

Abb. 113. Spirale mit kreisförmigem Querschnittsverlauf der äußeren Berandung mit und ohne Reibung.

Berücksichtigung der Reibung. Es ist die Formel auszuwerten:

$$\frac{\Delta F}{F} = \frac{\lambda\,\pi^2}{2} \cdot \frac{c_{u_0} r_0}{V}\, d \left[\frac{r_0 + \frac{3}{8} d}{r_0 + \frac{d}{2}} - \frac{b_0}{d} \cdot \frac{r_0 + \frac{d}{2}}{r_0 + \frac{b_0}{2}} \left(1 - \frac{1{,}5}{\pi}\right)\right].$$

Zweckmäßig rechnet man zunächst

$$\frac{\lambda\,\pi^2}{2} \cdot \frac{c_{u_0} r_0}{V} \cdot d$$

aus, dann den Klammerwert für sich und schließlich das Produkt. Die Ausrechnung ist in Zahlentafel 8 ausgeführt. Aus $\frac{\Delta F}{F}$ wurde mit Hilfe der Beziehung

$$\frac{d_2}{d_1} = \sqrt{\frac{F + \Delta F}{F}},$$

der Durchmesser der Spirale mit Reibung ermittelt. Die Aufzeichnung befindet sich in Abb. 112 und 113. Zur Kontrolle sei noch nachgeprüft, ob die obenerwähnte Verminderung der statischen Mittelgeschwindigkeit im neuen Querschnitt eine Größenordnung annimmt, die eine Berücksichtigung verlangt. Für den Endquerschnitt $\varphi = 360°$ ergibt sich

$$\frac{r_0 + \varrho_1}{r_0 + \varrho_2} = \frac{1}{1{,}06}$$

d. h. 6 vH Abweichung. Diese Korrektur ist um so eher zu vernachlässigen, als die Reibungskoeffizienten mit noch größeren Ungenauigkeiten behaftet sind. Zudem

Zahlentafel 8.

Berechnung einer Spirale mit Kreisquerschnitt.

φ	$\frac{d}{2}$ geschätzt	$\frac{d}{2}+r_0$	$\frac{d}{2}$ berechnet	$\frac{d}{2r_0}$	$\frac{\Delta F}{F}$ 1	$\frac{r_0+\frac{3}{8}d}{r_0+\frac{d}{2}}$	$\frac{\Delta F}{F}$ 2	$\frac{b_0}{d}\cdot\frac{r_0+\frac{d}{2}}{r_0+\frac{b_0}{2}}\times\left(1-\frac{1,5}{\pi}\right)$	$\frac{r_0+\frac{3}{8}d}{r_0+\frac{d}{2}}-\frac{b_0}{d}\times\frac{r_0+\frac{d}{2}}{r_0+\frac{b_0}{2}}\left(1-\frac{1,5}{\pi}\right)$	$\frac{\Delta F}{F}$ 3	$\frac{F_2}{F_1}$	$\frac{d_2}{d_1}$	d_2	d_1
22,5	11	279	11,8	0,043	0,1395	0,99	0,138	0,416	0,574	0,0801	1,08	1,04	23,53	24,6
45	15	283	16,75	0,0625	0,198	0,985	0,195	0,292	0,693	0,137	1,137	1,065	35,7	33,5
90	23	291	24,1	0,09	0,295	0,9794	0,279	0,206	0,7734	0,228	1,228	1,109	53,45	48,2
135	28	296	29,7	0,111	0,352	0,975	0,343	0,172	0,803	0,283	1,283	1,135	67,4	59,4
180	34	302	34,7	0,13	0,441	0,971	0,398	0,149	0,822	0,338	1,338	1,157	80,4	69,4
225	38	306	39,1	0,146	0,463	0,968	0,448	0,1345	0,834	0,386	1,386	1,18	92,2	78,2
270	41	309	43	0,161	0,509	0,9654	0,49	0,124	0,841	0,427	1,427	1,193	102,8	86
315	45	313	46,75	0,175	0,554	0,9627	0,532	0,1152	0,848	0,469	1,469	1,212	113,5	93,5
360	50	318	50,3	0,188	0,595	0,96	0,571	0,1085	0,851	0,506	1,506	1,228	123,2	100,6

1 $$\frac{\Delta F}{F}=\frac{\lambda\pi^2}{2}\cdot\frac{c_{u_0}r_0}{V}d.$$

Näherungsformel

2 $$\frac{\Delta F}{F}=\frac{\lambda\pi^2}{2}\cdot\frac{c_{u_0}r_0}{V}d\frac{r_0+\frac{3}{8}d}{r_0+\frac{d}{2}}.$$

Exakte Formel

Ohne Zungenkorrektur

3 $$\frac{\Delta F}{F}=\frac{\lambda\pi^2}{2}\cdot\frac{c_{u_0}r_0}{V}d\left[\frac{r_0+\frac{3}{8}d}{r_0+\frac{d}{2}}-\frac{b_0}{d}\cdot\frac{r_0+\frac{d}{2}}{r_0+\frac{b_0}{2}}\left(1-\frac{1,5}{\pi}\right)\right].$$

Mit Zungenkorrektur

ist die Korrektur bei kleinen Beaufschlagungswinkeln entsprechend der Abhängigkeit der Korrektur von d noch kleiner.

ε) Reibung in beliebigen Querschnitten. Allgemeines. Außer der Kreisform findet man bei Spiralen noch viereckige, trapezförmige und ähnliche Querschnitte vor. Für die Wahl einer geeigneten Grundform sind außer strömungstechnischen Grundsätzen oft Forderungen der Herstellung maßgebend. Je nach dem Baumaterial, der Herstellungsweise und dem Verwendungszweck sind — namentlich bei kleineren Maschinen — oft rein wirtschaftliche Gesichtspunkte ausschlaggebend. Hier kann es sich nur darum handeln, die strömungstechnische Seite der Frage zu behandeln. Zunächst ist man zur Annahme geneigt, daß der Kreisquerschnitt die beste Form für die Spirale ist, weil bei allen anderen Querschnitten die benetzte Fläche im Verhältnis zum Querschnitt größer ist und somit auch die Reibung wächst. Dies trifft aber bei der Spirale keineswegs zu wegen der Eigenart der hier vorhandenen Strömung. Da die Geschwindigkeit — in grober Annäherung — dem Gesetze

$$c = \frac{c_{u_0} r_0}{r}$$

folgt, nimmt nach außen die Geschwindigkeit ab. Infolgedessen sind die verschiedenen Umfangsteile des Querschnittes nicht gleichwertig in bezug auf die Reibung. Konstruiert man z. B. einen Querschnitt, der denselben Grundkreis wie der Kreisquerschnitt hat, dessen Fläche jedoch mehr nach außen konzentriert ist, dort wo die Geschwindigkeit kleiner ist, so kann eventuell die Gesamtreibung geringer sein als beim Kreis. In diesem Sinne scheint ein trapezähnlicher Querschnitt einen gewissen Vorteil gegenüber dem Kreis zu bieten. Denn da die Reibung proportional dem Quadrate der Geschwindigkeit ist und umgekehrt proportional dem Durchmesser bzw. dem hydraulischen Radius, ist unter Umständen beim Trapez bzw. ähnlichen Querschnittsformen die Vergrößerung der Reibung infolge kleineren hydraulischen Radius geringer als die Verminderung der Reibung infolge Abnahme der Mittelgeschwindigkeit des Querschnittes gegenüber dem Kreisquerschnitt. Hingegen werden quadratische oder rechteckige Querschnitte immer etwas im Nachteil sein gegenüber dem Kreis. In der Tat zeigt die Praxis, daß letztere Formen meist auch nur dort angewandt werden, wo die Reibung keine große Rolle spielt und Herstellungsrücksichten überwiegen, z. B. bei Ventilatoren und Lüftern. Dagegen werden bei Kreiselpumpen und Gebläsen — Maschinen, bei denen die vorliegende Studie einen großen Einfluß der Reibung ergeben hat — sehr oft trapezähnliche Querschnitte vorgefunden.

Berechnung. Zur Berechnung der Reibung bei nichtkreisförmigen Querschnitten kann man dieselben Grundformeln verwerten, die für den Kreis entwickelt wurden. In der Reibungsformel muß dann statt des Durchmessers der vierfache hydraulische Radius, d. h.

$$a = \frac{\text{Querschnitt}}{\text{benetzter Umfang}}$$

eingesetzt werden. Es zeigt sich, daß bei dieser Abänderung der Formel für die Reibung dieselben Reibungskoeffizienten eingesetzt werden können, die sich aus Versuchen mit Rohrströmungen ergeben haben, und für die ein umfangreiches Versuchsmaterial vorliegt. Die Brauchbarkeit dieser Regel ist durch zahlreiche Vergleichsversuche mit nichtkreisförmigen Querschnitten hinreichend erwiesen[1].

[1] Siehe z. B. L. Schiller: Über den Strömungswiderstand von Rohren verschiedenen Querschnittes und Rauhigkeitsgrades. Z. angew. Math. Mech. Bd. 3 (1923).

Hiermit ergibt sich die Geschwindigkeitsabnahme infolge der Reibung zu

$$d c_1 = c \frac{\lambda\, d s}{8 a};$$

c bedeutet hier wieder die Mittelgeschwindigkeit des Querschnittes, wofür wieder mit großer Annäherung die Geschwindigkeit im Schwerpunkt der Fläche gesetzt werden soll.

Eine ähnliche leichte Berechnung des Reibungseinflusses, wie sie oben für den Kreis durchgeführt wurde, wird hier kaum möglich sein. Die Gleichung der äußeren Berandung der Spirale in Abhängigkeit vom Beaufschlagungsbogen ist hier meist sehr umständlich und für die weiteren Berechnungen ungeeignet. Deshalb wird man in den meisten Fällen eine graphische Behandlung obiger Differentialgleichung empfehlen müssen. Die folgende Durchführung dieser Methode zeigt, daß trotzdem das Verfahren kaum mehr Zeit beansprucht als die Berechnung der Kreisspirale.

ζ) Graphische Ermittlung der Querschnittserweiterungen. Ausgangspunkt ist wiederum die Spirale, die bei reibungsloser Strömung entsteht. Ihre Konstruktion kann rechnerisch oder graphisch nach den oben bereits angegebenen Methoden erfolgen. Aus

$$d c = c \frac{\lambda}{8 a} d s$$

wird nun das Integral

$$\varDelta c = \int d c$$

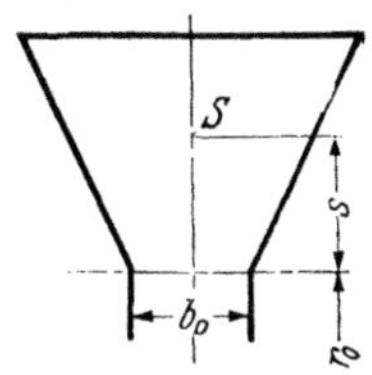

Abb. 114.

graphisch ermittelt. Es empfiehlt sich, den zu integrierenden Teil der Formel vor der praktischen Auswertung dimensionslos zu machen. Mit

$$c = \frac{c_{u_0} r_0}{r_0 + s} \quad \text{und} \quad d s = r_0 \, d\varphi \frac{\pi}{180}$$

erhält man

$$\varDelta c = \frac{\lambda}{8} \cdot \frac{\pi}{180} c_{u_0} \int\limits_0^{\varphi} \frac{r_0}{r_0 + s} \cdot \frac{r_0}{a} d\varphi \quad \text{(Abb. 114).}$$

Für 4 bis 8 Stellen ermittelt man dann den Schwerpunktsabstand s sowie den hydraulischen Radius a, nachdem man Umfang und Querschnitt ausgemessen hat. Der Wert

$$\frac{r_0}{r_0 + s} \cdot \frac{r_0}{a}$$

kann dann berechnet werden. Man trägt ihn über φ als Ordinate auf (Abb. 116). Der Inhalt der so entstandenen Kurve ist dann das Integral

$$\int \frac{r_0}{r_0 + s} \cdot \frac{r_0}{a} d\varphi.$$

$\varDelta c$ kann dann nach obiger Formel berechnet werden.

Auch hier ergeben sich dieselben Schwierigkeiten in der Nähe der Zunge der Spirale. Hier wird $a = 0$, d. h. $\frac{r_0}{a}$ unendlich. Für das Trapez wäre z. B. auch das Integral wieder im Gegensatz zum Kreis unendlich, weil bei verschwindender Querschnittsfläche ein endlich benetzter Umfang übrig bleibt. Diese schon oben besprochenen mathematischen Schwierigkeiten behebt man auch hier dadurch, daß man als kleinsten vorhandenen Querschnitt ein Quadrat von der Seite b_0 annimmt. Man setzt diesen konstanten Querschnitt ein von $\varphi = 0$ bis zu dem Winkel φ', wo der trapezförmige Querschnitt $F = b_2^0$ wird. Dies dürfte die tatsächlichen physikalischen Bedingungen mit großer Annäherung wiedergeben. Auch hier gilt

$$\varphi' = \frac{2\pi c b_0^2}{V}.$$

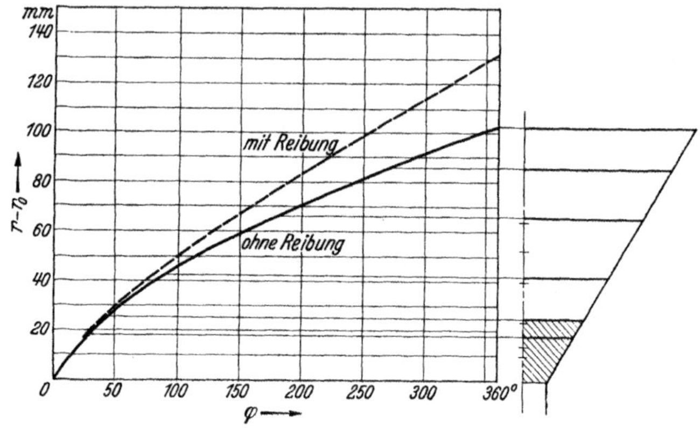

Abb. 115. Verlauf einer trapezförmigen Spirale mit und ohne Reibung.

Für diesen Winkel φ' muß man bei der graphischen Integration den Wert $\frac{r_0}{a}$ konstant nehmen. Es ergibt sich

$$\frac{r_0}{a} = 3\frac{r_0}{b_0}.$$

Die Verbindung dieser Geraden mit der hyperbolisch anwachsenden anderen Kurve wird am besten durch eine kleine Abrundung ausgeführt (s. Abb. 116 links oben).

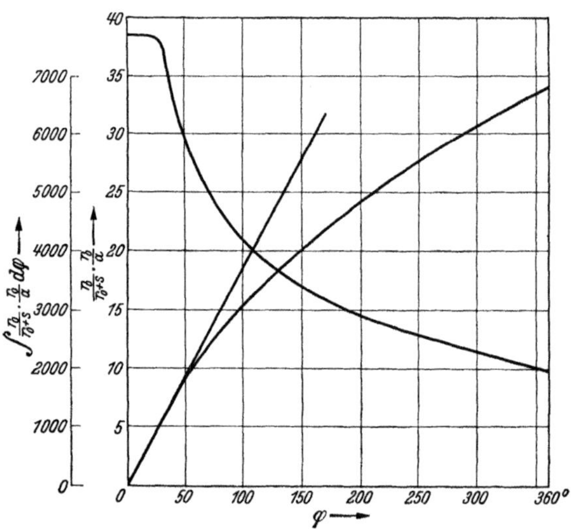

Abb. 116. Hilfskurven bei der graphischen Berechnung einer Spirale bei Berücksichtigung der Reibung.

Ist das Integral $\Delta c = \int dc$ gebildet, so erhält man zuerst

$$\frac{\Delta c}{c_{u_0}} = \frac{\lambda}{8} \cdot \frac{\pi}{180} \int_0^{\varphi} \frac{r_0}{r_0 + s} \cdot \frac{r_0}{a} \, d\varphi$$

und hieraus

$$\frac{\Delta F}{F} = \frac{\Delta c}{c} = \frac{\Delta c}{c_{u_0}} \cdot \frac{r_0 + s}{r_0}. \quad (124)$$

Hiermit ist die Aufgabe im wesentlichen gelöst. Bei sehr großen Werten $\frac{\Delta F}{F}$ ist in der gleichen Weise wie beim Kreise noch eine zusätzliche Korrektur infolge Verminderung der Mittelgeschwindigkeit anzubringen.

Zahlenbeispiel. Für das oben behandelte Gebläse soll nun eine Spirale entworfen werden, die als Grundform ein Trapez von 60° Öffnungswinkel hat. Die Konstruktion der reibungslosen Spiralen erfolgt nach der eingangs angegebenen Formel.

Als Beispiel sei das bereits mehrfach behandelte Gebläse angeführt. Aus den Strömungsverhältnissen hinter dem Laufrad ergab sich:

Breite des Diffurors $b_0 = 20$ mm,

$$2\,\delta = 60^\circ,$$

$$c_{m_0} = 27{,}1 \text{ m/s},$$

$$\operatorname{tg}\alpha_0 = \frac{c_{m_0}}{c_{u_0}} = \frac{27{,}1}{136} = 0{,}199.$$

Bei reibungsfreier Strömung ist die Gleichung der trapezförmigen Spirale, wie bereits oben abgeleitet wurde,

$$\varphi = \frac{1}{\operatorname{tg}\alpha}\left[\left(1 - 2\frac{r_0}{b_0}\operatorname{tg}\delta\right)\ln\frac{r}{r_0} + 2\frac{r_0}{b_0}\left(\frac{r}{r_0} - 1\right)\operatorname{tg}\delta\right].$$

Setzt man die Zahlenwerte ein, so ergibt sich:

$$\varphi = \frac{1}{0{,}199}\left[-\ 14{,}42 \ln\frac{r}{r_0} + 15{,}42\left(\frac{r}{r_0} - 1\right)\right].$$

Durch Einsetzen verschiedener Werte $\frac{r}{r_0}$ gewinnt man

$$\varphi = f\left(\frac{r}{r_0}\right).$$

Die Berechnung ist in Zahlentafel 9 durchgeführt. Um beliebige Werte φ bzw. $\frac{r}{r_0}$ zur Verfügung zu haben, wurde in Abb. 115 $\varphi = f\left(\frac{r}{r_0}\right)$ aufgezeichnet. Mit Hilfe dieser Kurve kann dann für eine gleichmäßige Winkelaufteilung, d. h. 45, 90, 135 und 180° usw., der tatsächliche Querschnitt aufgezeichnet und für jeden

Zahlentafel 9. Berechnung einer trapezförmigen Spirale (ohne Reibung).

$\frac{r}{r_0}$	$\ln\frac{r}{r_0}$	$\left(1-2\frac{r_0}{b_0}\right)\ln\frac{r}{r_0}$	$2\frac{r_0}{b_0}\left(\frac{r}{r_0}-1\right) \times \operatorname{tg}\delta$	$[\ldots]$[1]	φ	φ^0	h
1,05	0,0487	0,703	0,771	0,068	0,342	19,15	13,38
1,1	0,0953	1,375	1,542	0,167	0,84	48,2	26,75
1,15	0,14	2,02	2,313	0,293	1,47	83,1	40,13
1,2	0,1823	2,63	2,084	0,454	2,28	129,5	53,5
1,25	0,223	3,22	3,855	0,635	3,19	183	66,9
1,3	0,2624	3,78	4,626	0,846	4,25	244	80,25
1,35	0,3	4,33	5,397	1,067	5,35	307	93,63
1,4	0,3365	4,85	6,168	1,318	6,61	380	107

Querschnitt Schwerpunktsabstand s, Umfang, Fläche und hydraulischer Radius bestimmt werden. Der Einfachheit halber sind neben der Kurve $\varphi = f\left(\frac{r}{r_0}\right)$ (s. Abb. 115) die Querschnitte alle ineinander gezeichnet. Aus s, F und U ist dann in Zahlentafel 10 der hydraulische Radius a bzw. $\frac{r_0}{r_0 + s} \cdot \frac{r_0}{a}$ ausgerechnet worden. Der letzte Wert ist in Abb. 116 über φ aufgetragen. Man erkennt das schnelle Anwachsen in der Nähe $\varphi = 0$. Die Kurve ist charakteristisch für den Anteil der verschiedenen

[1] $\varphi = \frac{1}{\operatorname{tg}\alpha_0}\left[\left(1 - 2\frac{r_0}{b_0}\operatorname{tg}\delta\right)\ln\frac{r}{r_0} + 2\frac{r_0}{b_0}\left(\frac{r}{b_0} - 1\right)\operatorname{tg}\delta\right]$

Zahlentafel 10. Graphische Ermittlung einer trapezförmigen Spirale.

φ^0	s	$r_0 + s$	$\frac{r_0}{r_0+s}$	F cm²	U cm	$\frac{F}{U} = a$ cm	$\frac{r_0}{r_0+s} \cdot \frac{r_0}{\alpha}$	$\int \frac{r_0}{r_0+s} \cdot \frac{r_0}{\alpha} \times d\varphi$	$\frac{\Delta F}{F}$	F_2 cm²	$h = r - r_0$ mm
30	10	277,5	0,965	5,5	8,2	0,67	38,5	1100	0,0746	5,91	18
45	14	281,5	0,95	8,5	10,6	0,811	31,2	1650	0,1138	9,40	27
90	23,5	291	0,92	18,2	16,4	1,11	22,2	2800	0,199	21,8	46,5
180	40	307,5	0,87	38,1	24,8	1,535	15,13	4500	0,339	51,0	77,5
270	52,5	320	0,837	58,1	31,8	1,84	12,15	5760	0,45	84,8	106
360	64	331,5	0,807	81,3	37,4	2,18	9,9	6750	0,55	126,0	132,5

$$\frac{\Delta F}{F} = \frac{\Delta c}{c} = \frac{r_0 + s}{r_0} \cdot \frac{\lambda}{8} \cdot \frac{\pi}{180} \int \frac{r_0}{r_0 + s} \cdot \frac{r_0}{a} d\varphi.$$

Bogenelemente an der Reibung. Je näher man zu der Zunge kommt, um so mehr Reibung verursacht ein gleiches Bogenstück, was ja einleuchtend ist. Für die Gegend $\varphi = 0$ wurde nun der konstante Querschnitt b_0^2 angenommen, dessen hydraulischer Radius $a = \frac{1}{3} b_0$ ist. Hiermit wird

$$\frac{r_0}{r_0 + s} \cdot \frac{r_0}{a} = \frac{r_0}{r_0 + \frac{b_0}{2}} \cdot \frac{r_0}{\frac{b_0}{3}} = 38{,}4.$$

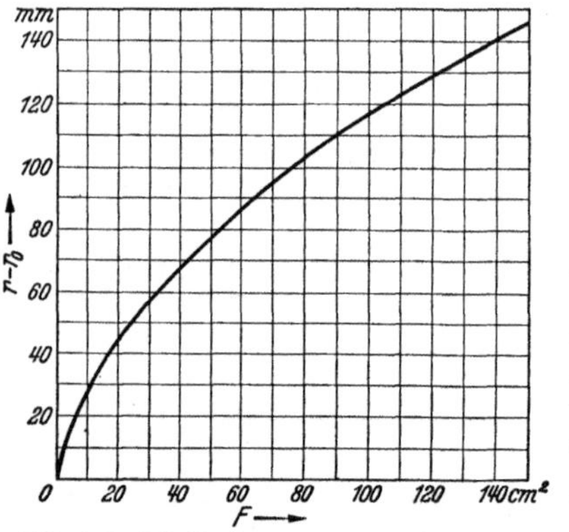

Abb. 117. Inhalt des trapezförmigen Querschnittes in Abhängigkeit von der Höhe des Trapezes.

Durch diesen Wert ersetzen wir die Kurve bis etwa 30°. In derselben Abb. 116 ist auch die graphische Integration ausgeführt, die als Endwert 6800 ergibt. Die weitere Ausrechnung befindet sich in Zahlentafel 10. Um aus der ermittelten Querschnittserweiterung leicht die äußere Berandung der Spirale zu erhalten, ist in Abb. 117 $F = f(r - r_0)$ aufgetragen. Hier ergibt sich für den Endquerschnitt eine Vergrößerung des Querschnittes $\frac{\Delta F}{F} = 0{,}55$, d. h. 55 vH. Beim Kreisquerschnitt ergab sich

$$\frac{\Delta F}{F_{360^\circ}} = 0{,}506,$$

d. h. das Trapez muß gegenüber dem Kreis um weitere 8,7 vH vergrößert werden. In diesem Falle ist also der Kreis günstiger als das Trapez. Es ist ja augenscheinlich, daß die exakte geometrische Trapezform infolge der spitzen Ecken nicht die oben diskutierte Verbesserung bringen kann. Zum mindesten müssen diese Ecken stark abgerundet oder noch besser auf das Trapez ein rechteckiger Querschnitt aufgesetzt werden. Bei geschickter Wahl des Querschnittes kann so erreicht werden, daß die Querschnittserweiterung infolge der Reibung geringer wird als beim Kreise. Es leuchtet ein, daß eine rechnerische Verfolgung dieser Einflüsse sehr verwickelt ist.

Aus der Grundformel für die Querschnittserweiterung

$$dc = c \frac{\lambda}{2} \cdot \frac{ds}{4a}$$

kann man überschläglich den hier ermittelten Unterschied von 10 vH (Kreis—Trapez) der Größenordnung nach ermitteln. Betrachten wir den Endquerschnitt, so ergibt die Gegenüberstellung von Fläche, Querschnitt, hydraulischem Radius und Mittelgeschwindigkeit das folgende Bild

	Kreis		Trapez
Querschnitt	119		126
s	$\frac{d}{2} = 61{,}6$		83
$r_0 + s$	338,1		359,5
$\frac{r_0 + s}{r_0 + s}$		1,06	
hydr. Radius	30,8		26,4

Setzen wir nun das Verhältnis der Mittelgeschwindigkeiten und das Verhältnis der hydraulischen Radien nach obiger Formel proportional den zu erwartenden Unterschieden, so ergibt sich

$$\frac{30{,}8}{26{,}4} \cdot \frac{338{,}1}{359{,}5} = 1{,}1$$

d. h. 10 vH Unterschied, während der genau berechnete Unterschied 8,7% betrug. Diese Berechnung gestattet demnach eine einfache Umrechnung von einem Querschnitt auf den anderen. Gleichzeitig bestätigt sie die richtige Durchführung der Rechnung und kann als Kontrolle dienen.

Der endgültige konstruktive Entwurf muß nun von der Trapezform insofern abweichen, als die scharfen Ecken aus Gußrücksichten durch Abrundungen zu ersetzen sind. Die sich hierdurch ergebenden Unterschiede in den Rechnungsgrundlagen sind der Größenordnung nach unbedingt kleiner als die Genauigkeit, mit der der Reibungskoeffizient bekannt ist. Mithin ist diese Korrektur belanglos, sie kann jedoch in etwa dadurch berücksichtigt werden, daß man den Querschnitt um die weggenommenen Flächen in den Ecken durch eine kleine Verlegung des äußeren Durchmessers vergrößert.

52. Diffusoren zur Verbesserung von Spiralgehäusen.

Wenn der Austrittsquerschnitt des Spiralgehäuses zu klein ist, sei es daß die anschließende Rohrleitung größeren Durchmesser, oder daß beim freien Ausblasen das Gebläse als Exhaustor wirkt, so ist es trotzdem nicht statthaft, die Spirale zu vergrößern. Diese muß, wenn eine Störung und ungünstige Beeinflussung des Laufrades vermieden werden soll, unter allen Umständen nach den vorhin angegebenen Regeln geformt werden. In diesen Fällen kann nach Abb. 118 ein besonderer Diffusor aufgesetzt werden, der in einer allmählichen Querschnittserweiterung die Luft langsam verzögert. Insbesondere bei Grubenventilatoren sind solche Diffusoren mit oft riesigen Ausmaßen bekannt geworden (s. Abb. 154).

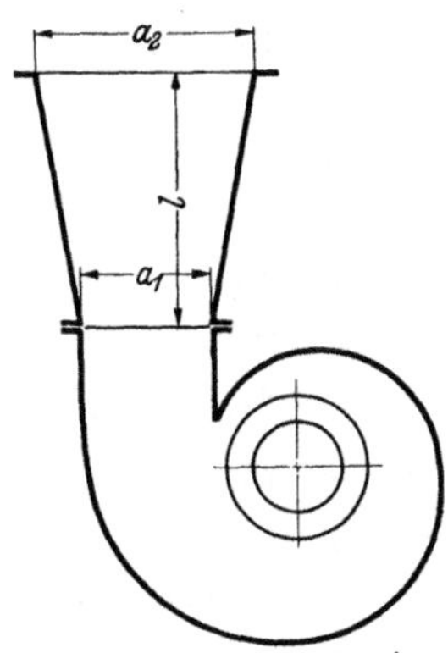

Abb. 118. Verbesserung eines Spiralgehäuses durch Aufsetzen eines Diffusors.

Nach neueren Versuchen von Vüllers[1] werden die besten Wirkungsgrade erzielt, wenn der

[1] Vüllers: Ausnutzung der kinetischen Austrittsenergie der Luft bei Ventilatoren mittels Diffusoren. Z. VDI 1933 S. 847.

Erweiterungswinkel der Diffusoren in der Gegend von 11 bis 13° liegt. Sehr eingehende Versuche von Hofmann[1], der nicht weniger wie 1000 verschiedene Formen von konischen Rohren und Stoßplatten untersuchte, zeigten glatte Diffusoren (ohne Gebläse gemessen) den höchsten Wirkungsgrad bei 8,5°. Der glatte Diffusor konnte durch eine Stoßplatte im Abstand $\frac{d}{4}$ (d engster Düsendurchmesser) nicht unwesentlich verbessert werden. Die Stoßplatte muß einen Durchmesser von 4 bis $5\,d$ haben, während der Diffusor am Austritt eine Abrundung $R \sim 0{,}85\,d$ haben muß. Ohne Stoßplatte ist diese Abrundung schädlich. Es lohnt sich meist nicht, ein größeres Querschnittsverhältnis wie $\frac{F_2}{F_1} = 2{,}5 \div 3$ auszuführen. Damit ergibt sich ein Verhältnis:

$$\frac{\text{Diffusorlänge}}{\text{Breite des Gebläseaustrittsquerschnittes}} \sim 2{,}7 \div 3.$$

Die besten Verhältnisse werden selbstverständlich bei runder bzw. bei quadratischer Ausführung des Diffusors erzielt. Die erreichten Wirkungsgrade, bezogen auf den Druckumsatz im Diffusor

$$\eta = \frac{\text{statischer Druckunterschied}}{\frac{\varrho}{2}\,(c_4^2 - c_3^2)}$$

betragen bei großen Ausführungen 0,85 bis 0,9, während im allgemeinen Werte von 0,8 anzunehmen sind.

X. Ermittlung der Hauptdimensionen eines Gebläses.

53. Zusammenstellung der Formeln.

Folgende Formeln werden zweckmäßig zur ersten Bestimmung der Hauptdimensionen eines Läufers benutzt. Aus Gl. (50) $\Delta p = \psi \frac{\varrho}{2} u_2^2$ kann u_2 berechnet werden, wenn ψ vorläufig angenommen wird. Hierfür gelten zunächst folgende ungefähre Anhaltspunkte:

$\psi \sim 1{,}6 - 2{,}3$ für vorwärtsgekrümmte Schaufeln,
$\psi \sim 1{,}0 - 1{,}4$ für radialendigende Schaufeln,
$\psi \sim 0{,}70 - 1{,}2$ für rückwärtsgekrümmte Schaufeln.

Sofern die Drehzahl n/min gegeben ist, ergibt sich der Laufraddurchmesser aus $d_2 = \frac{60 \cdot u_2}{\pi n}$. Dann wird aus der Gl. (51), bei der eventuell zur Berücksichtigung der Spaltverluste gemäß den Betrachtungen von S. 58 eine kleine Vergrößerung stattfinden muß, der Wert φ ausgerechnet:

$$\varphi = \frac{V}{\frac{\pi d_2^2}{4} \cdot u_2}.$$

[1] Hofmann: Die Energieumsetzung in saugrohrähnlich erweiterten Düsen. Mitt. Hydr. Inst. T.H. München. München u. Berlin: Oldenbourg 1931.

Bei bekanntem φ ergibt sich das beste Durchmesserverhältnis sofort nach Abb. 64 bezw. Gl. (84) zu: $\frac{d_1}{d_2} = 1{,}194 \sqrt[3]{\varphi}$.

Hiermit sind für den ersten Entwurf die Abmessungen bekannt. Nunmehr kann eine genauere Durchrechnung erfolgen, bei der zweckmäßig die Schaufelform aufgezeichnet wird. Nach genauer Ermittlung des Einflusses der endlichen Schaufelzahl ergibt sich eventuell eine kleine Berichtigung des Außendurchmessers. Hiernach kann dann eine feinere Nachrechnung erfolgen.

In den folgenden Beispielen soll der Gang der Rechnung bis zur Ermittlung der Hauptmasse an Hand von Beispielen gezeigt werden, deren Zahlenangaben den Katalogangaben von Ventilatorenfirmen entnommen sind.

54. Zahlenbeispiele.

1. Es soll ein Niederdruckventilator mit Trommelläufer entworfen werden für eine Fördermenge von 75 m³/min und einen Gesamtdruck von 60 mm WS. Die beste Drehzahl soll bestimmt werden.

Der Entwurf werde mit vorwärtsgekrümmten Schaufeln durchgeführt. Nach S. 83 wählen wir $\frac{d_1}{d_2} = 0{,}85$; hier wird der Einfluß der endlichen Schaufelzahl nach früherem $\varepsilon \sim 0{,}9$. Für η_{hydr} setzen wir vorläufig 0,58 ein. Damit wird nach Gl. (99) $\psi = 4\,\varepsilon \cdot \eta_{\text{hydr}} = 4 \cdot 0{,}9 \times 0{,}58 = 2{,}09$. Die Umfangsgeschwindigkeit ergibt sich nunmehr nach Gl. (50)

$$u_2 = \sqrt{\frac{\Delta p}{\frac{\varrho}{2}\,\psi}} = 4\sqrt{\frac{60}{2{,}09}} = 21{,}5 \text{ m/s}$$

$\left[\text{für } \frac{\varrho}{2} \text{ wurde hier der Wert } \frac{1}{16} \text{ eingesetzt}\right]$.

Da das bei $\frac{d_1}{d_2} = 0{,}85$ mögliche größte φ nach S. 84 sich zu 0,602 ergibt, erhält man nach Gl. (51)

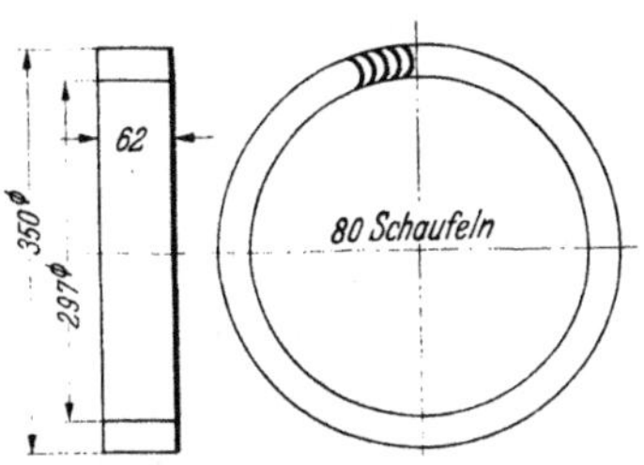

Abb. 119. Durchgerechnetes Beispiel eines Trommelläufers.

$$\frac{\pi d_2^2}{4} = \frac{V}{\varphi \cdot u_2} = \frac{75}{60 \cdot 0{,}602 \cdot 21{,}5} = 0{,}0967 \text{ m}^2;\ \text{hieraus } d_2 = 350 \text{ mm}.$$

Dann folgt die Drehzahl $n = \frac{60 \cdot u_2}{\pi \cdot d} = 1175/\text{min}$.

Die Schaufelbreite ergibt sich nach Zahlentafel 2 zu:

$$\frac{b}{d_2} = 0{,}177;\ b = 0{,}177 \cdot 350 = 62 \text{ mm}.$$

Für die Schaufelform wählt man die Ausführung nach Abb. 76. Das Laufrad kann somit aufgezeichnet werden. Abb. 119 zeigt den Hauptschnitt.

2. Ein Mitteldruckventilator soll für 120 m³/min bei einer Gesamtpressung von 150 mm WS berechnet werden. Drehzahl $n = 1450$. Radialendende Schaufeln sollen verwendet werden. Es werde angenommen

$$\eta_{\text{hydr}} = 0{,}68\,.$$

Für ψ wählen wir zunächst 1,1

$$u_2 = \sqrt{\frac{\Delta p}{\frac{\varrho}{2}\psi}} = 4\sqrt{\frac{150}{1{,}1}} = 46{,}7 \text{ m/s}.$$

Hieraus

$$d_2 = \frac{60 \cdot u_2}{\pi \cdot n} = \frac{60 \cdot 46{,}7}{\pi \cdot 1450} = 613 \text{ mm}, \qquad \varphi = \frac{V}{\frac{\pi d_2^2}{4} \cdot u_2} = \frac{2}{0{,}296 \cdot 46{,}7} = 0{,}145.$$

Für diesen φ-Wert entnehmen wir aus Abb. 64 $\frac{d_1}{d_2} = 0{,}62$. Hieraus $d_1 = 0{,}62 \cdot 613 = 380$ mm. Nach Gl. (83) erhalten wir $b_1 = \frac{d_1}{4{,}8} = 79{,}1 \sim 80$ mm. Für β_1 kann der Bestwert 35° gewählt werden.

Nunmehr kann das Rad mit den Schaufeln aufgezeichnet werden. Eine genaue Nachrechnung, insbesondere des Außendurchmessers ist vorzunehmen. Wir wollen 18 Schaufeln annehmen und nach Gl. (37) den Einfluß der endlichen Schaufelzahl nachrechnen:

$$\varepsilon = \frac{1}{1 + \frac{\pi}{z\left[1 - \left(\frac{d_1}{d_2}\right)^2\right]}} = \frac{1}{1 + \frac{\pi}{18\,[1 - 0{,}62^2]}} = 0{,}78.$$

Für radialendigende Schaufeln wird dann $\psi = 2\,\varepsilon \cdot \eta_{\text{hydr}} = 2 \cdot 0{,}78 \cdot 0{,}68 = 1{,}06$. Angenommen wurde zunächst $\psi = 1{,}1$. Da die ψ-Werte gemäß $\Delta p = \frac{\varrho}{2} u_2^2 \cdot \psi$ bei konstantem Δp sich wie die Quadrate der Umfangsgeschwindigkeit verhalten, so werden bei konstanter Drehzahl die ψ-Werte sich auch wie die Quadrate der Durchmesser verhalten. Damit erhalten wir den endgültigen Durchmesser zu:

$$d_2 = 613\sqrt{\frac{1{,}1}{1{,}06}} = 625 \text{ mm}; \quad u_2 = 47{,}4 \text{ m/s}.$$

Für φ tritt ebenfalls eine kleine Änderung ein:

$$\varphi = \frac{2}{0{,}306 \cdot 47{,}4} = 0{,}138\,.$$

Hieraus erhalten wir wegen der kleinen Änderung wie oben

$$\frac{d_1}{d_2} = 0{,}612\,; \qquad d_1 = 0{,}612 \cdot 625 = 382 \text{ mm}\,; \qquad b_1 = \frac{d_1}{4{,}8} = 79{,}5 \sim 80 \text{ mm}$$

(bei diesen Werten tritt also kaum eine Verschiebung ein).

Zur Ermittlung der Austrittsbreite wollen wir gemäß Gl. (92) eine Verzögerung $\frac{w_2}{w_1} = \frac{d_1}{d_2} = 0{,}612$ zulassen. Mit $\beta_1 = 35^\circ$ und $u_1 = 29$ m/s wird

$$w_1 = \frac{u_1}{\cos 35^\circ} = \frac{29}{0{,}819} = 35{,}5 \text{ m/s}.$$

Hiermit wird $w_2 = 0{,}612 \cdot 35{,}5 = 21{,}7$ m/s. Wir berechnen noch

$$c_{1m} = u_1 \cdot \operatorname{tg} 35^\circ = 29 \cdot 0{,}7 = 20{,}3 \text{ m/s}.$$

Bei $\beta_2 = 90^\circ$ ist $c_{2m} = w_2$. Wir können deshalb gemäß der Stetigkeitsgleichung $d_1 \pi b_1 c_{1m} = d_2 \pi b_2 \cdot c_{2m}$ den Wert b_2 berechnen.

$$b_2 = b_1 \cdot \frac{c_{1m}}{c_{2m}} \cdot \frac{d_1}{d_2} = 80 \frac{20{,}3}{21{,}7} \cdot 0{,}612 = 46 \text{ mm}.$$

Wir wählen $b_2 = 46$ mm. Abb. 120 zeigt den so berechneten Läufer.

3. Es ist ein Grubenventilator für folgende Daten zu entwerfen: $V = 20000$ m³/min; $\Delta p = 440$ mm; $n = 125$ min. Es soll ein möglichst hoher Wirkungsgrad erzielt werden. Dementsprechend werde $\eta_{\text{hydr}} = 0{,}74$ angesetzt.

Rückwärtsgekrümmte Schaufeln sind hier unbedingt am Platze. Wir schätzen zunächst $\psi = 1{,}05$. (Dieser große Wert erscheint berechtigt, da bei den zu erwartenden großen Abmessungen mehr Schaufeln wie gewöhnlich untergebracht werden können.)

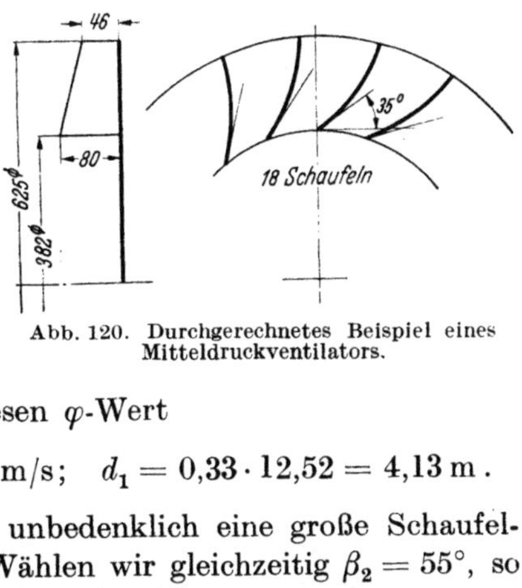

Abb. 120. Durchgerechnetes Beispiel eines Mitteldruckventilators.

$$u_2 = \sqrt{\frac{\Delta p}{\frac{\varrho}{2}\psi}} = 4\sqrt{\frac{440}{1{,}05}} = 82 \text{ m/s},$$

$$d_2 = \frac{60 \cdot u_2}{n \cdot \pi} = \frac{60 \cdot 82}{125 \cdot \pi} = 12{,}52 \text{ m},$$

$$\varphi = \frac{V}{\frac{\pi d_2^2}{4} \cdot n} = \frac{20000}{60 \cdot 123 \cdot 125} = 0{,}0217.$$

Aus Abb. 64 entnehmen wir für diesen φ-Wert

$$\frac{d_1}{d_2} = 0{,}33; \quad \text{hiermit wird } u_1 = 27 \text{ m/s}; \quad d_1 = 0{,}33 \cdot 12{,}52 = 4{,}13 \text{ m}.$$

Bei den großen Abmessungen kann unbedenklich eine große Schaufelzahl $z = 30$ angenommen werden. Wählen wir gleichzeitig $\beta_2 = 55^\circ$, so können wir nach Gl. (37) die Minderleistungsziffer ε ausrechnen.

$$\varepsilon = \frac{1}{1 + \frac{\sin \beta_2 \pi}{30\left[1 - \left(\frac{d_1}{d_2}\right)^2\right]}} = \frac{1}{1 + \frac{\pi \cdot 0{,}82}{30\,[1 - 0{,}33^2]}} = 0{,}912.$$

Für eine genauere Nachrechnung ist nun das Aufzeichnen der Geschwindigkeitsdiagramme notwendig. Hierbei ist in Abb. 121 eine Verzögerung von $w_1 = 33{,}5$ m/s auf $w_2 = 20$ m/s vorgesehen. Dies bedeutet ein Verhältnis $\frac{w_2}{w_1} = \frac{20}{33{,}5} = 0{,}6$. Die Verzögerung ist somit wesentlich kleiner als nach Gl. (64) .zugelassen wurde $\frac{w_2}{w_1} > \frac{d_1}{d_2}$. Mit Rücksicht auf guten Wirkungsgrad wurde diese Wahl getroffen. Wir erhalten ein $c_{2u} = 70{,}5$ m/s. Damit wird

$$\psi = 2\,\frac{c_{2u}}{u_2}\cdot\varepsilon\cdot\eta_{\mathrm{hydr}} = 2\,\frac{70{,}5}{82}\cdot 0{,}912\cdot 0{,}74 = 1{,}16.$$

Wie im vorigen Beispiel wäre somit eine Verringerung des Außendurchmessers notwendig $d_2 = 12{,}52\cdot\sqrt{\frac{1{,}05}{1{,}16}} \sim 11{,}9$ m. Da jedoch gleichzeitig u_2 kleiner wird, ist bei diesen Abweichungen eine nochmalige Durchrechnung am Platze. Die nochmalige Durchrechnung mit dem neuen

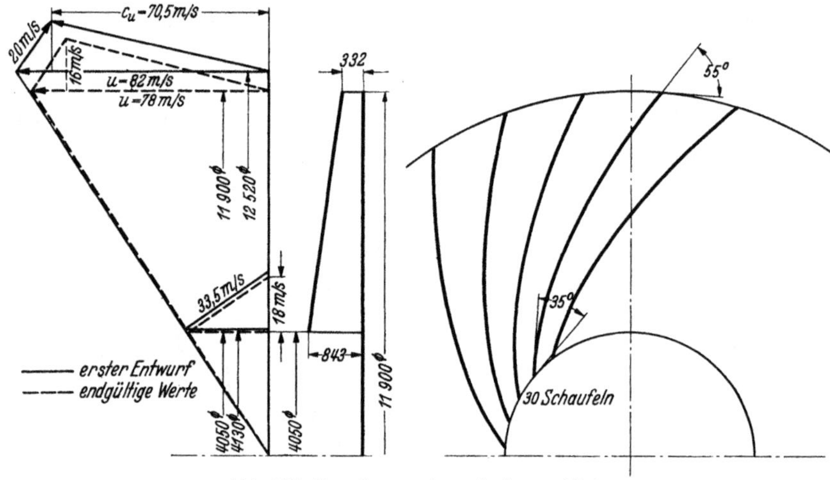

Abb. 121. Berechnung eines Grubenventilators.

Wert ergibt unter Benutzung der gleichen Formeln wie vorhin: $u_2 = 78$ m/s; $d_2 = 11{,}9$ m, d. h. wie vorhin: $\varphi = \frac{334}{111\cdot 124} = 0{,}024$; $\frac{d_1}{d_2} = 0{,}34$; $d_1 = 11{,}9\cdot 0{,}34 = 4{,}05$ m; $b_1 = \frac{d_1}{4{,}9} = 0{,}843$ m. Die neuen Geschwindigkeitsdreiecke sind in Abb. 121 gestrichelt eingezeichnet, wobei $w_2 = 20$ m/s beibehalten wurde. Zur Ausrechnung von b_2 benutzen wir wieder die Stetigkeitsgleichung:

$$b_2 = b_1\,\frac{c_{1m}}{c_{2m}}\,\frac{d_1}{d_2} = 843\cdot\frac{18}{16}\cdot 0{,}34 = 332 \text{ mm}.$$

Abb. 121 zeigt den durchgerechneten Läufer in zwei Schnitten. Nach diesem Entwurf ist natürlich noch eine Korrektur, insbesondere des Eintrittsverlaufes der Schaufel gemäß den Erwägungen von S. 45 notwendig.

Die Leistungen des Gebläses sind einem Ausführungsbeispiel entnommen. Es handelt sich um den zur Zeit größten Ventilator der Welt, der von der Maschinenfabrik Westfalia Dinnendahl-Gröppel A.-G.

für die Zeche Walsum geliefert wurde. Abb. 153 zeigt die Ausführung, die sich von unsern Ausführungen lediglich durch schwach vorwärtsgekrümmte Schaufeln unterscheidet. Im wesentlichen gelangen wir zu den gleichen Abmessungen.

B. Theorie und Berechnung von Schraubengebläsen.

XI. Berechnung nach der Gittertheorie.

55. Allgemeines.

Die Bezeichnung „Axialgebläse“ verdankt ebenso wie die Bezeichnung „Radialgebläse“ der Hauptströmungsrichtung durch das Laufrad ihren Namen. Das Laufrad wird axial, d. h. in Richtung der Drehachse

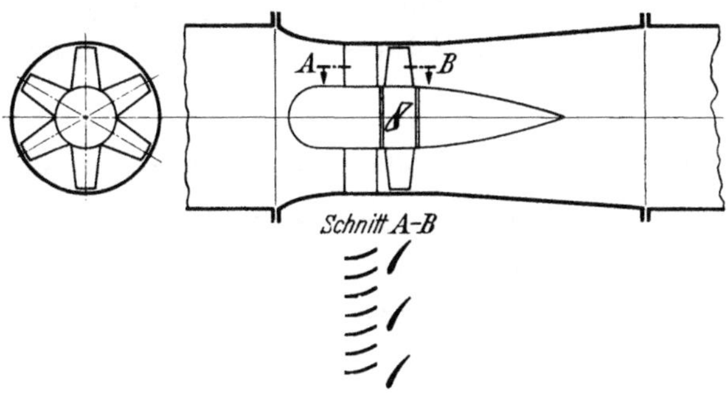

Abb. 122. Schematische Darstellung eines Axialgebläses.

durchströmt. Demgemäß besteht das Laufrad aus einer Nabe, die in radialer Richtung Flügelblätter enthält. Aufgabe des Entwurfes ist es, diese Flügelblätter so zu gestalten, daß 1. alle Luftteilchen die gleiche Energieerhöhung erhalten und 2. die nicht vermeidbaren Verluste möglichst klein gehalten werden.

Im allgemeinsten Anwendungsfall bildet das Gebläse nach Abb. 122 die „Armatur“ einer Rohrleitung. Denn das Axialgebläse gestattet bei Einschaltung in eine Rohrleitung eine besonders einfache Lösung, indem infolge der grundsätzlich axialen Strömungsrichtung das Gebläse rein äußerlich nur die Gestalt eines Stückes der Rohrleitung annimmt.

Folgende Bauelemente finden sich bei einem guten Axialgebläse:

1. Ein düsenförmig verengtes und ein diffusorartig erweitertes Rohrstück. In den meisten Fällen ist es nämlich im Interesse eines guten Wirkungsgrades notwendig, den Durchmesser des Gebläseläufers kleiner auszuführen wie die Rohrleitung.

2. Laufrad, bestehend aus mehr oder weniger dicker Nabe mit Flügeln, deren Anzahl meist 4 bis 8 beträgt. Die Grenzen liegen zwischen 2 bis 50 Schaufeln.

3. Leitrad vor oder hinter dem Laufrad.

Da die Strömung durch das Gebläse achsensymmetrisch ist, werden auf einem beliebigen Zylinderschnitt gleiche Strömungsverhältnisse[1] anzutreffen sein. Es ist deshalb zweckmäßig, diesen Zylinder auf eine Ebene abzuwickeln. Hierbei entsteht das in Abb. 122 (unten) angedeutete Bild. Leitrad und Laufrad erscheinen hier als Schaufelgitter von unendlicher Länge. Jeder Zylinderschnitt wird hierbei anders aussehen. Sehen wir uns z. B. den näher der Nabe zu liegenden Schnitt A —. — B an, so ergeben sich Schaufelgitter, deren Teilung kleiner ist wie am Umfang und deren Schaufelquerschnitte nach Länge, Form und Winkel anders wie dort aussehen müssen, da ja die Umfangsgeschwindigkeit von Radius zu Radius sich ändert.

Man wird vermuten, daß für die Berechnung solcher Gebläse die Strömung durch ein Schaufelgitter wesentlich sein wird. In der Tat bildet die Kenntnis der sog. „Gitterströmung" die Hauptgrundlage der ganzen Berechnung.

56. Einfache Beziehungen der Gitterströmung.

a) Feststehendes Gitter.

Durch ein unendlich langes feststehendes Gitter werde die unter dem Winkel α_1 ankommende Luft nach dem Winkel α_2 abgelenkt. Die in Abb. 123 eingezeichneten Kreisbogenschaufeln sollen beispielsweise andeuten, mit welchen Mitteln eine derartige Umlenkung konstruktiv möglich ist. Die Winkel α_1 und α_2 seien so weit vor bzw. hinter dem Gitter gemessen, daß von einem Einfluß der Schaufeln nichts mehr bemerkt werden kann. Da im allgemeinen die Schaufeln weit auseinanderstehen, werden in der Nähe des Gitters die Winkelunterschiede größer sein müssen.

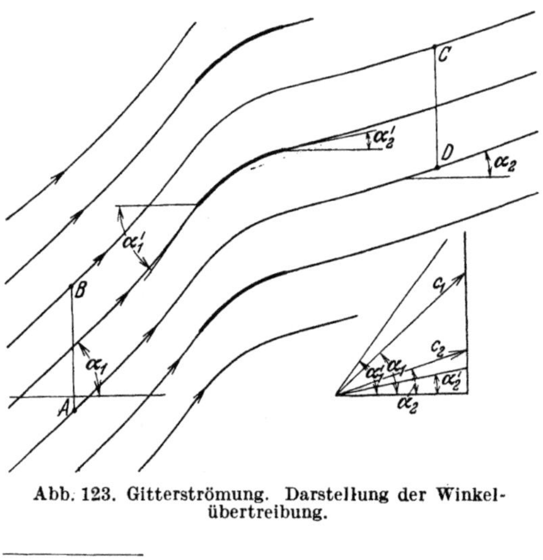

Abb. 123. Gitterströmung. Darstellung der Winkelübertreibung.

[1] Bei genauerer Betrachtung stellt man auch eine geringe Radialbewegung insbesondere auf der Schaufelsaugseite fest, eine Erscheinung, die sehr einfach durch eine durchschlagende, langgestreckte Gasflamme bei stroboskopischer Beleuchtung sichtbar gemacht werden kann. Wenn wir im folgenden diese Feinheiten vernachlässigen, so begehen wir dabei nur einen kleinen Fehler, der im Rahmen dieser Arbeit berechtigt sein dürfte.

Die unmittelbar die Schaufeln tangierende Stromlinie wird unter dem Winkel α_1', der größer wie α_1 ist, einströmen und unter dem ein Winkel α_2', der kleiner wie α_2 ist, abströmen. Die Stromlinie, die zwischen zwei Schaufeln sich befindet, wird eine bedeutend geringere Ablenkung erfahren, da die „seitliche Führung" ja sehr gering ist. Es leuchtet ein, daß die Gesamtablenkung von α_1 nach α_2 nur erreicht werden kann, wenn für die Schaufelwinkel folgendes gilt: $\alpha_1' > \alpha_1$ und $\alpha_2' < \alpha_2$. Bei ganz enger Teilung werden die Winkel erst übereinstimmen: $\alpha_1' = \alpha_1$; $\alpha_2' = \alpha_2$. Für die infolge der endlichen Schaufelzahl notwendigen Winkeländerung findet man verschiedentlich den Namen „Winkelübertreibung". Abb. 123 zeigt diese Gitterströmung mit den vorhin verwendeten Winkelbezeichnungen.

Wir untersuchen in Abb. 124 die Strömung durch eine ganze Teilung $t = A\,B$ und wollen die dort festgelegten Bezeichnungen für die nächsten Berechnungen zugrunde legen. Aus der Kontinuitätsgleichung folgt $c_{1m} \cdot t \cdot b = c_{2m} \cdot t \cdot b$; d. h. $c_{1m} = c_{2m} = c_m$ (b ist die Breite senkrecht zur Zeichenebene). Hieraus folgt, daß die Geschwindigkeitsdreiecke alle die gleiche Höhe c_m haben. Es gilt somit: $c_1 \cdot \sin\alpha_1 = c_2 \cdot \sin\alpha_2$. Reibungsverluste wollen wir zunächst ausschließen, so daß der Druckunterschied vor und hinter dem Gitter nach der Bernoullischen Gleichung ausgerechnet werden kann.

$$\Delta\, p_{\text{stat}} = \frac{\gamma}{2\,g}\,[c_1^2 - c_2^2]. \tag{125}$$

Dieser Druck bedingt eine Kraft senkrecht zur Gitterachse

$$P_y = \Delta\, p_{\text{stat}} \cdot t \cdot b\,.$$

Die Kraft in Richtung des Gitters läßt sich leicht nach dem Impulssatz berechnen. In der Sekunde strömt durch die Teilung t die Masse $q = t \cdot b \cdot c_m \cdot \frac{\gamma}{g}$. In Richtung des Gitters erfährt diese Masse eine Geschwindigkeitsänderung

$$c_2 \cdot \cos\alpha_2 - c_1 \cdot \cos\alpha_1 = c_{2u} - c_{1u}\,.$$

Hierzu muß das Gitter auf die Luft eine Kraft P_x' ausüben:

$$P_x' = q\,(c_{2u} - c_{1u}) = t \cdot b \cdot c_m\,\frac{\gamma}{g}\,(c_{2u} - c_{1u})\,, \tag{126}$$

während die entgegengesetzte Kraft P_x von der Luft auf das Gitter ausgeübt wird

$$P_x = t \cdot b \cdot c_m\,\frac{\gamma}{g}\,(c_{1u} - c_{2u}).$$

Aus P_x und P_y erhält man durch $R = \sqrt{P_x^2 + P_y^2}$ die Resultierende. (In Abb. 124 sind die Reaktionskräfte eingezeichnet, d. h. die Kräfte, die die Luft auf die Schaufeln ausübt.) Wir wollen uns für die Richtung dieser Resultierenden interessieren und berechnen zu diesem Zweck:

$$\frac{P_y}{P_x} = \frac{\frac{1}{2}\frac{\gamma}{g}\,[c_1^2 - c_2^2]\, t\cdot b}{\frac{\gamma}{g}\,[c_{1u} - c_{2u}]\cdot c_m \cdot t \cdot b} = \frac{\frac{c_{1u}+c_{2u}}{2}}{c_m} = \operatorname{ctg}\alpha_\infty . \tag{127}$$

In Abb. 124 wurde der Mittelwert $\frac{c_{1u}+c_{2u}}{2}$ eingezeichnet. Nennen wir den zugehörigen Winkel α_∞, so folgt aus Gl. (127), daß die Richtung der Resultierenden auf dieser Richtung senkrecht steht. Dabei wurde

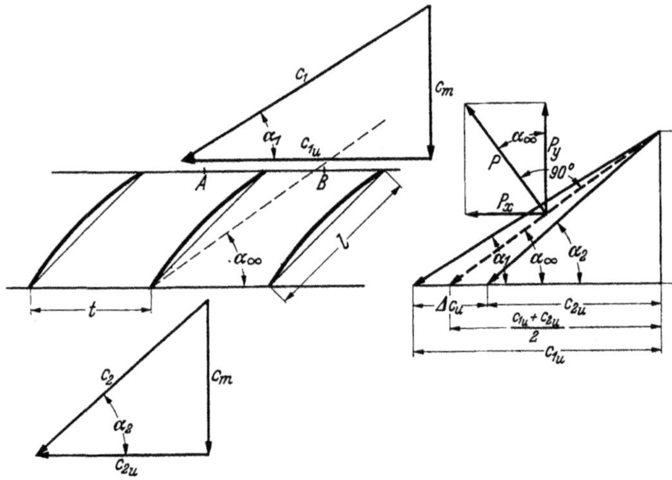

Abb. 124. Geschwindigkeitsdreiecke und Kräfte beim stillstehenden Gitter.

keinerlei Voraussetzung über die Form und Anzahl der Schaufeln gemacht. Wir können also verallgemeinern:

Wenn in irgendeiner Weise erreicht wird, daß eine unendlich breite Strömung vom Winkel α_1 nach α_2 abgelenkt wird bzw. c_{1u} in c_{2u} geändert wird, so sind dazu Kräfte notwendig, die senkrecht auf einer mittleren Richtung stehen, die aus der Meridiangeschwindigkeit und der mittleren Komponente in Gitterrichtung gebildet wird.

b) Bewegtes Gitter.

Sobald das Gitter in der Gitterachse bewegt wird, leistet die Kraft P_x' in Gitterrichtung eine Arbeit. Bewegt sich das Gitter entgegen der Richtung von P_x', so wird Arbeit an das Gitter abgegeben (Turbine), während die umgekehrte Bewegungsrichtung eine Arbeitsabgabe an das strömende Mittel bedingt (Pumpe). An der Gültigkeit der vorhin abgeleiteten Gittergleichungen wird durch die Bewegung nichts geändert. Wenn nur eine bestimmte Ablenkung der Absolutgeschwindigkeit erreicht wird, bestehen die Voraussetzungen des Impulssatzes unabhängig davon, mit welchem Gitter, d. h. ruhend oder laufend, dies erreicht wird.

Ist die Gittergeschwindigkeit u, so wird eine Leistung $P_x \cdot u$ für die der Gitterteilung entsprechenden Luftmenge abgegeben. Ebenso wie bei den Radialgebläsen denken wir uns diese Arbeit in Hubarbeit umgesetzt. Das durch die Gitterteilung t in der Sekunde strömende Luftgewicht $q \cdot g$

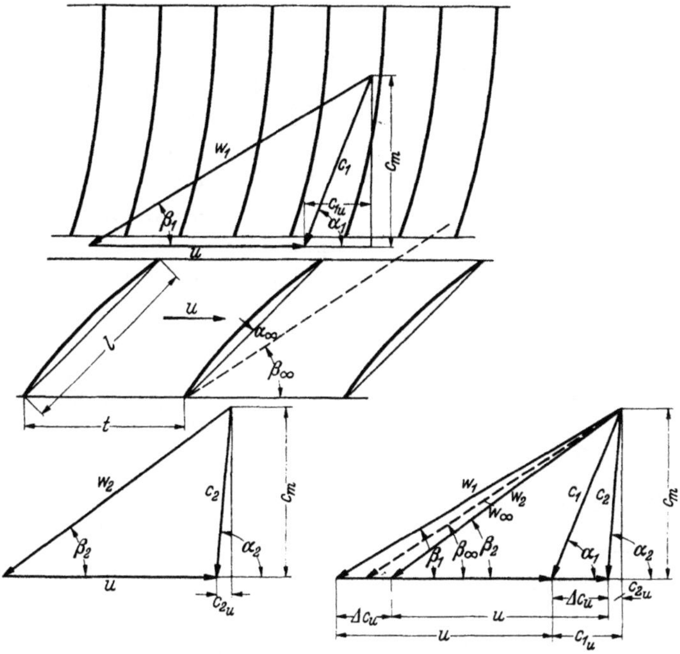

Abb. 125. Geschwindigkeitsdreiecke beim bewegten Gitter.

wird auf eine Höhe H gehoben. Die Gleichsetzung beider Arbeitsgleichungen ergibt:

$$P_x \cdot u = q \cdot g \cdot H; \quad q\,(c_{2u} - c_{1u})\,u = q \cdot g \cdot H$$

$$H = \frac{1}{g}\,u\,[c_{2u} - c_{1u}]\,. \tag{128}$$

Bei Gebläsen ist es wieder zweckmäßiger, mit dem Druck Δp statt mit der Druckhöhe zu arbeiten. Hierfür ergibt sich nach früherem:

$$\Delta p = \varrho\,u\,[c_{2u} - c_{1u}]\,. \tag{129}$$

Es entsteht also auch hier die Eulersche Turbinengleichung.

Um die Dinge relativ zum Gitter besser beobachten zu können, bilden wir uns nach Abb. 125 die Geschwindigkeitsdreiecke. Das mit u (m/s) sich bewegende Gitter wird absolut mit der Geschwindigkeit c_1 angeströmt; die absolute Abströmgeschwindigkeit beträgt c_2. Aus $c_1 = u \hat{+} w_1$ und $c_2 = u \hat{+} w_2$ ergeben sich die Relativgeschwindigkeiten w_1

und w_2. Wenn wir uns mit dem Gitter bewegen, sehen wir nur ein feststehendes Gitter, dessen An- und Abströmgeschwindigkeiten w_1 und w_2 betragen. Auch auf diese relative Gitterströmung müssen die oben gewonnenen Beziehungen anwendbar sein, da für diese wirbelfreie Strömung sowohl die Bernoullische Gleichung als die Impulsgleichung gültig bleiben. Insbesondere ergibt sich also, daß auf eine Schaufel eine Kraft wirkt, die senkrecht auf w_∞ steht. w_∞ wird durch Halbierung der Endpunkte von w_1 und w_2 in leichter Weise gewonnen. Die Richtung von w_∞ gegen die Gitterachse werde schon hier einheitlich mit β_∞ bezeichnet.

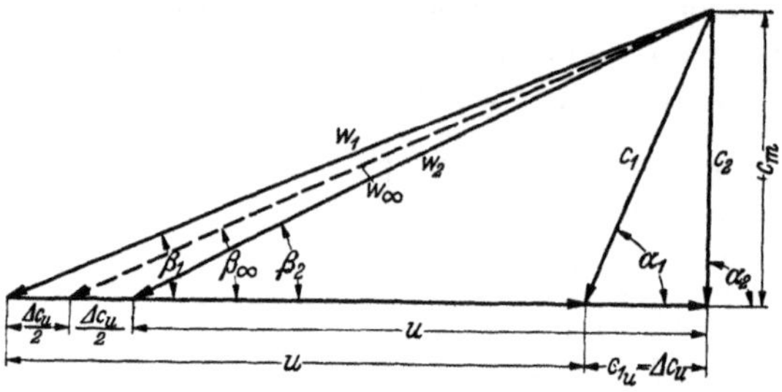

Abb. 126. Geschwindigkeitsdreiecke bei vorgeschaltetem Leitrad.

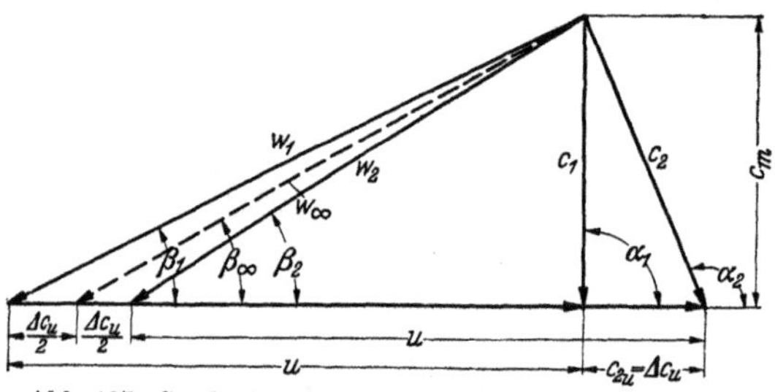

Abb. 127. Geschwindigkeitsdreiecke bei nachgeschaltetem Leitrad.

Beim Axialgebläse ist entweder der Zufluß oder der Abfluß in axialer Richtung, je nachdem ob sich ein Leitrad hinter oder vor dem Laufrad befindet oder ein Leitrad überhaupt fehlt. Dies bedeutet für unsere Gitterberechnung, daß praktisch nur zwei Fälle vorkommen. Entweder steht c_1 oder c_2 senkrecht auf u. Damit vereinfacht sich Gl. (128) zu:

$$H = \frac{1}{g}\, u \cdot c_{2u} \quad \text{Leitrad hinter Laufrad oder kein Leitrad,}$$

$$H = \frac{1}{g}\, u\, c_{1u} \quad \text{Leitrad vor Laufrad.}$$

Der Stufendruck ergibt sich hieraus zu:

$$\Delta p = \varrho\, u \cdot c_{1u} \quad \text{bzw.} \quad \varrho\, u \cdot c_{2u}.$$

In jedem Falle gilt:

$$\Delta p = \varrho\, u \cdot \Delta c_u \qquad [\Delta c_u = c_{2u} - c_{1u}]. \tag{130}$$

In Abb. 126 und 127 sind die normalen Geschwindigkeitsdiagramme dieser beiden Fälle gezeichnet. In diesen Diagrammen befinden sich auch alle Bezeichnungen, die im folgenden benutzt werden.

57. Reaktionsgrad des bewegten Gitters.

Für die Beurteilung eines Kreiselrades ist die Kenntnis der statischen Druckerhöhung im Verhältnis zur gesamten Druckerhöhung, d. h. der schon früher eingeführte Reaktionsgrad $\varkappa$ von Bedeutung. Da die

Umsetzung der hinter dem Laufrad vorhandenen kinetischen Energie in Druck immer mit ziemlichen Verlusten verbunden ist, wird man meist einen möglichst hohen Reaktionsgrad anstreben.

Wenden wir den Bernoullischen Satz auf die Relativströmung an, so erhalten wir die statische Druckerhöhung:

$$p_2 - p_1 = \frac{\varrho}{2}(w_1^2 - w_2^2) = \frac{\varrho}{2}[(u + \varDelta c_u)^2 + c_m^2 - (c_m^2 + u^2)]$$

$$p_2 - p_1 = \varrho\left[u \cdot \varDelta c_u + \frac{\varDelta c_u^2}{2}\right].$$

Der Gesamtdruck ergibt sich aus $\varDelta p = \varrho \cdot u \cdot \varDelta c_u$.

Hieraus entsteht der Reaktionsgrad

$$\varkappa = \frac{p_2 - p_1}{\varDelta p} = 1 + \frac{\varDelta c_u}{2u} \text{ (Leitrad vor dem Laufrad).} \tag{131}$$

Führt man die Rechnung für die Anordnung Laufrad — Leitrad durch, so ergibt sich

$$\varkappa = 1 - \frac{\varDelta c_u}{2u}. \tag{132}$$

Die letzte Formel stimmt genau mit Gl. (9) überein. Sonderbarerweise ergibt sich im ersten Falle ein Reaktionsgrad, der über 1 liegt, d. h. der im Laufrad erzeugte statische Druck ist größer als der Gesamtdruck. Dies ist tatsächlich der Fall; denn in dem vorgeschalteten Leitrad findet eine Drucksenkung zur Erzeugung der Umfangskomponente c_{1u} statt, so daß vor dem Laufrad ein Unterdruck $\frac{\varrho}{2} c_{1u}^2$ herrscht. Das Laufrad hat also eine Druckerhöhung zu erzeugen, die um die vorgenannte Druckerhöhung größer ist. Tatsächlich ist dieser Fall der günstigste, der überhaupt erzielt werden kann. Das Laufrad erzeugt nur statischen Überdruck.

Der Fall des nachgeschalteten Leitrades ist etwas ungünstiger. Die Umfangskomponente muß im Leitrad wieder in Druck umgesetzt werden. In den erweiterten Leitradkanälen wird die Bewegung verzögert, ein Vorgang, der immer mit großen Verlusten verbunden ist.

Da die $\varDelta c_u$-Werte fast immer sehr klein sind, ergeben sich auch hier $\varkappa$-Werte, die nahe bei 1 liegen. Diese durchweg hohen Reaktionsgrade erklären die Tatsache der hohen Wirkungsgrade, die mit Schraubengebläsen erzielt werden können. Im Gegensatz zum nachgeschalteten Leitrad sind die Verluste im vorgeschalteten Leitrad mit den Verlusten in einer Düse vergleichbar, d. h. vernachlässigbar klein. Die Anordnung hat zudem den Vorteil, daß Störungen im Zulauf durch die Beschleunigung vor dem Laufrad quasi „verschluckt" werden. Es zeigt sich nämlich, daß gerade hochwertige Laufräder sehr empfindlich für solche Störungen sind. Da nach Abb. 126 und 127 die Richtung von w_∞ im ersten Falle kleiner ist, sind die Schaufelbelastungen etwas verschieden. Folgender Satz läßt sich nach dem Vorausgehenden aufstellen:

Die geringsten Verluste treten ein, wenn das Leitrad sich vor dem Laufrad befindet.

Im folgenden wird dieser Fall in den Vordergrund gestellt. Wenn nichts anderes vermerkt wird, ist immer dieser Fall gemeint.

58. Berechnung nach der Tragflügeltheorie.

Die tatsächliche Ablenkung der Relativströmung ist bei Axialgebläsen, d. h. den entsprechenden Gittern sehr gering. Die Geschwindigkeitsdiagramme nach Abb. 126 und 127 entsprechen bereits wirklichen Verhältnissen. In solchen Fällen ist es nützlich, die Tragflügeltheorie zur Berechnung der Ablenkung heranzuziehen, da ja gerade hier die durch Flügelprofile erzielte Ablenkung sehr gering ist und Rechnung und Versuch befriedigend übereinstimmen. Obschon bei den benutzten Schaufelgittern die Teilung so groß ist, daß im Sinne der alten Turbinentheorie von einer „Führung“ der Luft nicht mehr gesprochen werden kann, gestattet die Tragflügeltheorie in diesem Falle eine beinahe so exakte Lösung wie die Stromfadentheorie im Falle der unendlich dicht stehenden Schaufeln.

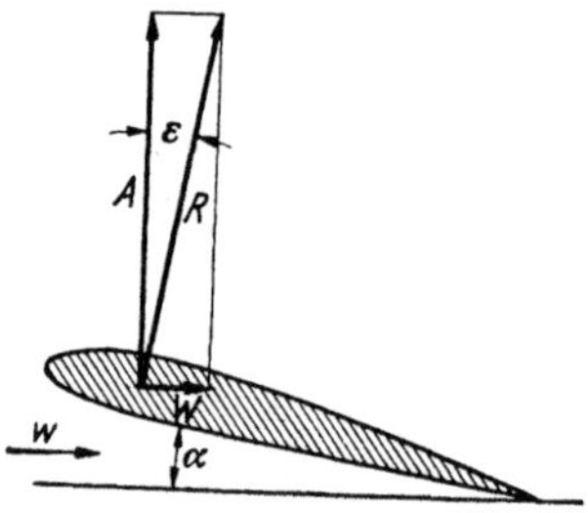

Abb. 128. Tragflügel. (Bezeichnungen.)

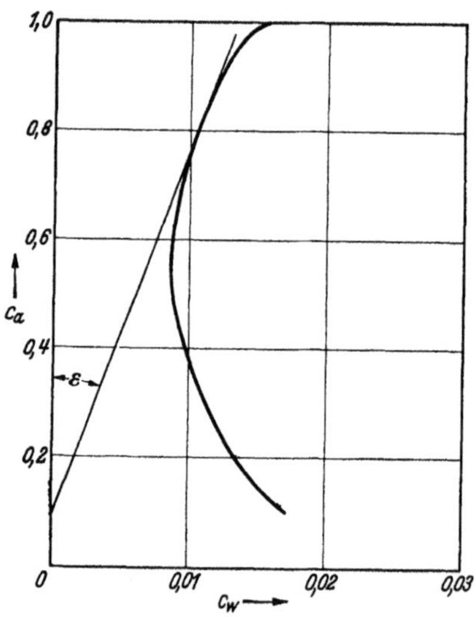

Abb. 129. Polare auf unendliches Seitenverhältnis umgerechnet. Profil 596.

Wird ein Tragflügel unter dem Anstellwinkel α gegen die Strömungsrichtung mit einer Windgeschwindigkeit w angeblasen bzw. bewegt sich der Tragflügel, was dasselbe ist, mit dieser Geschwindigkeit w in der ruhenden Luft, so stellt man bei geeigneter Formgebung eine erhebliche Kraft senkrecht zur Strömungsrichtung fest, die man Auftrieb nennt; dagegen ist die Kraft in Strömungsrichtung, der sog. Widerstand W, klein gegen A (Abb. 128). Die Haupteigenschaften eines gegebenen Flügelprofils — soweit sie für unsere Gebläse in Betracht kommen — werden durch den Zusammenhang von Auftrieb und Widerstand dargestellt. Um statt der von den jeweiligen Abmessungen und Geschwindigkeiten abhängigen Kräfte dimensionslose Kennzahlen zu verwenden, hat man Beiwerte c_a und c_w eingeführt nach folgenden Gleichungen:

$$A = c_a \cdot q \cdot F \quad (F \text{ Flügelfläche in } m^2). \tag{133}$$

$$W = c_w \cdot q \cdot F \quad (q \text{ Staudruck in } kg/m^2 = mm\,WS). \tag{134}$$

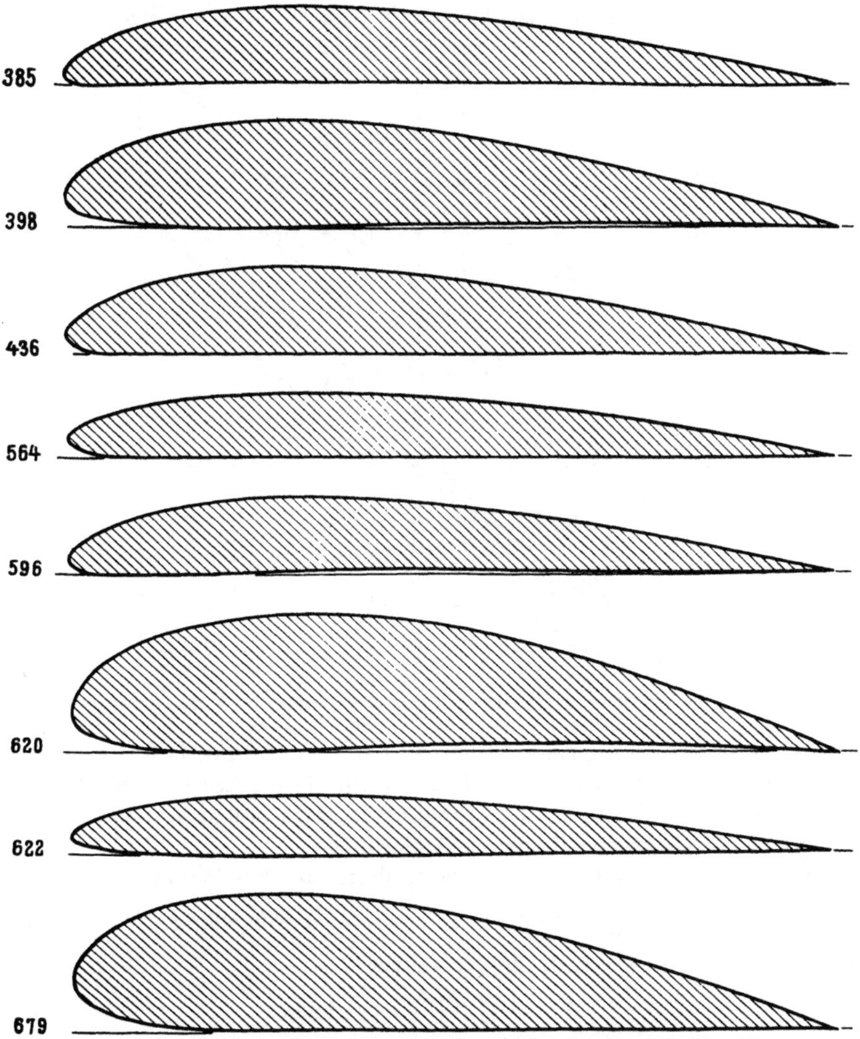

Abb. 130. Tragflügelquerschnitte. Die Profiltiefe beträgt bei allen Schnitten 100 mm. Die abgegriffenen Maße bedeuten somit vH der Flügeltiefe.

Man trägt gewöhnlich $c_a = f(c_w)$ auf und schreibt oft die Anstellwinkel an die jeweiligen Meßpunkte. Diese Darstellung, Polare genannt, hat den Vorteil, daß die Verbindung irgendeines Punktes mit dem Nullpunkt Größe und Richtung der Resultierenden $c_r = \sqrt{c_a^2 + c_w^2}$ anzeigt

(Abb. 129). Der Winkel ε bedeutet den Gleitwinkel; er wird am kleinsten für die Tangente an die Polare $\operatorname{tg}\varepsilon \sim \varepsilon = \frac{c_w}{c_a}$. Die Polaren werden in den bekannten Profilbüchern[1] meist für das Seitenverhältnis 1:5 aufgetragen. Da bei unseren Gebläsen die Flügel an der Nabe und an der Außenwand endigen, ist kaum ein Einfluß des endlichen Flügels

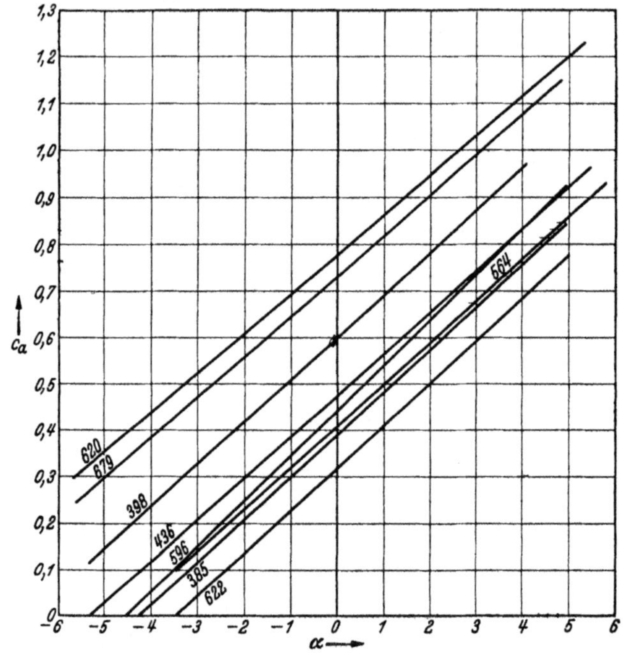

Abb. 131. Auftriebsbeiwert in Abhängigkeit vom Anstellwinkel für 8 Flügelquerschnitte.

(Umströmung der Flügelenden) vorhanden, so daß praktisch das Seitenverhältnis 1:∞ vorliegt. Die Polaren für 1:5 müssen deshalb nach den bekannten Formeln der Tragflügeltheorie umgerechnet werden. Es ergeben sich hierbei folgende Änderungen:

1. Der Anstellwinkel ist zu vermindern um den Winkel $\Delta\alpha$

$$\Delta\alpha^\circ = \frac{c_a \cdot l}{\pi \cdot b} \cdot 57{,}3 \quad (l \text{ Flügeltiefe, } b \text{ Flügellänge}), \tag{135}$$

für 1:5 ergibt sich somit die Korrektur:

$$\Delta\alpha^\circ = \frac{c_a}{\pi} \frac{57{,}3}{5} = c_a \cdot 3{,}65\,. \tag{136}$$

2. Der Widerstandsbeiwert c_w ist um folgenden Wert zu verringern:

$$\Delta c_w = \frac{c_a^2}{\pi} \frac{l}{b}, \tag{137}$$

für $\frac{l}{b} = \frac{1}{5}$ ergibt sich:

$$\Delta c_w = \frac{c_a^2}{15{,}7}\,. \tag{138}$$

[1] Ergebnisse der Aerodynamischen Versuchsanstalt Göttingen. München: Oldenbourg.

Diese Umrechnung ist in Abb. 129 für das Profil 596 durchgeführt worden; es zeigt sich, daß im Bereiche der meist gebrauchten c_a-Werte von 0,4 ÷ 0,8 der Widerstandsbeiwert c_w sich sehr wenig ändert.

Bei der Berechnung von Schraubengebläsen werden nun hauptsächlich die Abhängigkeiten $c_a = f(\alpha)$ gebraucht. Im Bereiche üblicher Anstellwinkel ist diese Funktion linear. Durch die Umrechnung auf unendliches Seitenverhältnis wird hieran nichts geändert. Eine Reihe von Profilen, die für Schraubengebläse geeignet sind, sind in der Abb. 130 zusammengestellt. Es handelt sich um die Göttinger Profile: **385, 398, 436, 564, 596, 620, 622** und **679**, die nach Gl. (137) auf unendliches Seitenverhältnis umgerechnet wurden. Abb. 131 enthält die Geraden $c_a = f(\alpha)$. Die Dimensionen der Profile sind aus den Abb. 130 und der zugehörigen Maßtafel 11 leicht zu entnehmen. Aus der Abb. 130 können auch die Maße direkt entnommen werden. Die Profiltiefe ist nämlich 100 mm, so daß

Zahlentafel 11. Maßtafel der Tragflügelquerschnitte nach Abb. 130.

Profil Nr.	X	0	1,25	2,5	5,0	7,5	10	15	20	30	40	50	60	70	80	90	95	100
385	Y_o	1,00	3,25	4,25	5,60	6,70	7,50	8,75	9,50	10,05	9,85	9,00	7,75	6,15	4,45	2,50	1,50	0,00
	Y_u	1,00	0,20	0,05	0,00	0,00	0,00	0,00	0,00	0,00	0,00	0,00	0,00	0,00	0,00	0,00	0,00	0,00
398	Y_o	3,00	6,40	7,50	9,05	10,30	11,30	12,60	13,35	13,85	13,35	12,30	10,60	8,45	5,95	3,25	1,80	0,20
	Y_u	3,00	1,75	1,25	0,70	0,40	0,20	0,00	0,00	0,00	0,20	0,25	0,35	0,35	0,25	0,15	0,05	0,20
436	Y_o	2,50	4,70	5,70	7,00	8,10	8,90	10,05	10,25	11,00	10,45	9,55	8,20	6,60	4,60	2,45	1,25	0,00
	Y_u	2,50	1,00	0,20	0,10	0,05	0,00	0,00	0,00	0,00	0,00	0,00	0,00	0,00	0,00	0,00	0,00	0,00
564	Y_o	2,30	3,90	4,60	5,65	6,30	6,85	7,50	7,85	8,20	8,10	7,60	6,70	5,60	4,05	2,25	1,20	0,00
	Y_u	2,30	1,10	0,70	0,25	0,05	0,00	0,00	0,00	0,00	0,00	0,00	0,00	0,00	0,00	0,00	0,00	0,00
596	Y_o	1,70	3,80	4,60	5,80	6,80	7,60	8,70	9,45	10,00	9,75	8,80	7,50	6,00	4,15	2,15	1,10	0,00
	Y_u	1,70	0,40	0,15	0,05	0,00	0,00	0,00	0,10	0,25	0,35	0,40	0,35	0,25	0,15	0,00	0,05	0,00
620	Y_o	5,15	8,30	9,85	11,90	13,35	14,35	16,00	16,95	17,70	17,30	16,00	13,95	11,10	7,80	4,10	2,10	0,00
	Y_u	5,15	3,00	2,25	1,40	0,85	0,50	0,10	0,00	0,20	0,60	0,95	1,20	1,20	0,95	0,45	0,20	0,00
622	Y_o	2,40	3,75	4,50	5,45	6,15	6,60	7,30	7,70	8,00	7,80	7,10	6,15	5,00	3,55	1,95	1,15	0,20
	Y_u	2,40	1,45	1,05	0,60	0,35	0,25	0,15	0,05	0,00	0,00	0,00	0,00	0,00	0,00	0,00	0,00	0,00
679	Y_o	6,80	9,85	11,35	13,50	14,90	16,00	17,40	18,10	18,30	17,35	15,75	13,65	11,00	8,00	4,60	2,70	0,00
	Y_u	6,80	4,10	3,25	2,15	1,40	0,90	0,35	0,10	0,00	0,00	0,00	0,00	0,00	0,00	0,00	0,00	0,00

(*X* Abstand von Flügelvorderkante; Y_o [Y_u] Höhe der Flügelober[unter]seite über der Sehne.)

jedes abgegriffene Maß in vH der Profiltiefe erhalten wird. Die vollkommene Wiedergabe der Polaren und damit der c_w-Werte, wie es in Abb. 129 geschehen ist, hat bei unseren Berechnungen keinen Sinn. Je nach den Herstellungsmethoden (Guß bearbeitet, unbearbeitet, Holz usw.) wird sich c_w in weiten Grenzen ändern, so daß die diesbezüglichen Göttinger Angaben hier wenig helfen können. Zudem sind die bei Gebläsen vorkommenden Reynoldsschen Zahlen viel kleiner wie bei Flugzeugen.

Da bei einfachen und billigen Schraubenlüftern nur gebogene Blechschaufeln verwendet werden, interessieren noch die c_a-, c_w- und α-Werte

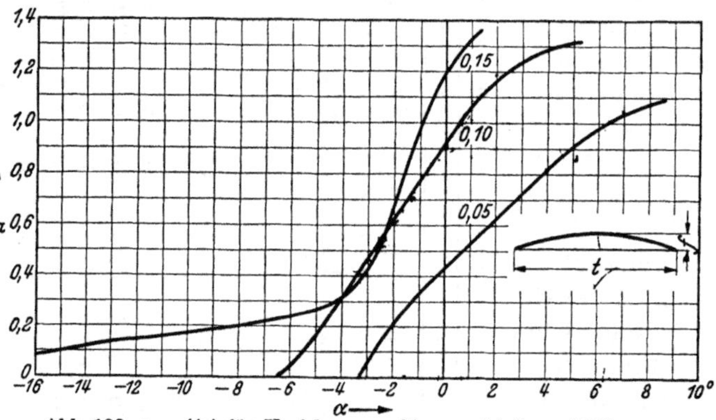

Abb. 132. $c_a = f(\alpha)$ für Kreisbogenprofile verschiedener Wölbung.

für das Kreisbogenprofil. Aus neueren Göttinger Messungen[1] sind in Abb. 132 die Kurven $c_a = f(\alpha)$ auf unendliches Seitenverhältnis umgerechnet. Hier beobachtet man schon Abweichungen vom Geradliniengesetz. Besonders groß sind dieselben bei $\frac{f}{t} = 0{,}15$. Da die c_w-Werte hier mehr durch die scharfen Kanten verursacht werden, handelt es sich um nicht sehr kennzahlempfindliche Widerstände. Ihre Angabe hat deshalb für unsere Berechnung Sinn und Zweck. Die günstigsten Gleitzahlen, ebenfalls umgerechnet auf unendliches Seitenverhätnis sind

$$\varepsilon_{\min} = \frac{c_w}{c_a} = 0{,}03 \text{ für } \frac{f}{t} = 0{,}05,$$

$$\varepsilon_{\min} = 0{,}0315 \text{ für } \frac{f}{t} = 0{,}1,$$

$$\varepsilon_{\min} = 0{,}0563 \text{ für } \frac{f}{t} = 0{,}15.$$

Hieraus geht hervor, daß die Wölbungen sich zweckmäßig in der Gegend $\frac{f}{t} = 0{,}05 - 0{,}1$ bewegen.

Beim Einzeltragflügel ist in einigem Abstand vom Flügel die Gesamtablenkung der Strömung gleich Null. Nur in unmittelbarer Nähe sind

[1] Ergebnisse der Aerodynamischen Versuchsanstalt Göttingen. 4. Lieferung. München: Oldenbourg.

größere Ablenkungen einzelner Stromlinien vorhanden. Beim Gitter hingegen ist auch in großer Entfernung vom Flügel eine zwar kleine aber doch endliche Ablenkung vorhanden. Es fragt sich, wie und ob sich die Tragflügeltheorie auf diesen Fall übertragen läßt. Im Gitter wird die Geschwindigkeit w_1 von der Richtung β_1 in die Richtung β_2 umgelenkt. Dazwischen ergab aber eine frühere Rechnung eine besonders ausgezeichnete Richtung β_∞, nämlich die Richtung, auf der die Luftkraftresultierende senkrecht steht. Würde nun ein einzelner Flügel in Richtung β_∞ angeblasen werden, so ergibt sich eine Luftkraftresultierende in der gleichen Richtung. Wenn auch nicht zu erwarten ist, daß beide Fälle übereinstimmen, so fragt sich doch, ob durch diesen Vergleich nicht eine Brücke zur direkten Anwendung der Ergebnisse des Einzelflügels auf die Gitterströmung geschlagen werden kann.

Offenbar würde es eine außerordentliche Erleichterung bedeuten, wenn man den Flügel des Gitters durch einen Einzelflügel, der unter β_∞ angeströmt wird, ersetzen könnte. Die Entscheidung über diese Frage wird davon abhängen, ob in beiden Fällen insbesondere die c_a-Werte (c_w spielt zunächst eine geringere Rolle) übereinstimmen. Folgende Ursachen lassen eine Abweichung gegen den Einzelflügel vermuten:

1. Der Flügel liegt in gekrümmter Strömung gegenüber der im Mittel geradlinigen Bewegung beim Einzelflügel.

2. Die endliche Flügeldicke bewirkt eine Verengung der Teilung und damit eine Beschleunigung der Mittelgeschwindigkeit, was beim Einzelflügel wegfällt.

3. Die Gitterströmung ist im Mittel verzögert. (Verkleinerung von w_2 im Gegensatz zu w_1.)

4. Die Reibung, die sich in Grenzschichten auswirken wird, wird beim Gitter eine Verengung der wirksamen Teilung und damit ähnlich wie die endliche Dicke wirken.

Infolge der großen Bedeutung sowohl für Axialturbinen als für Axialventilatoren ist dem Studium dieser Fragen viel Scharfsinn insbesondere von der mathematischen Seite aus zugewandt worden. Für die reibungslose Strömung ist in bestimmten Fällen eine exakte Lösung[1] gewonnen worden. Es zeigte sich, daß je nach den Verhältnissen die Werte des Gitterflügels wesentlich über und auch unter den Werten des Einzelflügels liegen können.

Für die Turbinenströmung (d. h. Beschleunigung der Gitterströmung) erbrachte nun Amstutz[2] den Nachweis, daß bei Behandlung

---

[1] E. König: Potentialströmung durch Gitter. Z. angew. Math. Mech. 1922. S. 422. — Schilhansl: Näherungsweise Berechnung von Auftrieb und Druckverteilung in Flügelgittern. Jb. wiss. Ges. Luftf. 1927. — Numachi: Aerofoil Theory of Propeller, Turbines and Pumps. Technol. Rep. Tôhoku Univ. 1929. Bd. 8.

[2] Amstutz: Festschrift Stodola. Zürich: Orel Füssli 1929.

des Gitterflügels als Einzelflügel, d. h. ohne sog. Gitterkorrektur, eine geradezu ausgezeichnete Übereinstimmung mit Versuchswerten von Kaplan-Turbinen vorhanden ist.

Es ist das große Verdienst von Keller[1], in einer ausgezeichneten Studie (unter Mitwirkung von Ackeret; die Arbeit wurde im Institut von Ackeret in Zürich ausgeführt) den gleichen Nachweis für den sehr viel schwierigeren Fall der verzögerten Pumpenströmung erbracht zu haben.

Danach genügt es tatsächlich für die Berechnung von Axialgebläsen, den Gitterflügel wie einen Einzelflügel zu behandeln unter Benutzung der bekannten c_a- und α_w-Werte des Einzelflügels. Es scheint, daß die Einflüsse, die bei reibungsloser Gitterströmung eine Änderung der c_a-Werte bedingen, durch die Reibung in erster Näherung aufgehoben werden.

Im Rahmen dieses für die Praxis geschriebenen Buches dürfte es abwegig sein, auf Feinheiten einzugehen, die wohl bereits wissenschaftlich in Angriff genommen sind, jedoch noch keine endgültige Klärung gefunden haben.

59. Berechnung ohne Berücksichtigung der Flügelreibung[2].

Wir nehmen eine Gitteranordnung mit Tragflügeln nach Abb. 133 an. Vor dem Laufrad befinde sich ein Leitrad, das einen Drall entgegen der Geschwindigkeit u erzeugt. Die Laufschaufeln sollen aus Tragflügeln bestehen, die im Abstand t aufeinanderfolgen. Das Geschwindigkeitsdiagramm der Abb. 126 ist maßgebend. Wenn wir im Sinne der vorherigen Betrachtung den Gitterflügel als Einzelflügel betrachten, bei dem w_∞ unter dem Winkel β_∞ gegen die Gitterachse steht, so erkennt man aus Abb. 133, daß der eingezeichnete Winkel α_∞ der tatsächliche Anstellwinkel des Flügels ist.

Da wir zunächst den Widerstand vernachlässigen wollen, haben wir nur den Auftrieb A zu betrachten, der nach folgender Formel zu berechnen ist:

$$A = c_a \frac{\gamma}{2g} w_\infty^2 \cdot l \cdot b .$$

Von besonderem Interesse sind die Komponenten in Umfangsrichtung und in axialer Richtung $\underline{T} = A \cdot \sin\beta_\infty$ und $S = A \cos\beta_\infty$.

[1] Keller: Axialgebläse. Diss. Zürich 1934 oder englische Übersetzung The Theory an Performance of axial Flow Fans 1937 McGraw-Hill Booh Company, Aldwich House, London.

[2] Die im folgenden durchgeführte Berechnung der Axialgebläse lehnt sich eng an die Studie von Keller: „Axialgebläse vom Standpunkt der Tragflügeltheorie" an. Insbesondere muß hervorgehoben werden, daß die Minimumberechnung der Gesamtverluste ebenso wie die berechtigte Betonung der Diffusorverluste erstmalig von Keller durchgeführt wurde.

Nach dem Impulssatz ist die Kraft in Gitterrichtung gleich der auf die Teilung kommenden Luftmasse $q \times$ der Geschwindigkeitsänderung Δc_u in dieser Richtung:

$$T = q \cdot \Delta c_u .$$

Für T setzen wir die eben gefundenen Werte ein; außerdem berücksichtigen wir noch

$$q = t \cdot b \cdot c_m \cdot \frac{\gamma}{g}$$

$$c_a \cdot \frac{\gamma}{2g} \cdot w_\infty^2 \cdot l \cdot b \cdot \sin\beta_\infty = t \cdot b \cdot c_m \frac{\gamma}{g} \cdot \Delta c_u ,$$

mit $\frac{c_m}{\sin\beta_\infty} = w_\infty$ ergibt sich

$$\varrho \cdot \Delta c_u = \frac{l}{t} \cdot c_a \cdot w_\infty \frac{\varrho}{2} = \varrho \cdot c_u .$$

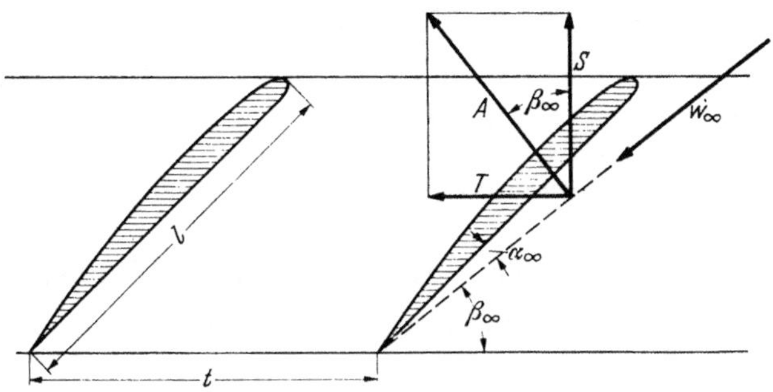

Abb. 133. Tragflügelgitter. Kräfte bei der reibungslosen Strömung.

Dies setzen wir in die früher gewonnene Gl. (130) $\Delta p = \varrho \cdot u \cdot c_u$ ein und erhalten

$$\Delta p = c_a \cdot \frac{l}{t} \cdot w_\infty \cdot u \cdot \frac{\varrho}{2} \tag{139}$$

hieraus ergibt sich

$$c_a \cdot l = \frac{\Delta p \cdot t \cdot 2}{u \cdot \varrho \cdot w_\infty} .$$

Wir ersetzen noch $u = \frac{d}{2} \cdot \omega$ und $t = \frac{\pi d}{z}$ (z Flügelzahl).

$$c_a \cdot l = \frac{\Delta p \cdot 4\pi}{w_\infty \cdot \varrho \cdot \omega \cdot z} . \tag{140}$$

Die rechte Seite dieser Gleichung ist bis auf w_∞ für den ganzen Flügel konstant. Es ergibt sich somit folgender Satz: Für jeden Flügelquerschnitt muß $c_a \cdot l$ immer umgekehrt proportional mit w_∞ wachsen.

Diese Gleichung bildet die Grundlage zur Bemessung der Schraubengebläse.

60. Berechnung unter Berücksichtigung der Reibung.

Das Naheliegendste ist nun, die im Flügel und in einem eventuell angeschlossenen Diffusor auftretenden Verluste in Gl. (140) durch ein entsprechend höheres Δp zu berücksichtigen. Ist η der Gesamtwirkungsgrad, so muß der Gebläseflügel ein höheres Δp, nämlich $\frac{\Delta p}{\eta}$, erzeugen, so daß folgende Gleichung entsteht:

$$c_a \cdot l = \frac{\Delta p \cdot 4\pi}{\eta \cdot w_\infty \cdot \varrho \cdot \omega \cdot z}. \tag{141}$$

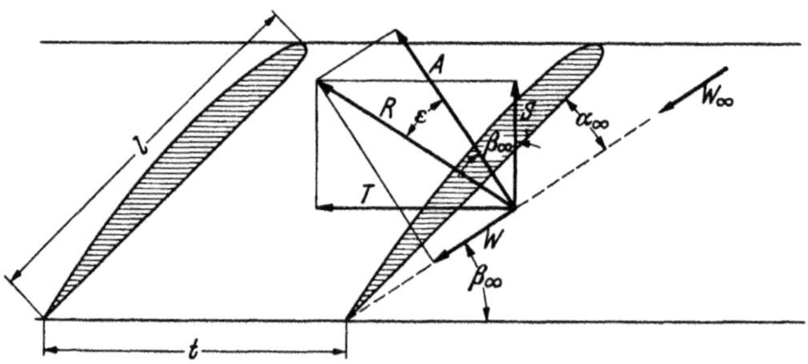

Abb. 134. Tragflügelgitter. Kräfte bei der wirklichen Strömung.

Berücksichtigen wir auch in Gl. (130), daß der Wirkungsgrad den an der Schaufel zu erzeugenden Druck auf $\frac{\Delta p}{\eta}$ vergrößert, so erhalten wir noch

$$\frac{\Delta p}{\eta} = \varrho \cdot u \cdot c_u,$$

hieraus:

$$c_u = \frac{\Delta p}{\eta \cdot \varrho \cdot u}. \tag{142}$$

Dieses ist das tatsächliche c_u, das zur Erzeugung des Druckes Δp notwendig ist.

Nun ist es jedoch nicht unwichtig, den Wirkungsgrad nach den Einzelverlusten zu unterteilen, damit beim Entwurf ein Überblick über die Einflüsse verschiedener Maßnahmen möglich ist.

Zunächst sollen die Laufradreibungsverluste näher untersucht werden. Gegenüber der Abb. 133 wird jetzt noch ein Widerstand W in Richtung von w_∞ auftreten (Abb. 134). Durch diese Widerstandskraft wird eine Arbeit verzehrt; dies bedingt einen Druckverlust $\Delta p'$, der sich mit $V = c_m \cdot t \cdot b$ als sekundlich durch die Teilung strömendes Volumen wie folgt berechnet:

$$W \cdot w_\infty = \Delta p' \cdot V = \Delta p' \cdot c_m \cdot t \cdot b,$$

$$\Delta p' = \frac{W \cdot w_\infty}{c_m \cdot t \cdot b}.$$

Nach den Gl. (134) der Tragflügeltheorie ersetzen wir $W = c_w \cdot \frac{\varrho}{2} w_\infty^2 \cdot l \cdot b$ und erhalten:

$$\Delta p' = c_w \cdot \frac{w_\infty}{c_m} \frac{w_\infty^2}{2} \varrho \cdot \frac{l}{t}.$$

Diesen Verlust vergleichen wir mit der gesamten Druckerzeugung Gl. (139)

$$\Delta p = c_a \cdot \frac{l}{t} \cdot w_\infty \cdot u \cdot \frac{\varrho}{2}.$$

Der prozentuale Anteil ergibt sich zu:

$$\text{Verlust in vH} = \frac{\Delta p'}{\Delta p} = \frac{c_w \cdot \frac{w_\infty}{c_m} \cdot \frac{w_\infty^2}{2} \cdot \varrho \cdot \frac{l}{t}}{c_a \cdot \frac{l}{t} \cdot w_\infty \cdot u \cdot \frac{\varrho}{2}} = \frac{c_w}{c_a} \frac{w_\infty^2}{c_m \cdot u} = \frac{c_w}{c_a} \frac{w_\infty^2}{\frac{c_m}{u} u^2}.$$

Nun sind die Geschwindigkeitsdreiecke in der Regel bei Schraubengebläsen sehr flach, so daß in erster Näherung $w_\infty \sim u$ gesetzt werden kann. Damit ergibt sich:

$$\text{Verlust in vH} = \frac{c_w}{c_a} \frac{1}{\frac{c_m}{u}} = \frac{\varepsilon}{\varphi}. \tag{143}$$

Eine genauere Rechnung ergibt: $\frac{\varepsilon}{\varphi + \varepsilon}$. Dieser Wert interessiert für eingehendere Betrachtungen.

Hier wurde für $\frac{c_w}{c_a}$ die sog. Gleitzahl ε und für $\frac{c_m}{u}$ die früher bereits eingeführte Kennzahl φ eingesetzt. Da die Verhältnisse sich von Schaufelschnitt zu Schaufelschnitt ändern, müssen die Gesamtverluste eines Rades über den ganzen Radius integriert werden.

Wenn wir, um den einfachsten Fall zunächst zu behandeln, die Gleitzahl ε als konstant annehmen, so bleibt die Änderung von $\varphi = \frac{c_m}{u}$ über den Radius zu berücksichtigen. Da c_m als konstant anzusehen ist — wenigstens ist dies das anzustrebende Ideal —, so ändert sich φ hauptsächlich mit u. Bezeichnen wir den als konstant vorausgesetzten φ-Wert für den Umfang mit φ und für einen beliebigen Radius r mit φ_r, so gilt

$$\varphi_r = \varphi \cdot \frac{r_a}{r}. \tag{144}$$

Da im allgemeinen eine mehr oder weniger dicke Nabe am Radius vorhanden ist, sind die Verluste von r_i bis r_a zu integrieren:

$$\left.\begin{aligned} \text{Verluste in vH} &= \frac{\int_{r_i}^{r_a} \frac{\varepsilon}{\varphi_r} \, \mathrm{d}F}{\pi\,[r_a^2 - r_i^2]} = \frac{\int_{r_i}^{r_a} \frac{\varepsilon}{\varphi} \frac{r}{r_a} 2 r \pi \, \mathrm{d}r}{\pi\,[r_a^2 - r_i^2]} = \frac{\frac{\varepsilon}{\varphi} \frac{2\pi}{r_a} \int_{r_i}^{r_a} r^2 \, \mathrm{d}r}{\pi\,[r_a^2 - r_i^2]} \\ &= \frac{\varepsilon}{\varphi} \frac{2}{3} \frac{1 - \left(\frac{r_i}{r_a}\right)^3}{1 - \left(\frac{r_i}{r_a}\right)^2} = \frac{\varepsilon}{\varphi} \frac{2}{3} \frac{1 - \nu^3}{1 - \nu^2} = \frac{\varepsilon}{\varphi} \cdot m. \end{aligned}\right\} \tag{145}$$

Hier wurde das Nabenverhältnis

$$\frac{r_i}{r_a} = \frac{d_i}{d_a} = \nu$$

und außerdem nach dem Vorschlag von Keller die Zahl

$$m = \frac{2}{3} \frac{1-\nu^3}{1-\nu^2}$$

eingeführt. In Abb. 135 befindet sich zur Erleichterung der Rechnung in einem Schaubild $m = f(\nu)$.

Die Gesamtverluste des Laufrades sind damit auf eine höchst einfache Benennung gebracht worden. Sie sind — was zu erwarten war — direkt proportional der Gleitzahl ε des Profils und umgekehrt proportional φ. Vergleichen wir bei derselben Umfangsgeschwindigkeit u, so sind die Verluste umgekehrt proportional dem Verhältnis $\varphi = \frac{c_m}{u}$.

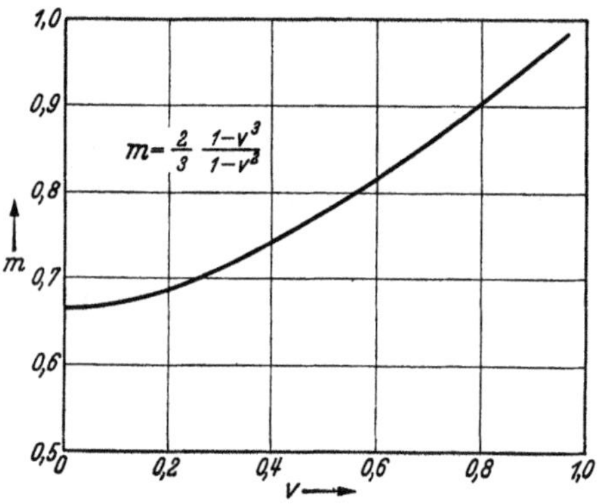

Abb. 135.

Betrachten wird deshalb das Laufrad allein, so verlangen die vorstehenden Überlegungen, den Wert φ möglichst groß zu wählen. Das bedeutet aber möglichst kleine Umfangsgeschwindigkeit, was wiederum möglichst große Schaufelbelastung bedeutet.

61. Diffusorverluste.

Nach Verlassen des Laufrades erweitert sich im allgemeinen der Durchgangsquerschnitt des Gebläses. Selbst wenn im einfachsten Falle das Gebläse als ein Stück „Rohrleitung" anzusehen ist (Abb. 136b), ergibt sich wegen der mehr oder weniger dicken Nabe eine Querschnittserweiterung hinter dem Flügel. Sehr oft — um nicht zu sagen in den meisten Fällen — ist es für die Erreichung eines möglichst hohen Gesamtwirkungsgrades vorteilhaft, das Gebläse mit kleinerem Durchmesser wie die nachfolgende Rohrleitung auszuführen. Als Übergangsstück wird dann vorteilhaft ein Diffusor verwendet, d. h. ein konisch sich langsam (Gesamtwinkel $\sim 10°$) erweiternder Kanal (Abb. 136c). Die in diesem Teile auftretenden Verluste sind nun von einer Größenanordnung, daß sie meist nicht vernachlässigt werden können.

Ist die Geschwindigkeit im engsten Querschnitt c_{1m} und am Ende des Diffusors c_{2m}, so würde bei verlustfreiem Umsatz nach der Bernoullischen Gleichung eine Druckerhöhung $\frac{\varrho}{2}[c_{1m}^2 - c_{2m}^2] = \Delta p''$ erzielt werden. In Wirklichkeit wird jedoch nur $\Delta p''' = \eta \cdot \Delta p''$ gewonnen, so daß $(1-\eta)\Delta p''$ verlorengeht. Bei gut ausgeführten Diffusoren kann man mit etwa $\eta \sim 0{,}8$ rechnen. Größere Abmessungen und größere Geschwindigkeiten verringern die Verluste.

Auf der anderen Seite kann man fragen, wie groß können die Verluste im ungünstigsten Falle werden. Dieser Fall tritt offensichtlich dann ein, wenn die Querschnitte nach Abb. 136a ohne Übergangsstück unstetig sich ändern. Hier treten Stoßverluste auf, die man nach dem Impulssatz leicht berechnen kann. Es ergibt sich folgender Verlust[1]:

$$\text{Druckverlust} = \frac{\varrho}{2}\,[c_{1m} - c_{2m}]^2 .$$

Bezeichnen wir mit $\frac{F_1}{F_2} = m'$ das Querschnittsverhältnis vom Anfangs- und Endquerschnitt des Diffusors, so ergibt sich für den Diffusor

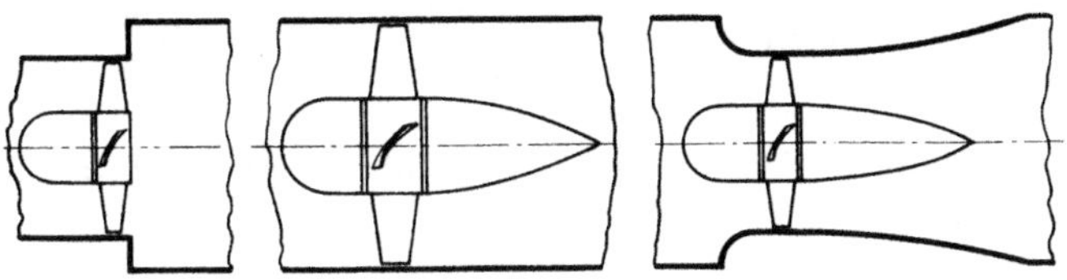

a b c

Abb. 136. Verschiedene Formen des Gebläseauslaufes. a Plötzliche Erweiterung ohne Abflußkörper (am ungünstigsten). b Glatte Rohrleitung mit Abflußkörper. c Diffusor mit Abflußkörper.

allein ein Umsetzungsgrad[1] $\eta = 2\frac{m'}{1+m'}$. Beziehen wir den Verlust nicht auf $\frac{\varrho}{2}\,[c_{1m}^2 - c_{2m}^2]$, sondern, um in „nächster Nähe" des Gebläses zu bleiben, auf $\frac{\varrho}{2}\,c_{1m}^2$, so ergibt sich:

$$1-\eta' = \frac{\frac{\varrho}{2}\,[c_{1m} - c_{2m}]^2}{\frac{\varrho}{2}\,c_{1m}^2} = \left[1 - \frac{c_{2m}}{c_{1m}}\right]^2 = (1-m')^2 ,$$

$$\eta' = 2\,m - m^2 .$$

Bei den größten Erweiterungen, die bei Schraubengebläsen vorkommen, ist der Austrittsquerschnitt etwa doppelt so groß wie die Flügelkreisringfläche, d. h. $m' = \frac{1}{2}$. Damit wird $\eta' = 0{,}75$, d. h. beziehen wir die Verluste auf $\frac{\varrho}{2}\,c_{1m}^2$, so sind im allerungünstigsten Fall 25 vH Verluste im Diffusor zu erwarten. Da durch einen Diffusor diese Verluste noch verringert werden können, hat es also praktisch keinen Zweck, für η' kleinere Werte wie z. B. 0,8 einzusetzen, indem wir die Verbesserung durch den Diffusor mit nur 5 vH in Rechnung setzen.

[1] Eck: Strömungslehre I, S. 89.

62. Anteil der Diffusorverluste am Gesamtverlust.

Wir wählen fortan die letzte Schreibart und erhalten somit für die gesamten Diffusorverluste:

$$(1-\eta')\,\frac{\varrho}{2}\,c_{1m}^2\,.$$

Ist die tatsächlich im ganzen Gebläse erzielte Druckerhöhung, wie bereits früher festgelegt,

$$\Delta p = \psi \cdot \frac{\varrho}{2}\,u^2,$$

so erhalten wir durch $\frac{\Delta p_{\text{Verlust}}}{\Delta p}$ den prozentualen Anteil dieser Verluste in bezug auf den Gesamtdruck. Wir erhalten:

$$\text{Verlust in vH} = \frac{(1-\eta')\,c_{1m}^2 \cdot \frac{\varrho}{2}}{\psi\,\frac{\varrho}{2}\,u^2} = (1-\eta')\,\frac{\varphi^2}{\psi}\,.$$

Hiermit sind diese Verluste ebenfalls auf dimensionslose Kennzahlen zurückgeführt.

63. Einfluß des Nabenabflusses bei gleicher Kanalweite.

Selbst wenn die diffusorartige Erweiterung fehlt, ergibt sich noch eine Querschnittszunahme, weil in der Schraubenkreisringfläche die Propellernabe den wirksamen Querschnitt verkleinert. Das Verhältnis der wirksamen Querschnitte ist dann:

$$\frac{f_1}{f_2} = \frac{\frac{\pi}{4}\,(d_a^2 - d_i^2)}{\frac{\pi}{4}\,d_a^2} = \left[1 - \left(\frac{d_i}{d_a}\right)^2\right] = 1 - \nu^2 = \frac{c_{2m}}{c_{1m}}\,.$$

Hier wurde wieder für $\frac{d_i}{d_a}$ die Zahl ν eingeführt.

Zunächst soll nachgerechnet werden, wie groß die Verluste im ungünstigsten Falle sind. Dieser tritt dann ein, wenn überhaupt kein Nabenfluß vorhanden ist. Nach dem Impulssatz geht dann wieder der Betrag

$$\frac{\varrho}{2}\,[c_{1m} - c_{2m}]^2 = \frac{\varrho}{2}\,c_{1m}^2\left[1 - \frac{c_{2m}}{c_{1m}}\right]^2 = \frac{\varrho}{2}\,c_{1m}^2\,[1-(1-\nu^2)]^2 = \frac{\varrho}{2}\,c_{1m}^2\,\nu^4$$

verloren. Beziehen wir den Verlust wieder auf den Gesamtdruck

$$\Delta p = \psi\,\frac{\varrho}{2}\,u^2\,,$$

so erhalten wir:

$$\text{Verlust in vH} = \frac{\frac{\varrho}{2}\,c_{1m}^2 \cdot \nu^4}{\psi\,\frac{\varrho}{2}\,u^2} = \frac{\varphi^2}{\psi} \cdot \nu^4. \tag{146}$$

Der für die jeweilige Konstruktion mögliche kleinste Nabendurchmesser hängt nach S. 159 eng zusammen mit der Druckzahl ψ. Die Grenzbedingung lautet:

$$\psi = \frac{\nu^2}{0{,}8}.$$

Setzen wir dieses ψ ein so entsteht:

$$\text{Verlust in vH} = 0{,}8\,\varphi^2 \cdot \nu^2 \qquad (147)$$

Für verschiedene φ-Werte (0,2 bis 0,5) sind die Verluste in der folgenden Zahlentafel 12 ausgerechnet. Die kleinsten ν-Werte, die konstruktiv durchführbar sind, dürften bei $\nu = 0{,}2$ liegen. In der Zahlentafel sind nur die Werte aufgenommen, bei denen der Verlust über 1 vH liegt.

Zahlentafel 12.

ν	$\varphi = 0{,}2$	$\varphi = 0{,}3$	$\varphi = 0{,}4$	$\varphi = 0{,}5$
0,3			0,0115	0,0124
0,4			0,0205	0,0256
0,5		0,0155	0,032	0,04
0,6	0,0115	0,0223	0,046	0,0576
0,7	0,0157	0,0304	0,0627	0,0784

Je nach den φ-Werten sind die Nabenverhältnisse, bei denen die Verluste bei Wegfall des Nabenflusses kleiner als 1 vH sind zwischen 0,3 bis 0,5. Bedenkt man, daß selbst bei Verwendung eines Nabenabflusses die berechneten Verluste nicht ganz vermeidbar sind, so kann man folgendes sagen:

Ist hinter einem Axialgebläse keine diffusorartige Erweiterung, so hat es bei Nabenverhältnissen, die unter 0,4 bis 0,5 liegen, nicht viel Zweck, einen Abflußkörper vorzusehen[1].

64. Wann lohnt sich die Anwendung eines Leitapparates?

Es sei an die Bemerkungen von S. 143 erinnert. Die günstigste Anordnung eines Axialgebläses besteht in der Anordnung: Leitrad — Laufrad. Da im Interesse einer billigen Ausführung ein Leitrad sehr oft weggelassen wird, entsteht die Frage, welche Einbuße hierdurch entstehen und ob eventuell in verschiedenen Fällen ein Leitapparat entbehrlich ist.

Ohne Leitrad muß die Luft axial dem Laufrad zugeführt werden, so daß für das Laufrad dieselben Verhältnisse vorliegen wie beim nachgeschalteten Leitrad. Wir berechnen die Verluste, die bei Wegfall des Leitrades auftreten. Auf dem Radius r sei eine Umfangskomponente c_u vorhanden. Die Geschwindigkeitshöhe dieser Geschwindigkeit geht nun bei Abwesenheit eines Leitrades durch Stoß

[1] Wenn die Geschwindigkeitsverteilung hinter dem Gebläse nicht unwichtig ist, wie z. B. bei Windkanälen, ist ein Abflußkörper besonders bei großen Ausführungen auch für $\nu \sim 0{,}4$ evtl. nützlich. Andererseits kann, wie Ausführungen des Verfassers gezeigt haben, besonders bei kleinen Maschinen durch ein Ringsieb bei sehr kleinen Energieverlusten die Geschwindigkeitsverteilung sehr fein reguliert werden.

verloren. Es muß somit der Mittelwert des Druckes $\frac{\varrho}{2} c_u^2$ gebildet werden:

$$\Delta p' = \frac{1}{F} \int_{r_i}^{r_a} \frac{\varrho}{2} c_u^2 \, 2 r \pi \, d r. \tag{148}$$

Ist Δp der tatsächlich erreichte Stufendruck und η der Wirkungsgrad, so ist nach Gl. (142)

$$\varrho \, c_u \cdot u = \frac{\Delta p}{\eta}$$

hieraus:

$$c_u = \frac{\Delta p}{\varrho \, u \cdot \eta} = \frac{1}{r} \frac{\Delta p}{\varrho \, \omega \cdot \eta}.$$

Dies setzen wir in Gl. (148) ein und erhalten:

$$\Delta p' = \frac{\pi \cdot \varrho \cdot \Delta p^2}{F \cdot \varrho^2 \cdot \omega^2 \cdot \eta^2} \int_{r_i}^{r_a} \frac{d r}{r} = \frac{\pi \, \Delta p^2}{F \cdot \varrho \, \omega^2 \cdot \eta^2} \cdot \ln \frac{r_a}{r_i}.$$

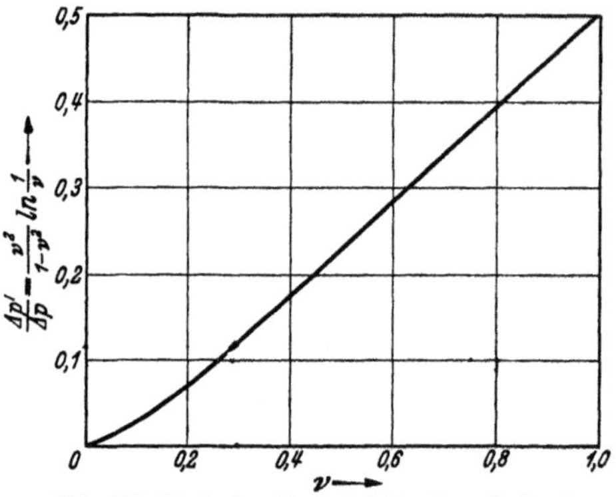

Abb. 137. Verluste, die bei fehlendem Leitrad entstehen.

Den Verlust beziehen wir wieder auf den Stufendruck Δp und interessieren uns deshalb weiter für das Verhältnis:

$$\frac{\Delta p'}{\Delta p} = \frac{\pi \, \Delta p}{F \, \varrho \, \omega^2 \cdot \eta^2} \ln \frac{r_a}{r_i}.$$

Hier setzen wir noch ein

$$\Delta p = \psi \frac{\varrho}{2} u^2 ; \quad \frac{r_i}{r_a} = \nu \text{ und } F = \pi \, [r_a^2 - r_i^2] = \pi \, r_a^2 \, [1 - \nu^2] .$$

$$\frac{\Delta p'}{\Delta p} = \frac{\pi \, \psi \cdot \varrho \cdot u^2}{2 \, \varrho \, \omega^2 \cdot \pi \, r_a^2 \, [1 - \nu^2] \, \eta^2} \ln \frac{1}{\nu} = \frac{\psi}{[1 - \nu^2] \cdot 2 \cdot \eta^2} \cdot \ln \frac{1}{\nu} .$$

Um noch ψ zu ersetzen, setzen wir Räder mit möglichst kleiner Nabe voraus, für die auf S. 159 die Beziehung $\psi = \frac{\nu^2}{0{,}8}$ abgeleitet wurde. Mit dieser Einsetzung ergibt sich

$$\frac{\Delta p'}{\Delta p} = \frac{1}{1{,}6} \frac{\nu^2}{[1 - \nu^2] \, \eta^2} \cdot \ln \frac{1}{\nu} .$$

Rechnen wir mit einem Wirkungsgrad $\eta_{\text{ges}} \sim 0{,}8$, so entsteht:

$$\frac{\Delta p'}{\Delta p} \sim \frac{\nu^2}{1 - \nu^2} \ln \frac{1}{\nu} . \tag{149}$$

In Abb. 137 ist $\frac{\Delta p'}{\Delta p}$ in Abhängigkeit von ν aufgetragen. Bei $\nu \sim 0{,}2$ ergibt sich bereits ein Gewinn von 6,7 vH bei Verwendung eines Leitrades. Bei $\nu = 0{,}5$ ist der Gewinn bereits 23,1 vH, das Leitrad dürfte hier also bereits unentbehrlich sein. Man erkennt, daß es sich bei

Nabenverhältnissen $\nu > 0{,}3$ fast immer lohnt, ein Leitrad zu verwenden, eine Erkenntnis, von der in der Praxis noch viel zu wenig Gebrauch gemacht wird.

65. Kleinster Nabendurchmesser.

Bei kleinem Innendurchmesser der Nabe wird es immer schwieriger werden, den vorgeschriebenen Druck an der Nabe zu erzeugen. Die Umfangsgeschwindigkeit ist hier sehr klein, was nur ausgeglichen werden kann durch tiefere Schaufeln und eventuell durch größere Anstellwinkel, um größere c_a-Werte zu erhalten. Je kleiner jedoch der Nabendurchmesser ist, um so schwieriger ist es schließlich, die Schaufeln ohne zu große Überdeckung unterzubringen. Bei mäßig belasteten Rädern ist es nicht ratsam, das Verhältnis $\frac{\text{Flügeltiefe}}{\text{Teilung}} = \frac{l}{t}$ an der Nabe wesentlich größer als 1 zu wählen. Für einen bestimmten Druck $\Delta p = \psi \frac{\varrho}{2} u^2$ wird vermutlich ein Nabendurchmesser existieren, bei dessen Unterschreitung die an der Nabe strömenden Luftteilchen eine kleinere Druckerhöhung als Δp erhalten werden. Eine Rückströmung wird die Folge sein.

Die nachfolgende kleine Rechnung gibt einen ungefähren Anhaltspunkt für den kleinsten Nabendurchmesser. Welcher Druck muß an der Nabe überwunden werden? Außer dem tatsächlichen Stufendruck Δp muß noch der Verlust des Diffusors im Laufrad in Form von Druckerhöhung erzeugt werden. Die Diffusorverluste, bezogen auf den Stufendruck, erhielten wir S. 156 zu $(1-\eta')\frac{\varphi^2}{\psi}$, so daß also der Druck $\psi \frac{\varrho}{2} u^2 + (1-\eta')\frac{\varphi^2}{\psi}$ erzeugt werden muß. Als Mittelwert werde hier mit $\eta' = 0{,}8$ gerechnet, so daß auf den Gesamtdruck bezogen, etwa mit $\eta = 0{,}9$ gerechnet werden kann. Somit läßt sich unter Beachtung von Gl. (139) folgende Gleichung aufstellen:

$$\frac{\Delta p}{0{,}9} = c_{a_i} \cdot \frac{\varrho}{2} w_{\infty i} \cdot \frac{l_i}{t_i} \cdot u_i = \frac{\psi}{0{,}9} \cdot \frac{\varrho}{2} \cdot u^2.$$

Der Index i bezieht sich auf den inneren Durchmesser. Hieraus:

$$c_{a_i} \cdot \frac{w_{\infty i}}{u_i} \frac{u_i^2}{u^2} \cdot \frac{l_i}{t_i} = \frac{\psi}{0{,}9},$$

nun ist:

$$\frac{u_i}{u} = \frac{d_i}{d_a} = \nu,$$

so daß

$$c_{a_i} \cdot \frac{w_{\infty i}}{u_i} \cdot \nu^2 \cdot \frac{l_i}{t_i} = \frac{\psi}{0{,}9}.$$

Die Auflösung nach ν ergibt:

$$\nu = \sqrt{\frac{\psi \cdot \frac{u_i}{w_\infty}}{0{,}9 \cdot c_{a_i} \cdot \frac{l_i}{t_i}}}.$$

Für c_{a_i} kann als Höchstwert 1 gesetzt werden, da bei höheren Werten sehr bald die Strömung abreißt. Für $\frac{l_i}{t_i}$ wurde bereits oben der Grenzwert 1 angenommen, so daß nur noch über die Wahl von $\frac{u_i}{w_{\infty i}}$ zu entscheiden wäre. An der Nabe ist die Annahme $u \sim w_\infty$, die beim Außendurchmesser keine großen Abweichungen ergibt, nicht mehr statthaft. Im Mittel werden hier Werte von $\frac{u_i}{w_\infty} \sim 0{,}7 \div 0{,}75$ festgestellt. Setzen wir diese Zahlen ein, so erhalten wir folgende Regel:

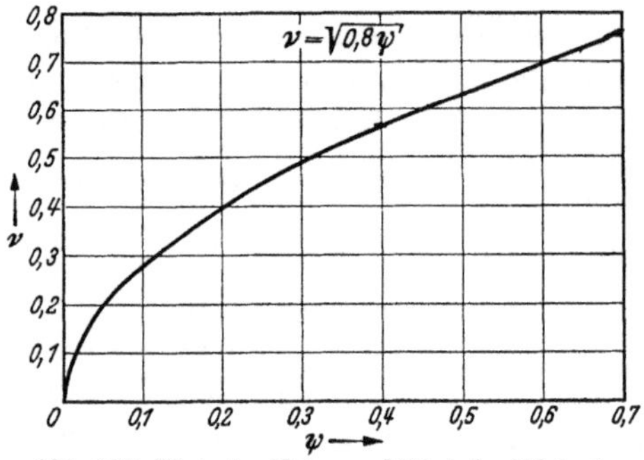

Abb. 138. Kleinstes Nabenverhältnis in Abhängigkeit von der Druckziffer.

$$\nu \geqq \sqrt{0{,}8 \cdot \psi}, \tag{150}$$

d. h. ν hängt von der Druckziffer ψ ab. Dies gilt wohlgemerkt nur für die hier durchgerechnete erste Näherung. Bei verfeinerten Berechnungen, die beim ersten Entwurf kaum notwendig sein dürften, ergibt sich auch noch ein Einfluß der Lieferziffer φ.

Abb. 138 zeigt die Grenzwerte nach Gl. (145).

66. Minimum der Gesamtverluste.

In Abschnitt 60 und 61 waren bereits die Verluste im Laufrad und im Diffusor einzeln ermittelt worden. Auf den Gesamtdruck bezogen ergab sich:

Laufradverluste: $\frac{m \cdot \varepsilon}{\varphi}\,\nu$

Diffusorverluste: $(1 - \eta_s)\,\frac{\varphi^2}{\psi}$.

Die ersteren bezogen sich unter Außerbetrachtlassung der Diffusorverluste auf die tatsächliche Druckerzeugung des Gebläses. In Wirklichkeit muß das Laufrad einen um die Diffusorverluste höheren Druck erzeugen, der durch Erweiterung mit $1 + (1 - \eta_s)\,\frac{\varphi^2}{\psi}$ gewonnen wird. Die Laufradverluste, bezogen auf den tatsächlichen Gesamtdruck, vergrößern sich deshalb auf:

$$\frac{m \cdot \varepsilon}{\varphi}\left[1 + (1 - \eta_s)\,\frac{\varphi^2}{\psi}\right].$$

Bei den folgenden Rechnungen soll indes diese Feinheit unberücksichtigt bleiben, da die Verlustberechnung sowieso nur eine beschränkte absolute Genauigkeit besitzt. Für die Gesamtverluste erhalten wir somit:

$$V_{\text{ges}} = \frac{m \cdot \varepsilon}{\varphi} + (1 - \eta_s)\,\frac{\varphi^2}{\psi}. \tag{151}$$

Nach den Ausführungen von Kapitel 24 besitzt jedes Gebläse in der Kennzahl ein wesentliches Zahlenmerkmal für ein gegebenes V; Δp und n. Es wird deshalb von Nutzen sein, auch die Verluste in Abhängigkeit von σ auszudrücken. Aus Gl. (55) setzen wir:

$$\frac{1}{\psi} = \frac{\sigma^{4/3}}{\varphi^{2/3}\,[1 - \nu^2]^{2/3}}$$

in Gl. (151) ein:

$$V_{\text{ges}} = \frac{m \cdot \varepsilon}{\varphi} + (1 - \eta_s)\,\frac{\varphi^{4/3} \cdot \sigma^{4/3}}{[1 - \nu^2]^{2/3}}.$$

Damit kennen wir die Verluste bei gegebener Kennzahl in Abhängigkeit von φ. Bei einem bestimmten Wert von φ werden die Verluste am geringsten sein. Zu diesem Zweck bilden wir:

$$\frac{dV_{\text{ges}}}{d\varphi} = -\frac{m \cdot \varepsilon}{\varphi^2} + \frac{4}{3}\,\frac{(1 - \eta_s)}{(1 - \nu^2)^{2/3}} \cdot \sigma^{4/3} \cdot \varphi^{1/3} = 0,$$

hieraus:

$$\frac{m \cdot \varepsilon}{\varphi} = \frac{4}{3}\,(1 - \eta_s)\,\frac{\varphi^{4/3} \cdot \sigma^{4/3}}{[1 - \nu^2]^{2/3}}. \tag{152}$$

Auf der linken Seite stehen die Laufradverluste, auf der rechten Seite die Diffusorverluste. Es ergibt sich somit folgender bereits von Keller gefundene Satz:

Die Gesamtverluste eines Schraubengebläses sind dann am geringsten, wenn die Laufradverluste gleich $\frac{4}{3}$ der Diffusorverluste sind.

Löst man Gl. (152) nach φ auf, so ergibt sich:

$$\varphi = \left[\frac{3}{4}\, m \cdot \varepsilon \cdot \frac{(1 - \nu^2)^{2/3}}{(1 - \eta_s)\,\sigma^{4/3}}\right]^{3/7}. \tag{153}$$

Ersetzt man φ durch Gl. (55)

$$\varphi = \frac{\sigma^2 \cdot \psi^{3/2}}{1 - \nu^2}$$

und setzt dies in Gl. (153) ein, so ergibt die Auflösung nach σ

$$\sigma = \left[\frac{(1 - \nu^2)^3 \cdot m \cdot \varepsilon \cdot \frac{3}{4}}{1 - \eta_s}\right]^{1/6} \cdot \frac{1}{\psi^{7/12}}; \tag{154}$$

die Auflösung nach ψ ergibt:

$$\psi = \frac{\left(\frac{3}{4} \cdot m \cdot \varepsilon\right)^{2/7} \cdot (1 - \nu^2)^{6/7}}{(1 - \eta_s)^{2/7}} \cdot \frac{1}{\sigma^{12/7}}. \tag{155}$$

Gl. (153) und (155) dienen nun zur Ausrechnung der Bestwerte von φ und ψ für ein beliebiges σ. Die Ausrechnung beginnt bei Gl. (50) mit der Wahl von ψ. Aus Gl. (150) $\nu^2 = 0{,}8 \cdot \psi$ erhält man dann ν und damit auch den Wert m nach S. 154. Die Kennzahl σ kann dann nach Gl. (154) ausgerechnet werden. Durch Einsetzen der σ-, m- und ν-Werte in Gl. (153) erhält man φ.

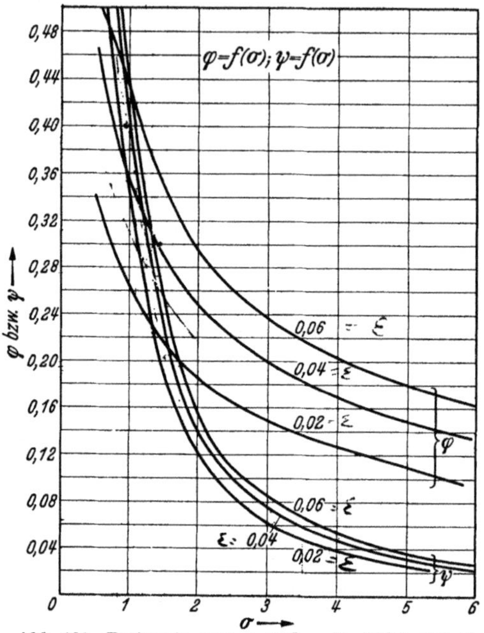

Abb. 139. Bestwerte von φ und ψ in Abhängigkeit von der Kennzahl σ.

Durch die Erwägungen von Kapitel 60 ist die Wahl von η_s erleichtert. Hiernach genügt es in erster Näherung, einen Wert, z. B. $\eta_s \sim 0{,}8$ einzusetzen. Die so ausgerechneten Werte nach Gl. (153) und (155) für $\varepsilon = 0{,}02$; $0{,}04$; $0{,}06$ sind in Abb. 139 schaubildlich zusammengestellt. Die Darstellung gestattet, bei gegebenem σ, d. h. gegebenem V, Δp und n sofort die φ- und ψ-Werte abzugreifen, die der besten Ausführung entsprechen. Als Zwischenergebnis ergibt sich aus Gl. (150) und Abb. 139 noch $\nu = f(\sigma)$.

Aus der Minimalbedingung Gl. (152) ergeben sich noch die Verluste im günstigsten Fall zu:

$$V_{\text{ges}} = \frac{7}{4} \frac{m \cdot \varepsilon}{\varphi}. \qquad (156)$$

Ersetzt man hier φ nach Gl. (55), so erhält man noch die Verluste in Abhängigkeit von σ.

$$V_{\text{ges}} = \frac{7}{4} m \cdot \varepsilon \left[\frac{\frac{4}{3}(1 - \eta_s) \cdot \sigma^{4/3}}{m \cdot \varepsilon \cdot (1 - \nu^2)^{2/3}} \right]^{3/7}. \qquad (157)$$

Abb. 140 zeigt für die verschiedenen ε-Werte die so berechneten Wirkungsgrade in Abhängigkeit von σ. Man erkennt, daß bei Schraubengebläsen die Wirkungsgrade mit kleineren Kennzahlen wachsen. Bei schnellaufenden Schraubengebläsen werden die Reibungsverluste infolge der sehr hohen Relativgeschwindigkeiten immer fühlbarer.

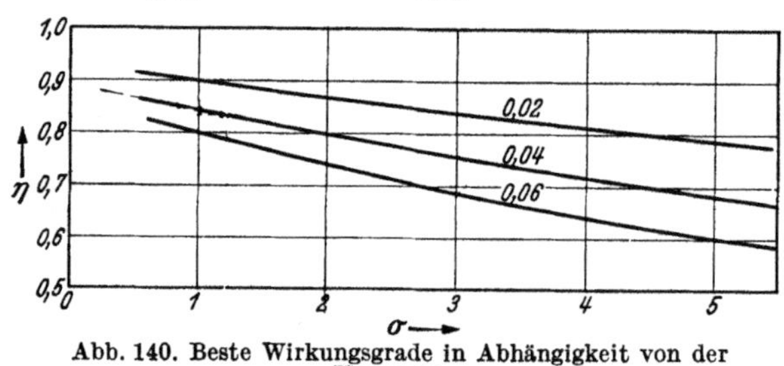

Abb. 140. Beste Wirkungsgrade in Abhängigkeit von der Kennzahl σ.

Die Abb. 139 und 140 ermöglichen sehr schnell ohne Rechnung die Auswahl der günstigsten φ- und ψ-Werte, wie in den nachfolgenden Zahlenbeispielen gezeigt werden wird.

XII. Ermittlung der Hauptdimensionen eines Schraubengebläses.

67. Praktische Ausführung der Berechnung, Übersicht über den Rechnungsgang.

In den meisten Fällen sind zunächst die zu fördernde Luftmenge V und der Stufendruck Δp bekannt. Die Drehzahl richtet sich meist nach der Wahl der Antriebsmaschine, so daß insbesondere bei elektrischem Antrieb die Drehzahlen 3000, 1500, 750 am häufigsten vorkommen. Zu Beginn des Entwurfs können somit die Größen V, Δp und n als bekannt vorausgesetzt werden.

Mit Hilfe der Gl. (57)

$$\sigma = \frac{1}{28{,}5} V^{1/2} \left(\frac{\Delta p}{\varrho}\right)^{3/4} \cdot n_{\min}$$

kann dann sofort σ ausgerechnet werden. In Abb. 139 oder aus den Gl. (153) und (155) findet man die zu σ gehörigen Bestwerte von ψ und φ, nachdem man die Verluste durch Wahl eines ε berücksichtigt hat. Aus ψ folgt mit Hilfe der Beziehung $\Delta p = \psi \frac{\varrho}{2} u^2$ leicht der Außendurchmesser

$$d_2 = \frac{60}{\pi n} \sqrt{\frac{2 \Delta p}{\psi \cdot \varrho}}. \tag{158}$$

Der Nabendurchmesser kann zunächst aus der Formel

$$\frac{d_1}{d_2} = \nu = \sqrt{0{,}8 \psi}$$

entnommen werden. Der gesamte Wirkungsgrad η ist aus Abb. 140 bei gegebenen σ und ε leicht abzulesen. $\varphi = \frac{c_m}{u_2}$ gestattet noch leicht die Ermittlung von c_m. Damit sind alle Werte bekannt, um Gl. (141)

$$c_a \cdot l = \frac{\Delta p \cdot 4 \cdot \pi}{\eta \cdot w_\infty \cdot \varrho \cdot \omega \cdot z}$$

auszuwerten.

Die rechte Seite dieser Gleichung kann jetzt für beliebige Kreisschnitte, d. h. beliebige r-Werte ausgerechnet werden, da

$$w_\infty = \sqrt{u^2 + c_m^2}$$

ebenfalls bekannt ist. Nachdem $c_a \cdot l$ für verschiedene Flügelschnitte berechnet worden ist, kann aus $c_a \cdot l$ mit Hilfe der Abb. 130 und 131 die Profilauswahl beginnen, sowie die Bestimmung der tatsächlichen Anstellwinkel.

68. Berechnungsbeispiele.

1. Beispiel. Es soll ein Schraubengebläse für folgende Angaben entworfen werden:

$$\varDelta p = 30 \text{ mm WS}; \; V = 45000 \text{ m}^3/\text{h} \rightarrow 12{,}5 \text{ m}^3/\text{s}; \; n = 1500/\text{min}.$$

Wir erhalten nach Gl. (57)

$$\sigma = \frac{1}{28{,}5} \sqrt{12{,}5}\,(30 \cdot 8)^{-3/4} \cdot 1500 = 3{,}05\,.$$

Für diesen Wert entnehmen wir aus Abb. 139 $\psi = 0{,}075$; $\varphi = 0{,}198$. Nabenverhältnis $\nu = \sqrt{0{,}8 \cdot 0{,}075} = 0{,}245$. Nach Gl. (158) erhalten wir den Außendurchmesser

$$d = \frac{60}{\pi \cdot 1500} \cdot \sqrt{\frac{2 \cdot 30 \cdot 8}{0{,}075}} = 1{,}15 \text{ m}\,.$$

Wir wählen $d_2 = 1$ m; d_1 muß mindestens gleich $d_2 \cdot \nu = 0{,}245 \cdot 1 = 0{,}245$ m werden. Mit Rücksicht auf einen in der Nabe einzubauenden Elektromotor wählen wir $d_1 = 300$ mm.

Mit diesen Abrundungen erhalten wir folgende endgültigen Werte:

$$u = 78{,}5 \text{ m/s}\,; \qquad c_m = \frac{V}{\frac{\pi}{4}\,[d_2^2 - d_1^2]} = 17{,}55 \text{ m/s}\,.$$

Das endgültige φ wird somit

$$\varphi = \frac{c_m}{u_2} = \frac{17{,}55}{78{,}5} = 0{,}2237\,.$$

Den Gesamtwirkungsgrad η erhalten wir, indem wir $\varepsilon = 0{,}04$ wählen, aus Abb. 140 zu $\eta = 0{,}75$. Als Antriebsleistung ist somit erforderlich:

$$N_{\text{eff}} = \frac{V \cdot \varDelta p}{75 \cdot \eta} = \frac{12{,}5 \cdot 30}{75 \cdot 0{,}75} = 6{,}67 \text{ PS}\,.$$

Aus der Gl. (141) rechnen wir zuerst den für alle Radien konstanten Wert:

$$\frac{\varDelta p \cdot 4\,\pi}{\eta \cdot \varrho \cdot \omega \cdot z} = \frac{30 \cdot 4\,\pi}{0{,}75 \cdot \frac{1}{8} \cdot 157 \cdot 4} = 6{,}4\,.$$

Somit erhalten wir $c_a \cdot l = \frac{6{,}4}{w_\infty}$. Als Flügelzahl werde vorläufig $z = 4$ angenommen.

Um das Geschwindigkeitsdiagramm aufzeichnen zu können, benötigen wir noch c_u. Hierzu benutzen wir die schon früher entwickelte Gl. (142):

$$c_u = \frac{\varDelta p}{\varrho \cdot u \cdot \eta} = \frac{30 \cdot 8}{u \cdot 0{,}75} = \frac{320}{u}\,.$$

Die weitere Ausrechnung erfolgt am einfachsten tabellarisch bei gleichzeitiger Verwendung der eingezeichneten Geschwindigkeitsdiagramme. Für den Verlauf von c_a ist eine Zunahme nach der Nabe zu ratsam. Die folgende Zahlentafel zeigt die Ausrechnung für 6 verschiedene Radien. Die Flügelquerschnitte sowie die Diagramme befinden sich in Abb. (141) geordnet untereinander. Es wurde das Göttinger Profil (564) gewählt. Die zu den gewählten c_a-Werten zugehörigen Anstellwinkel wurden der Abb. (131) entnommen.

Zahlentafel 13.

r mm	u m/s	c_u m/s	w_∞ m/s	$c_a \cdot l$ cm	c_a	l cm	β_∞	α_∞	$\beta = \beta_\infty + \alpha_\infty$	Profil
500	78,5	4,075	82	7,8	0,6	13,0	12° 13′	2,1	14,6	564
430	67	4,78	71,5	8,95	0,68	13,15	14°	3,1	17,1	564
360	56	5,71	61,5	10,4	0,75	13,85	16° 40′	3,8	20,47	564
290	45,5	7,02	52	12,3	0,82	15,00	20° 20′	4,6	24,93	564
220	34,4	9,3	43	14,86	0,9	16,5	24° 15′	5,5	29,75	564
150	23,5	13,6	35	18,27	0,9	20,3	30° 33′	5,5	36,05	564

Es kann eventuell notwendig werden, an der Nabe zu dicken Profilen überzugehen. Die Rücksicht auf die dort vorhandene Fliehkraftbeanspruchung sowie die Möglichkeit, bei dickeren Profilen höhere

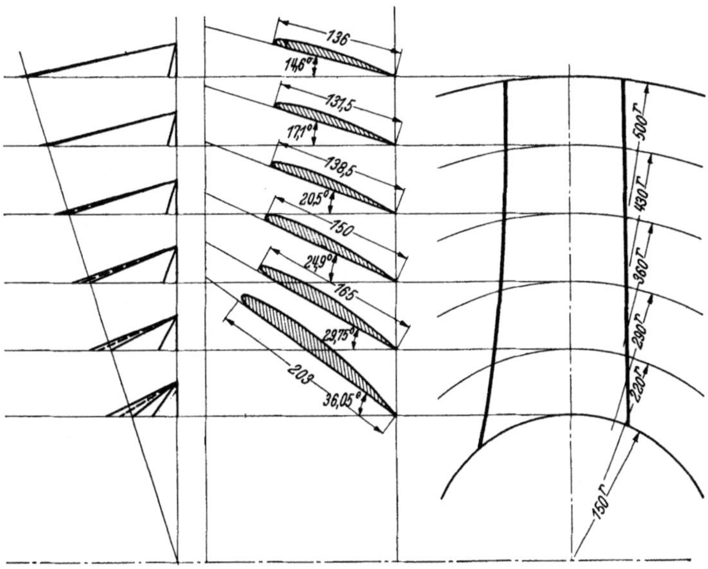

Abb. 141. Entwurf eines Schraubengebläses.

c_a-Werte zu erreichen, kann hier bestimmend sein. Bei Umfangsgeschwindigkeiten unter 100 m/s machen indes die Beanspruchungen noch keine großen Schwierigkeiten.

2. Beispiel. Bei folgendem Beispiel sollen keine Tragflügelprofile, sondern gebogene, kreisförmige Blechschaufeln verwendet werden. Gegeben:

$$\Delta p = 100 \text{ mm WS}; \quad V = 10800 \text{ m}^3/\text{h} \rightarrow 3 \text{ m}^3/\text{s}; \quad n = 2000 \text{ min}.$$

Zunächst ermitteln wir wieder die Kennzahl:

$$\sigma = \frac{1}{28{,}5} \cdot \sqrt{3}\,(100 \cdot 8)^{\;3/4} \cdot 3000 = 1{,}21\,.$$

Aus den Ausführungen von S. 148 entnehmen wir, daß für ε wegen der schlechteren Wirkung der Blechschaufeln ein größeres ε einzusetzen ist; wir wählen $\varepsilon = 0{,}05$. Hiermit können wir in Abb. 139 φ und ψ ablesen: $\psi = 0{,}323$; $\varphi = 0{,}37$; Nabenverhältnis: $\nu = \sqrt{0{,}8\,\psi} = \sqrt{0{,}8 \cdot 0{,}323} = 0{,}518$; Flügeldurchmesser:

$$d = \frac{60}{\pi \cdot n} \cdot \sqrt{\frac{2\,\Delta p}{\psi\,\varrho}} = \frac{60}{\pi \cdot 3000} \cdot \sqrt{\frac{2 \cdot 800}{0{,}323}} = 0{,}448 \text{ m}.$$

Gewählt:

$$d_2 = 450 \text{ mm}; \; d_1 = 0{,}518 \cdot 450 \sim 230 \text{ mm}.$$

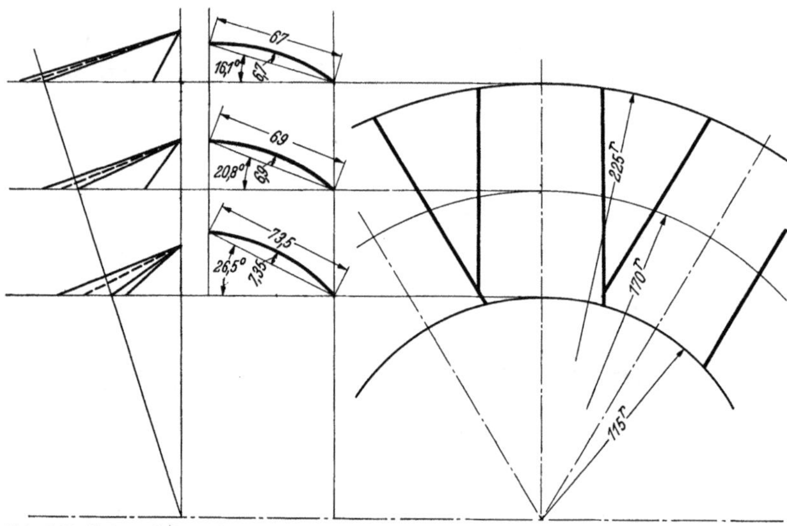

Abb. 142. Entwurf eines Schraubengebläses bei Verwendung von gebogenen Blechschaufeln.

Hiermit erhalten wir folgende endgültigen Werte:

$$u_2 = 70{,}6 \text{ m/s}; \quad c_m = \frac{V}{\frac{\pi}{4}\,(d_2^2 - d_1^2)} = \frac{3}{0{,}1173} = 25{,}6 \text{ m/s}; \quad \varphi = \frac{c_m}{u_2} = 0{,}363.$$

Aus Abb. 140 erhalten wir noch den Gesamtwirkungsgrad zu $\eta = 0{,}81$; hieraus folgt die notwendige Antriebsleistung:

$$N_{\text{eff}} = \frac{V \cdot \Delta p}{75 \cdot \eta} = \frac{3 \cdot 100}{75 \cdot 0{,}81} = 4{,}93 \sim 5 \text{ PS}.$$

Trotz der Verwendung von Blechschaufeln ist hier der Wirkungsgrad höher wie bei dem Tragflügelgebläse wegen der geringeren Kennzahl.

Die bei den weiteren Berechnungen nötige Konstante aus Gl. (141) lautet:

$$\frac{\Delta p \cdot 4\,\pi}{\eta \cdot \varrho \cdot \omega \cdot z} = \frac{100 \cdot 4 \cdot \pi \cdot 8}{0{,}81 \cdot 314 \cdot 12} = 3{,}29.$$

Es ergibt sich somit $c_a \cdot l = \frac{3{,}29}{w_\infty}$. Als Flügelzahl wurde hier wegen des höheren Druckes $z = 12$ gewählt. Nach Gl. (142) ergibt sich noch

$$c_u = \frac{\Delta p}{\varrho\, u \cdot \eta} = \frac{100 \cdot 8}{u \cdot 0{,}81} = \frac{988}{u}.$$

In der folgenden Tabelle sind für 3 Radien alle Werte ausgerechnet. Abb. 142 zeigt die zugehörigen Geschwindigkeitsprofile sowie die Flügelradzeichnung.

Zahlentafel 14. Kreisbogenprofil $\frac{b}{t} = 0{,}1$.

r mm	u m/s	c_u m/s	w_∞ m/s	$c_a \cdot l$ cm	c_a	l cm	β_∞	α_∞	β°
225	70,6	14	82	4,01	0,6	6,7	18° 18′	—2,2	16,1
170	53,5	18,5	68	4,83	0,7	6,9	22° 20′	—1,5	20,33
115	36	28,4	56	5,875	0,8	7,35	27° 50′	—0,8	26,53

XIII. Betriebseigenschaften von Schraubengebläsen.

69. Kennlinien für die reibungsfreie Strömung.

Ebenso wie bei Radialgebläsen wird man auch hier fragen: Wie ändert sich bei konstanter Drehzahl der Druck, wenn die Fördermenge größer oder kleiner wird? Wir untersuchen diese Frage zunächst bei der reibungslosen Strömung.

Die in Kapitel 59 abgeleiteten Beziehungen können hier unmittelbar verwendet werden. Lösen wir Gl. (140), die für die reibungsfreie Strömung aufgestellt wurde, nach Δp auf, so erhalten wir:

$$\Delta p = \frac{c_a \cdot l \cdot w_\infty \cdot \varrho \cdot \omega \cdot z}{4\pi}.$$

Ersetzen wir $\frac{l \cdot \omega \cdot z}{2\pi \cdot u}$ durch $\frac{l}{t}$ und drücken Δp in Analogie zu Gl. (50) durch eine dimensionslose Ziffer $\overline{\psi} = \frac{\Delta p}{\frac{\varrho}{2} u^2}$ aus, so erhalten wir:

$$\overline{\psi} = c_a \cdot \frac{w_\infty}{u} \cdot \frac{l}{t}. \quad (159)$$

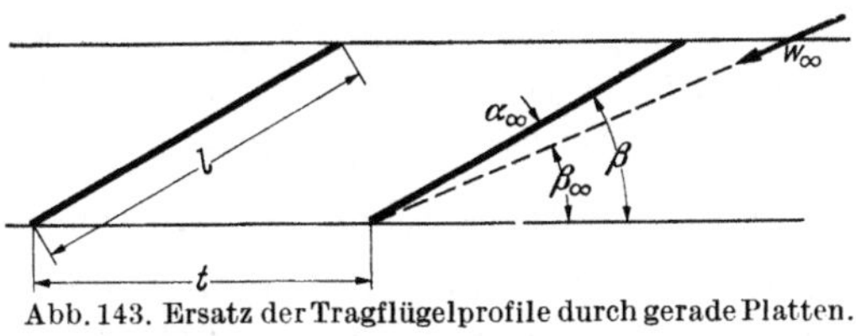

Abb. 143. Ersatz der Tragflügelprofile durch gerade Platten.

Bei schnellaufenden Gebläsen ändert sich $\frac{w_\infty}{u}$ sehr wenig mit der Menge. Setzen wir diesen Wert in erster Näherung gleich 1, so ändert sich in $\overline{\psi} = c_a \cdot \frac{l}{t}$ nur noch c_a mit dem ψ-Wert. Wie ändert sich nun c_a mit der Fördermenge bzw. mit dem dimensionslosen Beiwert $\varphi = \frac{c_m}{u}$? In Abb. 143 wollen wir uns der besseren Übersicht halber das Tragflügelprofil durch eine gerade Platte ersetzt denken. (Beim Tragflügel muß dann α_∞ ersetzt werden durch Anstellwinkel + Winkel für $c_a = 0$.) Hier ist die Abhängigkeit des c_a-Wertes vom Anstellwinkel α_∞ genau bekannt. $c_a = 2\pi \cdot \sin\alpha_\infty \sim 2\pi\alpha_\infty$ (da unsere Winkel nicht allzu groß werden). Andererseits ist $\operatorname{tg}\beta_\infty = \frac{c_m}{u + \frac{c_u}{2}}$. Im allgemeinen sind die c_u-Werte so klein gegen u, daß $\frac{c_u}{2}$ gegen u vernachlässigt werden kann. Ersetzen wir gleichzeitig $\operatorname{tg}\beta_\infty \sim \beta_\infty$, so entsteht: $\beta_\infty = \frac{c_m}{u} = \varphi$. Die die Förderung kennzeichnende Ziffer φ kann also in erster Näherung gleich β_∞ gesetzt werden. Unveränderlich ist nun β, so daß $\alpha_\infty = \beta - \beta_\infty$ ist. Damit erhalten wir: $c_a = 2\pi(\beta - \beta_\infty) = 2\pi(\beta - \varphi)$. Dies setzen wir in Gl. (159) ein und erhalten:

$$\bar{\psi} = \frac{l}{t}\, 2\pi\,(\beta - \varphi)\,. \qquad (160)$$

Die Abhängigkeit $\bar{\psi} = f(\varphi)$ ist somit linear. Die Vernachlässigungen, die bei der Rechnung gemacht wurden, bedingen zwar eine Abweichung von der geraden Linie, die jedoch tatsächlich vernachlässigbar klein ist.

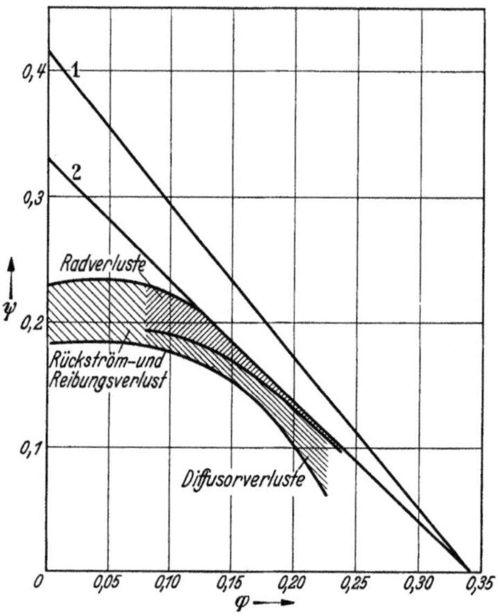

Abb. 144. Entstehung der Kennlinie eines Schraubengebläses.

Für $\varphi = 0$ ergibt sich ein Höchstwert $\bar{\psi}_{\max} = \frac{l}{t}\, 2\pi\beta$; der Größtwert von φ wird für $\bar{\psi} = 0$ erreicht, wenn $\varphi = \beta$ ist. Hiermit ist die Schluckfähigkeit des Gebläses festgelegt. Abb. 144 zeigt die Gerade für ein ausgerechnetes Beispiel (oberste Gerade 1).

Von Schnitt zu Schnitt ändern sich nun sowohl die Werte $\frac{l}{t}$ als die Winkel β. Jeder Schnitt hat somit eine besondere Kennlinie, ohne daß es möglich wäre, die Gemeinschaftswirkung in bezug auf die Kennlinie im voraus anzugeben. Je mehr sich $\frac{d_1}{d_2}$ dem Wert 1 nähert, um so mehr werden die Verhältnisse durch einen mittleren Schnitt erfaßt werden können.

70. Kennlinie der wirklichen Strömung.

Durch die Reibung wird zunächst bei sonst gleichem Anstellwinkel c_a vermindert. Die Zirkulation um den Tragflügel wird kleiner.

Vergleicht man den vorhin benutzten theoretischen Wert $c_a = 2\pi\alpha_\infty$ mit den Meßwerten, so beobachtet man eine rd. 20%ige Abnahme von c_a, so daß $c_a \sim 5\alpha_\infty$ ist. Der Charakter der geraden Linie bleibt jedoch erhalten bis zu den Anstellwinkeln, bei denen die Strömung abreißt. Eine Steigerung von c_a tritt dann nicht mehr ein. Meist wird c_a dann sogar kleiner.

In Abb. 144 zeigt die Kurve 2 die Änderung, die sich so ergibt für das Profil 385. Die Verminderung der $\overline{\psi}$-Werte bedeutet keinen Verlust; es handelt sich um sog. induzierte Einflüsse. Die so entstehende Kurve hat schon große Ähnlichkeit mit den Meßresultaten. Von diesen $\overline{\psi}$-Werten müssen nun noch die Verluste abgezogen werden. Die Reibungsverluste im Rad wurden in Gl. (145) zu $\frac{m \cdot \varepsilon}{\varphi}$ ermittelt, während für die Diffusorverluste der Wert $(1-\eta_s)\frac{\varphi^2}{\psi}$ ermittelt wurde. Die ersteren Verluste werden mit wachsendem φ kleiner, während die letzteren größer werden. Da nach S. 161 für den Normalpunkt die beiden Verluste wenigstens der Größenordnung nach ungefähr gleich sein sollen, ist in der Nähe dieses Punktes keine große Änderung für die Gesamtverluste zu erwarten. Andererseits verlieren unsere Verlustberechnungen für kleine φ-Werte vollkommen ihren Sinn. Versuche des Verfassers zeigten, daß unterhalb einer gewissen Fördermenge eine Rückströmung am Außenrand der Schraube einsetzt. Bei der Förderung Null bildet sich ein regelrechter Ringwirbel nach Abb. 145 aus[1]. Durch Seidenfähnchen, die in Form eines Kammes vor die Schraube gehalten wurden, ließen sich die Zonen der Rückströmung gut nachweisen. Es bleibt deshalb zunächst nur übrig, den Verlauf bei kleinen φ-Werten nach den Erfahrungstatsachen zu ersetzen.

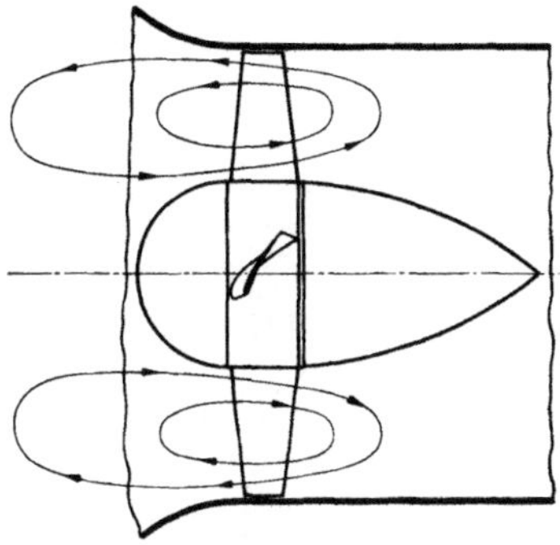

Abb. 145. Ringwirbel bei kleinen Fördermengen.

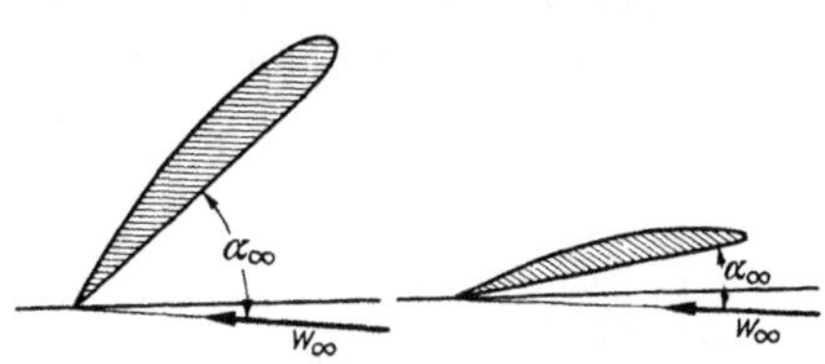

Abb. 146. Anstellwinkel an der Nabe und am Laufradumfang bei Rückströmung.

[1] Die Tendenz zur Rückströmung ist um so größer, je kleiner der Winkel am Umfang ist. Bei Förderung Null ist zunächst der Winkel $\beta = \alpha_\infty + \beta_\infty$ identisch mit dem Anstellwinkel. An der Nabe, wo β meist sehr groß ist (Abb. 146), wird die Strömung sofort abreißen; am Rande braucht die Strömung noch nicht abgerissen zu sein, selbst nicht bei einer Rückströmung, die durch eine kleine Störung eingeleitet werden kann. In diesem Falle bildet sich sofort die Ringströmung nach Abb. 145 aus. Ist am Rande der Winkel β größer, so tritt bei der Ablösung ein scharfer Knick in der Kennlinie ein (s. Abb. 184, Kennlinie für $+7{,}5°$ gegenüber $-7{,}5°$).

C. Konstruktive Gestaltung der Gebläse.

71. Radialgebläse.

Der Aufbau eines normalen Radialventilators ist durchweg sehr einfach und bietet wenig konstruktive Schwierigkeiten. An Hand

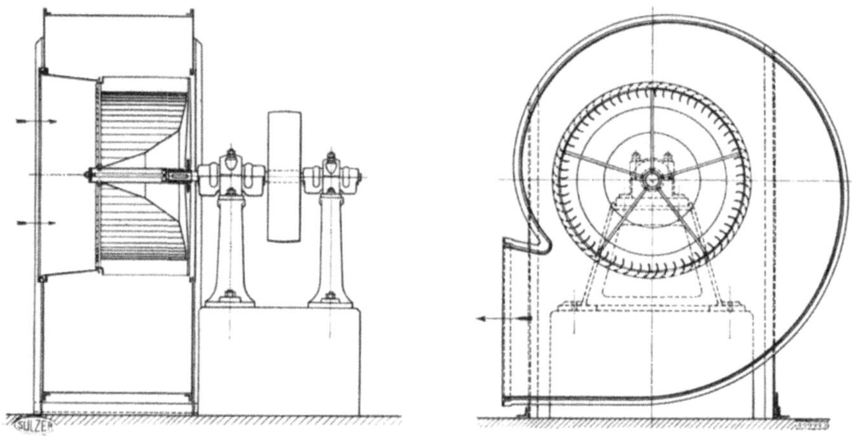

Abb. 147. Niederdruckventilator von Sulzer.

einer üblichen Ausführung (Abb. 147) sollen die wesentlichen Merkmale hervorgehoben werden. Der Läufer ist freiliegend gelagert. Die außen liegenden zwei Lager sind durch eine Konsole mit dem Spiralgehäuse verbunden. Als Lager kommen fast immer Kugellager in Frage. Die hintere Wand des Läufers schließt sehr oft mit der Spiralwand ab. Da das Spiralgehäuse, das bei Niederdruckventilatoren fast ausschließlich viereckigen Querschnitt hat, eine größere Breite als das Laufrad aufweist, ist ein zylindrisches oder oft auch konisches Einsatzstück nötig, um die Verbindung von der Saugöffnung bis zu dem Eintrittsdurchmesser des Läufers zu schaffen. Die Dichtung zwischen Läufer und Gehäuse wird durch möglichst engen Zwischenraum gebildet. Besondere Labyrinthdichtungen sind erst, wie auch die Untersuchungen von S. 58 ergeben haben, bei kleineren Innendurchmesser nötig. Das Spiralgehäuse selbst besteht aus Blech, das zusammengenietet bzw. geschweißt wird. Die geraden Flächen werden durch aufgesetzte Winkel versteift. Aus der Normalform ergibt sich ein quadratischer Ausblasequerschnitt, so daß

Abb. 148. Außenansicht eines Niederdruckventilators von Sulzer.

besondere Übergangsstücke nötig werden, wenn runde Leitungen angeschlossen sind. Abb. 148 zeigt die äußere Ansicht eines solchen

Abb. 149. Trommelläufer von Sulzer.

Ventilators. Abb. 149 zeigt einen normalen Trommelläufer mit vorwärtsgekrümmten Schaufeln.

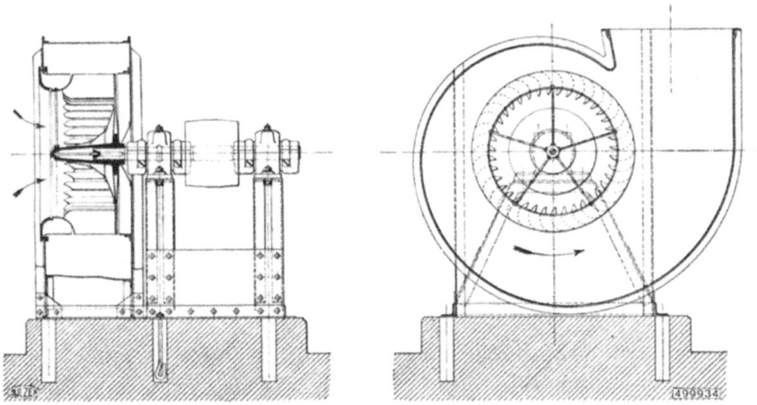

Abb. 150. Mitteldruckventilatur von Sulzer.

Besonders die großen Trommelläufer bieten einige konstruktive Schwierigkeiten. Die große Länge der Schaufeln bedingt ziemliche Zentrifugalkräfte, die durch einen Winkelring nicht immer aufgenommen werden können. Man hilft sich hier meist nach Abb. 149 durch speichenartige Verstrebungen zur Nabe hin. Vereinzelt findet man auch zur Versteifung einige radiale Schaufeln, die bis zur Nabe gehen. Hierdurch wird allerdings ein Stoß der angesaugten Luft in Kauf genommen, wenn man nicht diese Schaufeln doppelt krümmt (wie Franzis-Turbinschaufeln), wodurch aber wieder die radiale Tragfähigkeit dieser Hilfsschaufeln beeinträchtigt wird.

Abb. 151. Laufrad der MAN.

Werden die Drücke größer und steigern sich die Ansprüche an den Kraftbedarf, so muß die radiale Tiefe der Schaufeln wachsen. Gleichzeitig muß dem Einlauf mehr Aufmerksamkeit geschenkt werden. Abb. 150 zeigt einen Mitteldruckventilator von Sulzer, bei dem der Einlauf gut abgerundet ist. Die vorwärtsgekrümmten Schaufeln sind noch unter den Einlaufdurchmesser gezogen.

Mit steigenden Drücken verläßt man allmählich vorwärtsgekrümmte Schaufeln. Besonders radial auslaufende Schaufeln sind in diesem

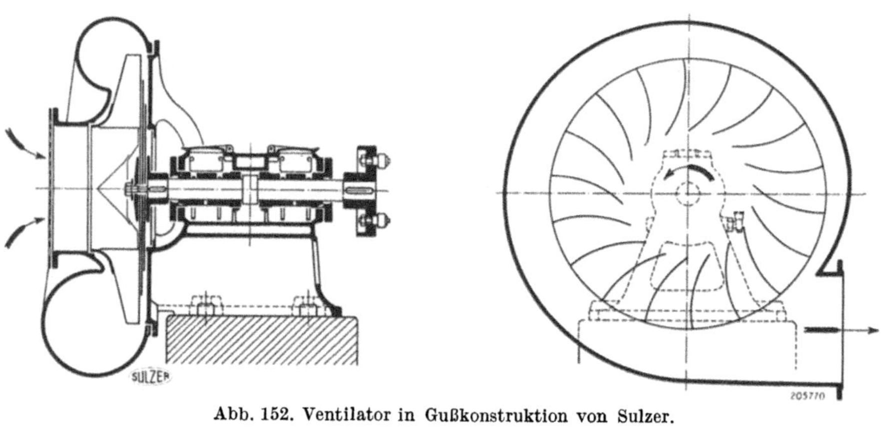

Abb. 152. Ventilator in Gußkonstruktion von Sulzer.

Bereich sehr beliebt. Die einfache Herstellung sowie die günstige Beanspruchung dieser Schaufelformen sind hier sehr verlockend. Abb. 151 zeigt einen Läufer der MAN, dessen Schaufeln strahlenförmig nach außen gehen. Auf eine Eintrittskrümmung ist hier verzichtet. Ebenso ist das Deckblech weggelassen. Offenbar zur Versteifung sind die radialen Schaufeln aus zwei konisch auslaufenden Blechen gebildet, so daß die Schaufel besonders an der Laufradscheibe eine merkliche Steifigkeit besitzt.

Für höhere Drücke ist der Schaufelform immer mehr Aufmerksamkeit zu schenken. Radial endende Schaufeln können nur dann verwendet werden, wenn durch richtige Eintrittsneigung der Schaufeln

Abb. 154. Grubenventilator von Westfalia-Dinnendahl-Gröppel.

Abb. 153. Laufrad (10,3 m Dmr.) eines Grubenventilators von Westfalia-Dinnendahl-Gröppel.

der Eintrittstoß vermieden wird. Gleichzeitig müssen konische Deckbleche dafür sorgen, daß die Querschnitte des Schaufelkanals sich nicht zu sehr erweitern. Abb. 152 zeigt eine derartige Konstruktion. Da bei höheren Drücken meist auch die Fördermengen kleiner werden, werden die seitlichen Gehäuseabmessungen immer kleiner, so daß schließlich die Gußkonstruktion größere Vorteile bietet. Bei dieser Gestaltung hat man in der Formgebung der Spirale mehr Freiheit und kann die günstigsten Querschnittsformen entwickeln.

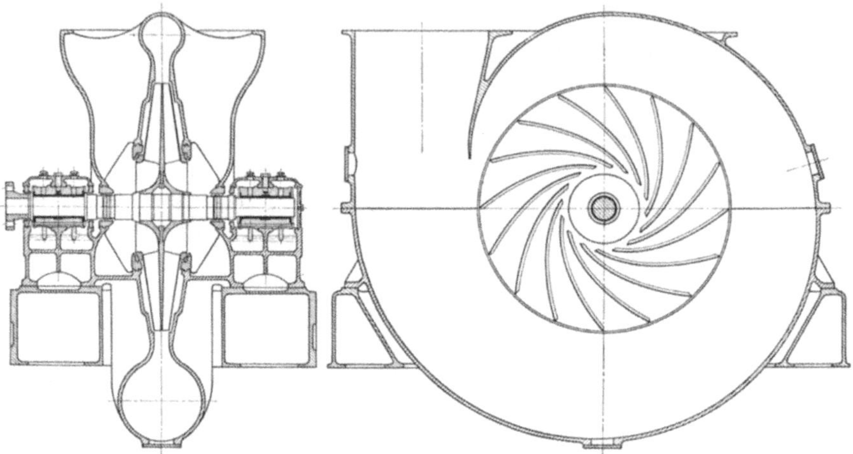

Abb. 155. Spülluftgebläse der Demag.

Besonders große Ausführungen werden zur Entlüftung von Gruben benötigt. Es handelt sich hier meist um Drücke von 200—500 mm WS und Luftmengen bis zu 20000 m^3/min, die von einem Gebläse zu bewältigen sind. Bei diesen großen Leistungen spielt der Wirkungsgrad

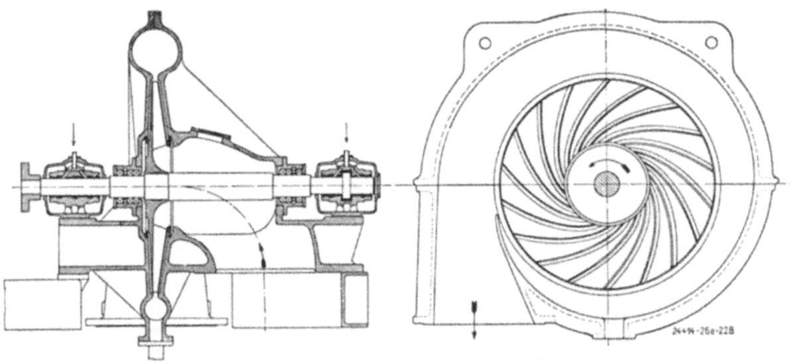

Abb. 156. Gasgebläse für hohen Druck der Demag.

eine große Rolle, so daß man die Gestaltung des Laufrades sehr sorgfältig durchbilden wird. Abb. 153 zeigt den Läufer des zur Zeit wohl größten Ventilators. Der Läufer hat einen Durchmesser von 10,3 m, das Gewicht beträgt 42000 kg. Das sind Rotorgewichte, wie sie nur von Wasserturbinen her bekanntgeworden sind. Abb. 154 zeigt die äußere Ansicht. Charakteristisch ist das Diffusorrohr, das eine erhebliche Ausbeute der kinetischen Energie der austretenden Luft ermöglicht. Die Gesamtanlage hat eine Höhe von etwa 30 m.

Abb. 157. Kleines Spiralgebläse der Demag für 0,6 atü.

Einstufige Gebläse für Höchstdrücke werden nach denselben Gesichtspunkten wie Turbokompressoren gebaut. An wenigen Beispielen sollen Ausführungsmöglichkeiten besprochen werden. Abb. 155 zeigt ein zweiseitig ansaugendes Spülluftgebläse. Etwa 1300 mm WS werden mit dieser Konstruktion erzielt. Starke Ringe verstärken hier die Deckscheiben am inneren Durchmesser. Gleichzeitig dienen diese zur Aufnahme besonderer Labyrinthdichtungen. Abb. 156 zeigt ein Gasgebläse für noch höheren Druck. Hier ist bereits die ganze Laufradscheibe geschmiedet. Charakteristisch ist die Abdichtung der durchgehenden Welle durch Kohlestopfbüchsen. Bei besonders gefährlichen Gasen reichen diese Dichtungen noch nicht aus. Durch Flüssigkeitsstopfbüchsen läßt sich dann eine absolute Dichtung erreichen.

Abb. 158. Läufer zum Gebläse nach Abb. 157.

Abb. 157 u. 158 zeigt ein kleines Spiralgehäuse sowie den zugehörigen Läufer für Drücke von etwa 0,6 atü. Die Gebläsewelle, die mit einem Ritzel aus einem Stück gefertigt ist, wird durch ein Getriebe angetrieben.

Abb. 159. Laufrad mit abgenommener Deckscheibe, Bauart Demag.

Abb. 160. Laufrad für hohe Umfangsgeschwindigkeiten nach Rateau.

Abb. 161. Aufgedecktes, zweiseitig ansaugendes Gebläse von Rateau.

Die Umfangsgeschwindigkeit des Läufers beträgt rd. 240 m/s. Abb. 159 zeigt das offene Laufrad ohne Deckscheibe, das dasselbe Aussehen wie ein Turbokompressorenrad hat.

Noch höhere Drücke lassen sich erzielen, wenn man die Scheibenkonstruktion des Laufrades grundsätzlich verläßt und nur noch die Schaufeln stehen läßt. Abb. 160 zeigt einen solchen Läufer von Rateau in Paris, um dessen Entwicklung diese Firma sich sehr bemüht hat. Abb. 161 zeigt einen zweiseitig ansaugenden Läufer dieser Konstruktion in einem abgedeckten Gehäuse. Bei richtiger Gestaltung können auch mit dieser Ausführung gute Umsetzungsgrade erzielt werden. Zur Verdichtung der Luft für Flugzeugmotoren werden diese Bauarten gerne verwendet. Die meisten Motorenfirmen verwenden tatsächlich die von Rateau angegebene Bauart. Umfangsgeschwindigkeiten

Abb. 162. Laufrad der British-Thomson-Houston, Rugby.

Abb. 163. Ganz aus Holz hergestellter Ventilator von Sulzer.

bis zu 500 m/s sind mit dieser Ausführung erreichbar. Als Werkstoff dienen im Gesenk geschmiedeter Stahl und schmiedbare Durallegierungen.

Die „Rad-“ bzw. „Speichenkonstruktionen“ haben den Nachteil, daß beim Eintritt in das Laufrad ein Stoß auftritt. Der hierdurch auftretende Stoßverlust, der nach Gl. (66) proportional $\left(\frac{d_1}{d_2}\right)^2$ ist, wird allerdings bei kleinen Werten $\frac{d_1}{d_2}$ klein werden. Es ist aber nach den Erwägungen von S. 43 zu erwarten, daß dieser Stoß die ganze Schaufelströmung nachteilig beeinflussen wird. Verfasser vermutet, daß diese indirekten Nachteile größer sind, als die bei kleinen Werten $\frac{d_1}{d_2}$ tatsächlich kleineren Stoßverluste. Die Firma British-Thomson-Houston, Rugby, bildet zur Vermeidung dieser Nachteile die Radialschaufeln mit besonderen in den Saugraum hineingezogenen Lappen aus, die wie ein Propellerflügel in die relative Strömungsrichtung verwunden sind. Abb. 162 zeigt diese interessante Konstruktion. Mit diesen Konstruktionen können ψ-Werte bis 1,4 erreicht werden, sofern auf die Ausbildung der Leitkanäle große Sorgfalt gewandt wird.

Je nach den zu fördernden Gasen werden oft sehr große Ansprüche an den Baustoff von Ventilatoren gestellt. Die verschiedenen Prozesse der chemischen Industrie verlangen oft den Transport von ätzenden Gasen, die Stahl in kurzer Zeit aufressen würden. Man findet hier Ausführungen aus Holz (z. B. bei Verwendung von Chlordämpfen), Blei, Steingut, Silizium u. a. m. Abb. 163 zeigt ein ganz aus Holz gebautes Gebläse von Sulzer. Meist handelt es sich hier um kleinere Drücke, die vom Gebläse zu überwinden sind. Die hierzu notwendigen Umfangsgeschwindigkeiten und damit die auftretenden Kräfte sind meist so gering, daß die Verwendung genannter Baustoffe nicht sehr schwierig ist.

Besondere Anforderungen liegen auch vor, wenn festes Material mit der Luft gefördert werden soll. Um ein Festsetzen zwischen engen Schaufelkanälen zu vermeiden, können nur wenige Schaufeln verwendet werden. Abb. 164 zeigt ein sog. Materialförderrad von Sulzer. Die Rücksicht auf guten Wirkungsgrad muß hier natürlich gegen andere Forderungen zurücktreten.

72. Schraubengebläse.

Bei Schraubengebläsen interessiert vor allem die Gestaltung des Läufers. Das äußere Gehäuse besteht aus einfachen Rohrstücken, konisch sich erweiternden Diffusoren sowie eventuell aus Krümmern, d. h. Armaturen, die wegen ihrer Einfachheit eine besondere Besprechung unnötig machen.

Die einfachste Form eines Schraubenläufers findet man bei einfachen Lüftern, deren Hauptaufgabe in der Förderung großer Luftmengen besteht. Kreisförmig gebogene Schaufeln sind hier vorherrschend. Bei richtiger Dimensionierung und Beachtung der in Kap. 66 dargelegten Grundsätze gelingt es auch hier, gute Umsetzungsgrade zu erzielen.

Bei größeren Ansprüchen wird man durchweg Tragflügelprofile als Grundform für die Schraubenblätter wählen. Bei kleineren Umfangsgeschwindigkeiten $u < 50$ m/s ist Aluminium der geeignete Baustoff. Bei höheren Geschwindigkeiten sind Aluminiumlegierungen, z. B. Dural, Lautal, Elektron usw. am Platze. Hohe Wirkungsgrade lassen sich auch hier nur erzielen, wenn die Flügel nach dem Guß sauber bearbeitet und poliert werden. Für die einzelnen Schnitte müssen Lehren der einzelnen Tragflügelprofile hergestellt werden, um nachher auch die der Rechnung zugrunde liegenden Profile tatsächlich zu verwirklichen. Die Notwendigkeit dieser äußerst schwierigen Nacharbeit erklärt die hohen Preise der an und für sich einfachen Flügel. Nur bei äußerst sauberer Ausführung sind die unter 66 angegebenen Wirkungsgrade zu erreichen. Da die Bearbeitung und Politur bei Verwendung von Holz als Baustoff einfacher und billiger ist, sind auch mit Holzflügeln sehr gute Ergebnisse zu erzielen. Die Festigkeitszahlen, die die Eignung für die Belastung durch Zentrifugalkräfte angeben, sind zudem bei Holz und veredelten Leichtmetallen ungefähr gleich (hier kommt die sog. Reißlänge $R = \frac{\sigma_z}{\gamma}$ in Frage). Abb. 165 zeigt verschiedene Ausführungen in Holz nach Konstruktionen des Verfassers.

Abb. 164. Ventilator für Materialförderung von Sulzer.

Abb. 165. Tragflügelschrauben für kleine Windkanäle nach Abb. 175.

Es liegt im Wesen der Anwendungsgebiete der Schraubengebläse, daß oft die zu überwindenden Widerstände vorher nicht genau angegeben werden können, so daß der Lieferfirma oft noch die Aufgabe bleibt, später das Gebläse den tatsächlich vorhandenen Bedingungen anzupassen. Verstellbare Laufschaufeln sind hier am Platze. Es ist das große Verdienst der Firma Escher Wyss, Zürich, durch die Entwicklung der verstellbaren Laufschaufeln eine allen Anforderungen gerecht werdende

Konstruktion geschaffen zu haben. Die Versuche von Keller in den Laboratorien dieser Firma, bei denen bereits verstellbare Laufschaufeln vorhanden waren, zeigen die Vorteile deutlich. Bei den Kennlinien von Abb. 186 sind die Laufschaufeln für Stellungen, die um 4° verschieden sind, eingetragen. Man erkennt, daß z. B. bei kleinen Fördermengen durch Laufschaufelverstellung ein viel höherer Wirkungsgrad erzielbar ist wie bei der nicht verstellbaren Schaufel (0°). Der Kraftbedarf wird entsprechend kleiner. Der Leistungsgewinn ist noch deutlicher zu erkennen in Abb. 166. Die obere Kurve zeigt den Leistungsbedarf bei festen Schaufeln. Die gestrichelte Linie deutet den Kraftbedarf bei

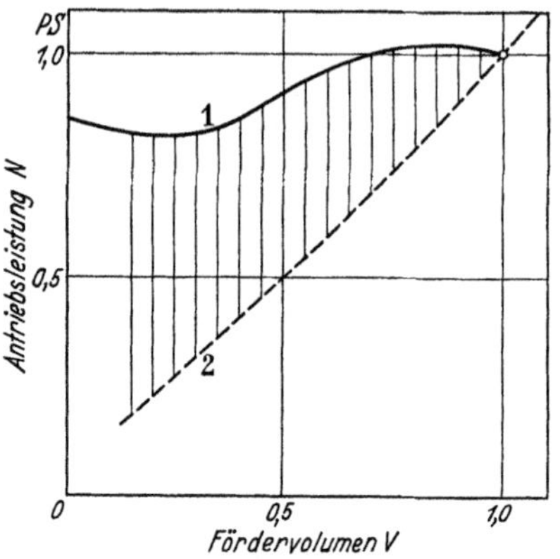

Abb. 166. Leistungsverminderung bei Schaufelverstellung. Kurve 1: Leistung ohne Schaufelverstellung. Kurve 2: Leistung mit Schaufelverstellung nach Escher Wyss, Zürich.

Abb. 167. Escher Wyss Axialgebläse-Laufrad mit einstellbaren Flügeln.

Schaufelverstellung an. Das schraffierte Gebiet stellt den Gewinn dar. Hält man die Laufschaufeln fest, und verstellt die Leitschaufeln, so ist fast nichts zu gewinnen (Abb. 187), eine Erscheinung, die bei allen Propellermaschinen, besonders bei der Kaplan-Turbine, beobachtet wird.

Soll das Schraubengebläse immer unter den gleichen Bedingungen arbeiten, so genügt eine feste Einstellbarkeit der Schaufeln. Abb. 167 zeigt das Laufrad eines großen Escher Wyss Axialgebläses mit einstellbaren Flügeln, dessen Konstruktion durch Patente geschützt ist. Abb. 168

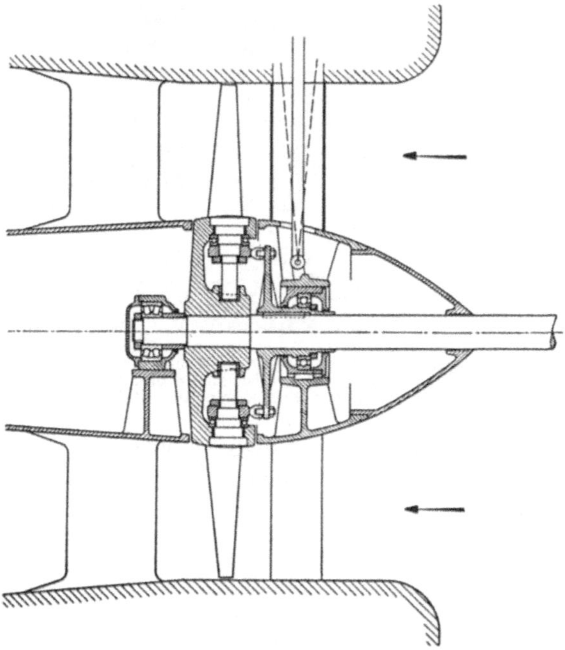

Abb. 168. Axialrad mit im Betrieb verstellbaren Flügeln. Schnitt durch den Verstellmechanismus.

zeigt eine Ausführung, bei der während des Betriebes die Flügel verstellt werden können. Die Konstruktion ist aus den Ausführungen der Kaplan-Turbine entwickelt worden. Die großen Erfahrungen, die die Firma Escher Wyss auf dem Gebiete der Wasserturbine besitzt, wurden hier in interessanter Weise für Gebläse verwertbar. Die von Escher Wyss entwickelten Verstellpropeller für Schiffe[1] fallen ebenfalls in dieses Gebiet.

Selbst für mehrstufige Gebläse werden von Escher Wyss Läufer mit während des Betriebes verstellbaren Schaufeln entwickelt. Eine äußerst bemerkenswerte Konstruktion zeigt Abb. 169 und 170. In Abb. 169 befinden sich die Laufschaufeln in geschlossener Stellung, während

[1] Escher Wyss Mitt.: Sonderheft Verstellpropeller Nr. 3, Jg. VIII, 1935.

bei Abb. 170 die Schaufeln ganz auf sind. Der obere Gehäuseteil ist weggenommen, so daß auch die vor jeder Stufe befindlichen Leitschaufeln

Abb. 169. Zweistufiges Schraubengebläse von Escher Wyss mit während des Betriebes verstellbaren Laufschaufeln. Das Bild zeigt die Laufschaufeln in geschlossener Stellung.
Daten: 12 m³/s; $\Delta p = 500$ mm WS; $n = 2500$/min; $d_a = 1000$ mm; $N_{\text{Welle}} = 100$ Ps.

zu erkennen sind. Zwischen den Stufen ist noch der Verstellhebel sowie der Verstellmechanismus zu erkennen.

Abb. 170. Gebläse wie Abb. 169. Laufschaufeln in offener Stellung.

Daß mehrstufige Schraubengebläse durchaus in der Lage sind, gewisse Teilbereiche des Turbokompressorenbaues erfolgreich zu erreichen, zeigt die Konstruktion eines vielstufigen Gebläses von Escher Wyss für den Überdruckwindkanal der Technischen Hochschule Zürich[1]. Escher Wyss hat auf diesem Gebiete anerkennenswerte Pionierarbeit geleistet.

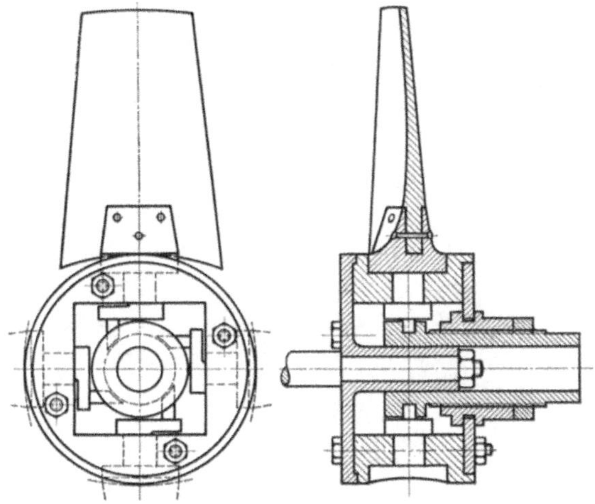

Abb. 171. Verstellmechanismus für vierblätterige Holzschrauben.

Abb. 171 zeigt eine Verstellvorrichtung, die Verfasser bei kleinen Windkanälen entwickelt hat. Hier liegt die Aufgabe vor, bei verschiedenen Düsen eine möglichst große Geschwindigkeit zu erreichen. Die

Abb. 172. Propellertyp-Ventilator (Escher Wyss).

Konstruktion eignet sich besonders bei vier Flügeln. Durch Verstellen der Läuferschaufeln wird hier ein beträchtlicher Gewinn erzielt.

Abb. 172 zeigt eine normale Ausführung von Escher Wyss mit Leitrad und Außenring. Die Abbildung stellt praktisch das ganze

[1] Engineering 1936, S. 698.

Gebläse dar, das nüchtern betrachtet sich in eine „Armatur“ einer Rohrleitung gewandelt hat. Bei größeren Drücken muß gemäß 65 der

Abb. 173. Axial-Hochdruckrad (Escher Wyss).

Nabendurchmesser sehr groß werden. Ein solches Hochdruckrad, bei dem ψ-Werte von 0,6 erreicht wurden, zeigt Abb. 173. Eine besonders

Abb. 174. Axialgebläse für große Fördermengen (Escher Wyss).

große Ausführung in der Montage ist in Abb. 174 zu erkennen. Die Schaufeln des geteilten Ringes, welcher in einen Betonkanal eingegossen wird, dienen hier zur Abstützung der Nabe bzw. des Läufers.

Zur Ausführung von strömungstechnischen Untersuchungen in kleinem Maßstab hat Verfasser Windkanäle konstruiert, die ebenfalls nach dem in diesem Buche besprochenen Gesichtspunkte entworfen sind. Abb. 175 zeigt eine Ausführungsform. Charakteristisch ist die Aufhängung des Läufers mit Motor an außenliegenden Federn, die am äußeren Mantel deutlich zu erkennen sind. Durch diese Maßnahme wird eine starke Geräuschdämpfung erzielt, die bei Versuchen und Vorführungen sehr

Abb. 175.

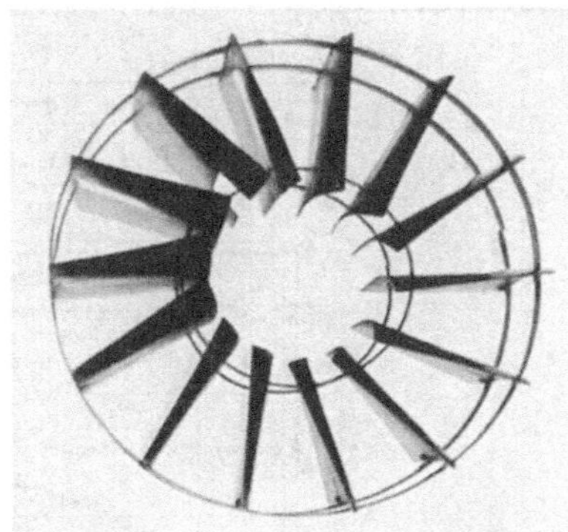

Abb. 176.

Abb. 175. Kleiner Windkanal (DRP.) für strömungstechnische Untersuchungen nach Eck. Hersteller: Koch, G. m. b. H., Köln-Nippes.

Abb. 176. Leitrad für Windkanal nach Abb. 175.

erwünscht ist. Abb. 176 zeigt den Leitapparat dieser Ausführung, der über den Motor geschoben wird.

D. Einheitskennlinien für Radial- und Schraubengebläse.

73. Darstellung der Gebläseeigenschaften in Typenblättern.

Beim Vergleich von Gebläsen verschiedener Bauart benutzt man in der Regel die durch Versuche gewonnenen Kennlinien, bei denen der Gesamtdruck Δp als Ordinate und die Fördermenge V als Abszisse aufgetragen wird. Die meist abweichenden Umfangsgeschwindigkeiten sowie der Einfluß der Hauptabmessungen können durch verschiedene Umrechnungen, die im Abschnitt 24 u. 49 dargelegt wurden, berücksichtigt werden.

Dieses Verfahren ist sehr umständlich. Um einen anschaulichen Überblick zu erhalten, bleibt nichts anderes übrig, als alle Gebläseeigenschaften durch dimensionslose Kennzahlen auszudrücken. Der erste Vorschlag, durch einfache Kennzahlen die Ventilatoren einheitlich zu erfassen,

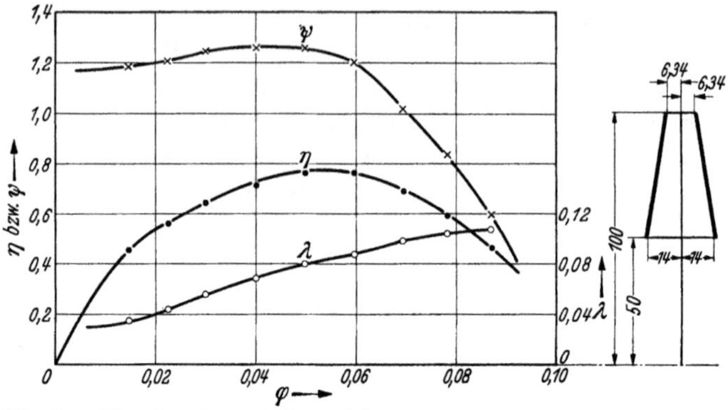

Abb. 177. $\beta_2 = 40°$; 16 große + 16 kleine Schaufeln; $u_2 = 137$ m/s; Nennleistung 280 Ps.

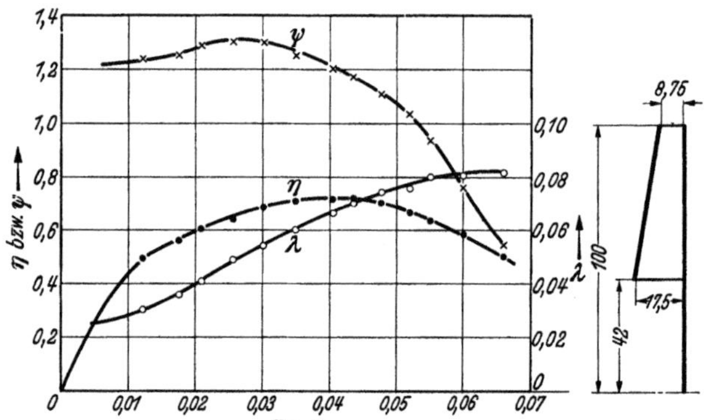

Abb. 178. $\beta_2 = 34°$; 20 Schaufeln; $u_2 = 125$ m/s; Nennleistung 50 Ps.

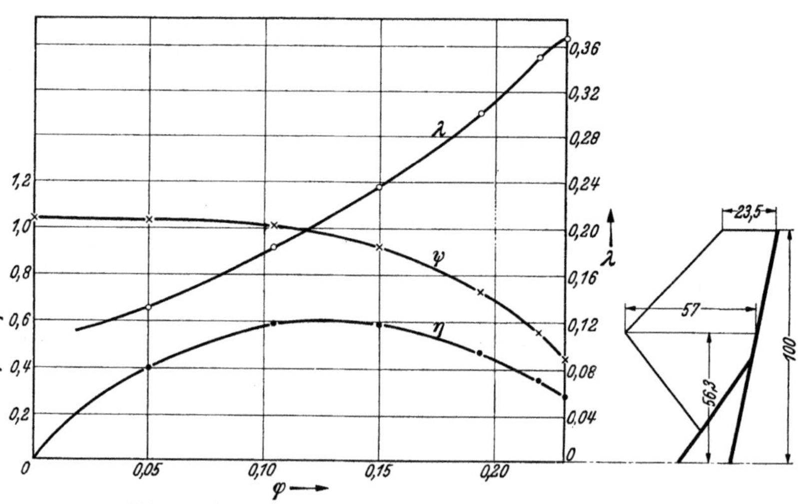

Abb. 179. MAN. $\beta_1 = 90°$; $\beta_2 = 90°$; 8 Schaufeln; $u_2 = 42$ m/s.

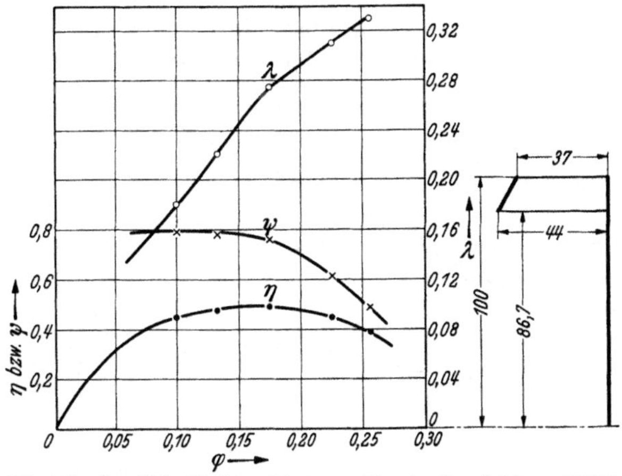

Abb. 180. $\beta_2 = 90°$; 40 Schaufeln; $u_2 = 90$ m/s; Nennleistung 100 Ps.

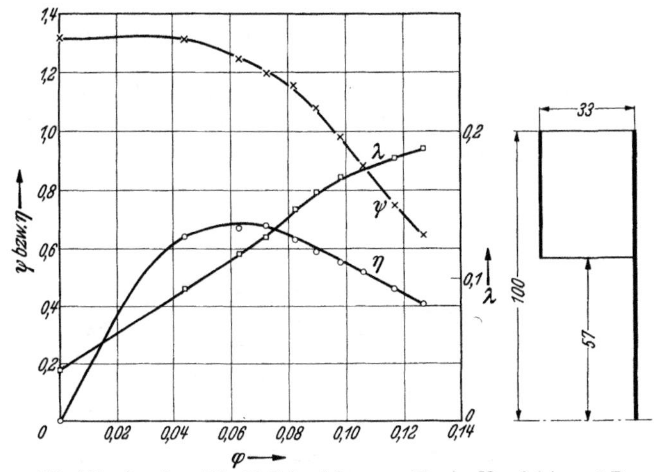

Abb. 181. $\beta_1 = \beta_2 = 90°$; 10 Schaufeln; $u_2 = 45$ m/s; Nennleistung 1 Ps.

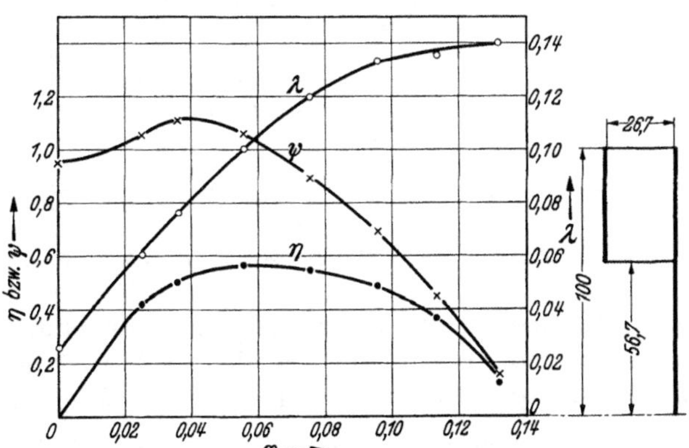

Abb. 182. Kearton-Liverpool. $\beta_1 = 30°$; $\beta_2 = 40°$; 16 Schaufeln. $u_2 = 80$ m/s; Nennleistung 5 Ps.

stammt von Berlowitz[1]. Offenbar durch diesen bemerkenswerten Vorschlag beeinflußt, wurden in den „Regeln“[2] ähnliche Vorschläge

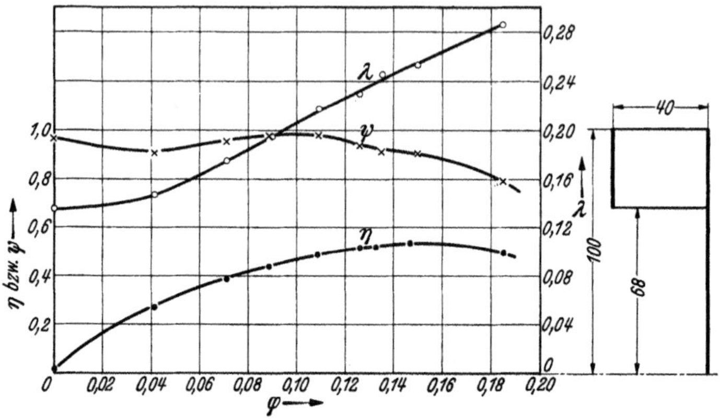

Abb. 183. $\beta_2 = 90°$; 8 Schaufeln; $u_2 = 65$ m/s; Nennleistung 13 Ps.

übernommen. Ein Nachteil der dort eingeführten Kennzahlen ist, daß sie fast ausschließlich für die Abnehmerkreise von Ventilatoren zugeschnitten sind. Sie gehen davon aus, daß der Käufer eines Ventilators

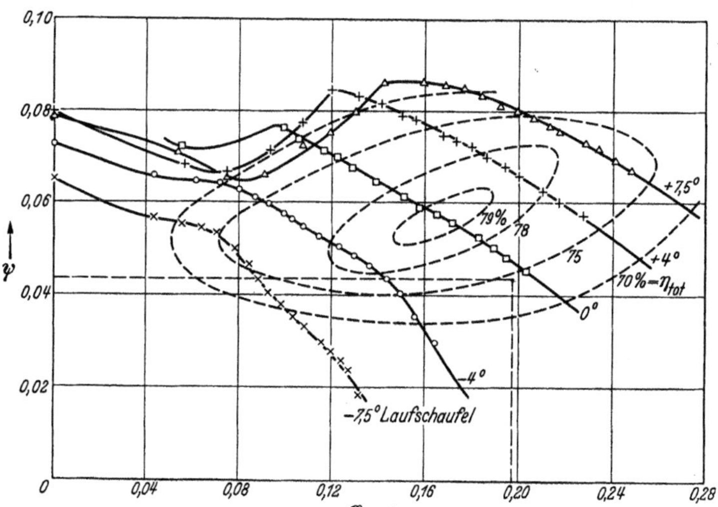

Abb. 184. Rad 1. Leitapparat fest + 17°; Laufschaufeln — 7,5°; —4°; 0°; + 7,5°.

kein Interesse daran hat, das Innere der Maschine überhaupt zu kennen. Er interessiert sich mit Recht nur für den Austrittsquerschnitt des Ventilators, der ihm die Druckluft liefert; mit welchen Mitteln dies

[1] Berlowitz: Artschaubilder und Auswahl von Lüftern. Z. VDI 1925 S. 36.
[2] Regeln für Abnahme- und Leistungsversuche an Verdichtern. VDI-Verlag.

erreicht wird, kann ihm gleichgültig sein. Demzufolge enthalten diese Kennzahlen als einzige Flächengröße den Austrittsquerschnitt. Es liegt auf der Hand, daß diese Fläche z. B. dem Konstrukteur sehr wenig zu sagen hat; kann er doch durch einen Diffusor diesen Querschnitt für ein und denselben Läufer beinahe beliebig ändern. Auch das Verhältnis dieser Fläche zu der jeweiligen gleichwertigen Düsenöffnung (S. 99) steht in keinem einfachen Zusammenhang zu wesentlichen physikalischen Strömungsbeziehungen des Läufers.

Ein weiteres Interesse können deshalb sog. Artschaubilder nur dann gewinnen, wenn sie

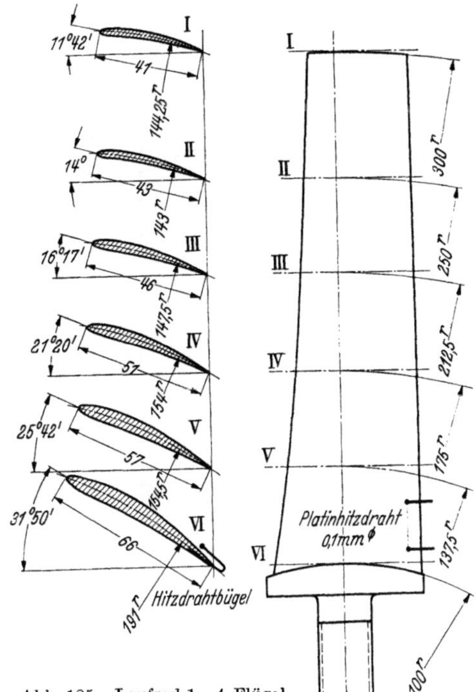

Abb. 185. Laufrad 1. 4 Flügel.

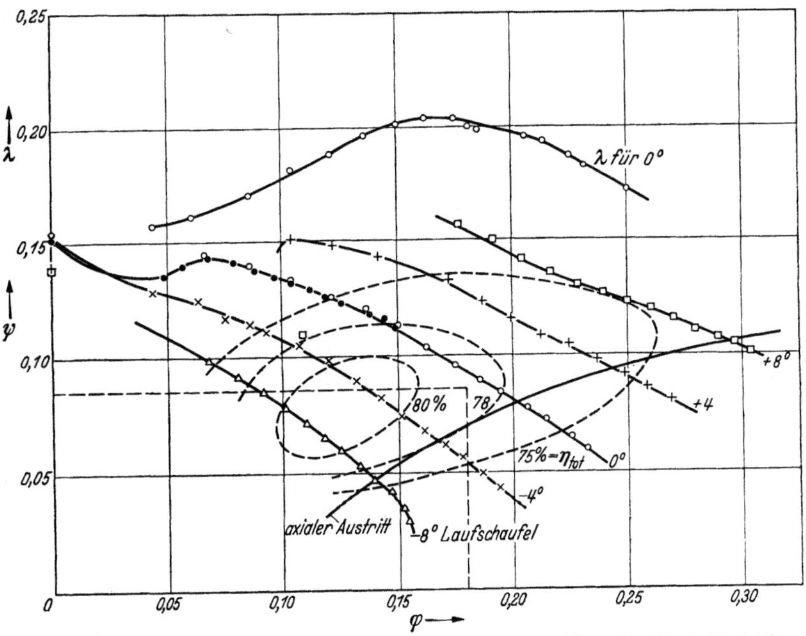

Abb. 186. Rad 2. Leitapparat fest + 17°. Laufschaufeln − 8°; − 4°; 0°; + 4°; + 8°. λ-Kurve für Laufschaufelstellung 0°.

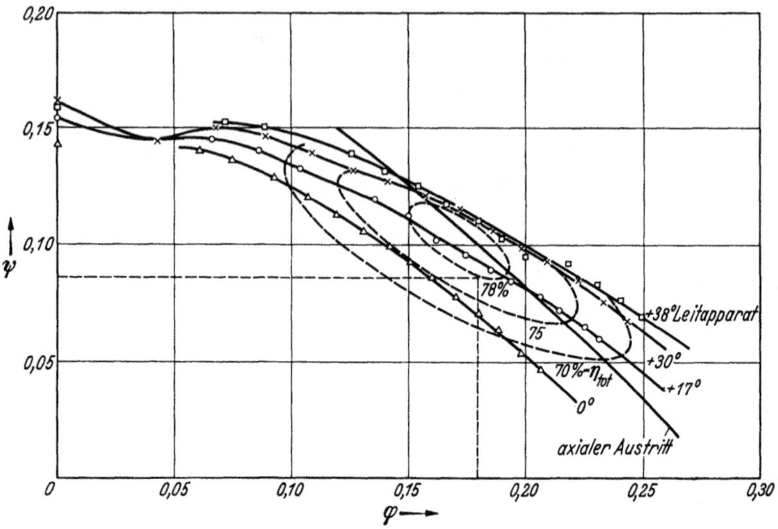

Abb. 187. Rad 2. Leitapparat variabel 0°; + 17°; + 30°; + 38°. Laufschaufeln fest 0°.

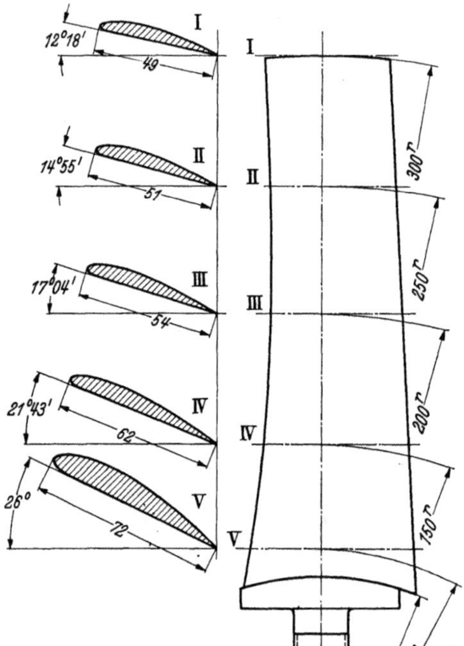

Abb. 188. Laufrad 2. 6 Flügel.

allen Kreisen, die an der Entwicklung dieser Maschinen Interesse haben, eindeutiges zu sagen haben. Da Verfasser der Ansicht ist, daß die Abmessungen des Läufers für einen Ventilator typischer sind als die zufällige Austrittsöffnung, scheint es notwendig zu sein, die Kennzahlen mit den Hauptabmessungen des Läufers in Verbindung zu bringen. Die bei weitem ausschlaggebende Abmessung des Läufers ist nun der Außendurchmesser. Wie bereits auf S. 48 ausgeführt wurde, ist es leicht, die Fördermenge mit d_2 in Verbindung zu bringen. Wir brauchen hierzu nur die von Keller eingeführte Zahl φ sinngemäß auf Radialräder zu übertragen.

$$\varphi = \frac{V}{u_2 \cdot F} \qquad F = \frac{\pi d_2^2}{4} \text{ für Radialgebläse,}$$

$$F = \frac{\pi d_2^2}{4} (1 - \nu^2) \text{ für Schraubengebläse.}$$

Den Gesamtdruck des Gebläse bringt man am besten durch die auch schon in den Regeln angeführte Druckziffer $\psi = \frac{\Delta p}{\frac{\varrho}{2} u^2}$ in Zusammenhang mit dem Staudruck der Umfangsgeschwindigkeit. Ist das Druckverhältnis über 1,2, so ist der Einfluß der Kompressionsarbeit merkbar. Der Druckunterschied Δp drückt dann nur in erster Näherung die Energieerhöhung aus. Nach den Regeln wird deshalb die isotherme Verdichtungsarbeit als Vergleichsmaß zweckmäßig eingeführt. Damit ergibt sich eine erweiterte Definition der Druckziffer

$$\psi = \frac{p_2 \ln \frac{p_2}{p_1}}{\frac{\varrho}{2} u^2}. \qquad (161)$$

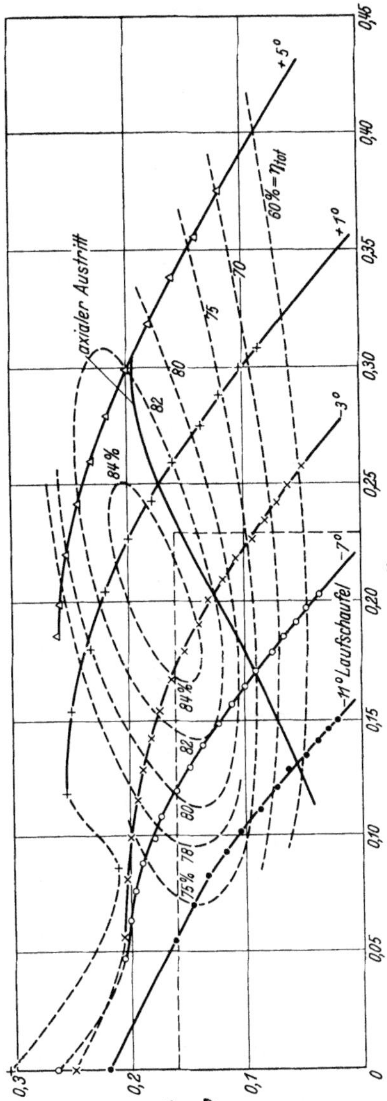

Abb. 189. Rad 3. Leitapparat fest + 31°. Laufschaufeln —11°; —7°; —3°; +1°; +5°.

Für die Antriebsleistung werde nun in Anlehnung an die vorerwähnten Kennzahlen eine weitere Ziffer λ vorgeschlagen

$$\lambda = \frac{L_{\text{Welle}}\,[\text{mkg/s}]}{\frac{\pi d_2^2}{4} u^3 \cdot \frac{\varrho}{2}}. \qquad (162)$$

Es ergeben sich somit für ein Gebläse drei typische Kurven: 1. $\psi = f(\varphi)$; 2. $\eta = f(\varphi)$; 3. $\lambda = f(\varphi)$. Meist dürften die beiden ersten schon genügen. Oft ist jedoch auch die Kraftbedarfziffer λ und ihr Verlauf in Abhängigkeit von φ nicht unwichtig. Zum Beispiel kann der Kraftbedarf bei der Fördermenge Null nicht aus 1. und 2. ermittelt werden. Zudem interessiert für die Dimensionierung der Antriebsmaschinen der höchste Kraftbedarf.

Das Bild wird nun erst vollständig, wenn neben den Kennlinien noch die Abmessungen des Läufers bekannt sind. Da fast ausschließlich Spiralgehäuse zur Anwendung kommen, dürften die Angaben der Läuferabmessungen genügen. Voraussetzung ist allerdings, daß das

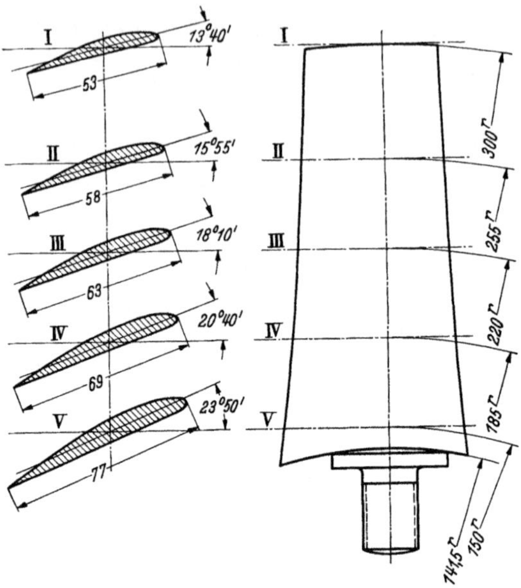

Abb. 190. Laufrad 3. 10 Flügel.

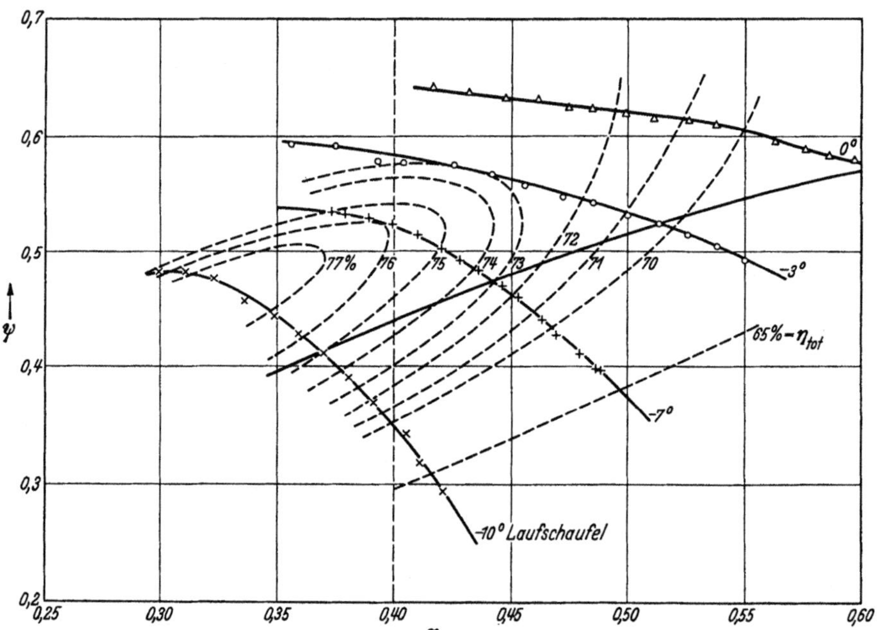

Abb. 191. Rad 4. Leitapparat fest + 54°. Laufschaufeln 0°; — 3°; — 7°; — 10°.

Spiralgehäuse richtig, d. h. nach den Angaben von S. 103 entworfen ist. Allgemeingültig werden die Angaben wiederum erst dann, wenn auch diese Abmessungen dimensionslos aufgetragen werden. In diesem Sinne enthalten die folgenden Typenblätter den halben Meridianquerschnitt des Läufers mit den Hauptabmessungen. Der Außenradius ist mit 100 angegeben, so daß die eingetragenen Zahlen die Abmessungen in vH des Radius bedeuten. Die weitere Angabe von Nennleistung und Umfangsgeschwindigkeit kennzeichnet die absolute Größe des Gebläses, mit dem die Versuche aufgenommen wurden. Von der Beschaufelung sind zunächst nur die Winkel und die Anzahl angegebenen. Das so entworfene Typenblatt soll die Eigenschaften aller geometrisch ähnlicher Gebläse in etwa darstellen. Damit sind die Eigenschaften eines Gebläseläufers in ähnlicher Form dargestellt, wie es seit langem bereits bei Tragflügeln geschieht.

Obschon sich Verfasser verschiedener Mängel der Darstellung durchaus bewußt ist, glaubt er doch, daß hierdurch zumindest ein Ordnungsprinzip aufgestellt wird, nach dem die auffälligsten Eigenschaften von Läufern verschiedener Bauart treffend zum Ausdruck kommen. Dies scheint um so notwendiger zu sein, als gerade im Ventilatorenbau viele Bauarten sehr verbesserungsbedürftig sind und deshalb eine anschauliche Vergleichsbasis nur von Nutzen sein kann. Der hohe Entwicklungsstand, der im Kreiselpumpenbau bereits lange erreicht ist, ist im Ventilatorenbau noch nicht vorhanden. Nur in dem Sondergebiet der Turbokompressoren ist ein Vergleich mit dem Kreiselpumpenbau möglich.

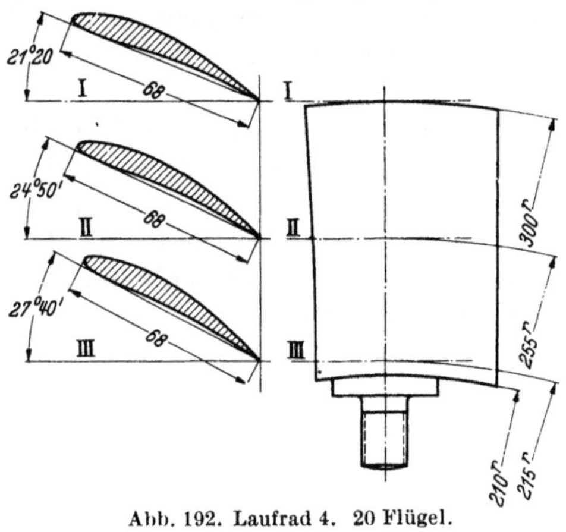

Abb. 192. Laufrad 4. 20 Flügel.

Die im folgenden angegebenen Typenblätter sollen nur einige Beispiele der verschiedenen Bauarten der Ventilatoren bringen. Es liegt auf der Hand, daß eine reichhaltige Sammlung solcher Typenblätter äußerst befruchtend auf die Entwicklung dieser Maschinen einwirken könnte. Ebenso einleuchtend dürfte es auch sein, daß die Industrie zu einer derartig weitgehenden Preisgabe ihrer Erfahrungen nicht in der Lage ist. Es bleibt somit Aufgabe der Versuchsanstalten, durch möglichst weitgehende Bekanntgabe von Typenblättern anregend auf die Entwicklung der Ventilatoren zu wirken. Die angegebenen Beispiele (Abb. 177—183) stammen bis auf zwei (Abb. 179 u. 182) aus Laboratoriumsversuchen des Verfassers.

Für Schraubengebläse werden in gleicher Weise Typenblätter angefertigt. Keller hat zuerst in der bereits mehrfach erwähnten Studie derartige Zusammenstellungen für Schraubengebläse durchgeführt. Es bedeutet deshalb eine wesentliche Ergänzung dieser Abhandlung, daß dank eines freundlichen Entgegenkommens von Herrn Dr. Keller die Beispiele der Kellerschen Studie hier zum Abdruck gelangen dürfen (Abb. 184—192). Vier Räder mit 4, 6, 10, 20 Flügelblättern werden in diesen Typenblättern dargestellt. Diese Räder geben einen Querschnitt durch das Gebiet der Schraubengebläse, beginnend mit kleinen φ- und ψ-Werten bis zu den höchsten φ- und ψ-Werten, die mit Schraubengebläsen überhaupt erzielt werden können. Diese Typenblätter enthalten auch die Kennlinien für verschiedene Laufschaufel- und Leitschaufelstellungen. Eindrucksvoll zeigen diese Kurven den großen Wert der Laufschaufelregulierung. In Abb. 187 ist eine Versuchsreihe mit festen Laufschaufeln eingezeichnet, während die Leitschaufeln verschiedene Stellungen haben. Man erkennt sehr deutlich die geringe Wirkung einer derartigen Regulierung. Selbst Verstellungen von $+38°$ vermögen keine wesentliche Verschiebung der Kennlinie zu erzwingen.

Die λ-Werte sind in Abb. 186 für die Laufschaufelstellung 0° eingetragen. In diesem Falle ist beinahe der ideale Zustand erreicht worden, daß für den Punkt des besten Wirkungsgrades auch der größte Kraftbedarf nötig ist. Eine Überdimensionierung des Antriebsmotors erübrigt sich in diesem Falle.

Namen- und Sachverzeichnis.

GPSR Compliance

The European Union's (EU) General Product Safety Regulation (GPSR) is a set of rules that requires consumer products to be safe and our obligations to ensure this.

If you have any concerns about our products, you can contact us on ProductSafety@springernature.com

In case Publisher is established outside the EU, the EU authorized representative is:

Springer Nature Customer Service Center GmbH
Europaplatz 3
69115 Heidelberg, Germany

Batch number: 10682323

Printed by Printforce, the Netherlands